CMOS RF 回路設計

束原 恒夫 著

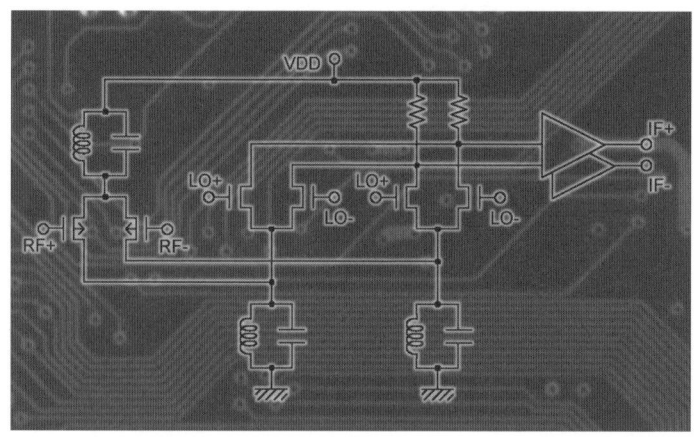

丸善出版

まえがき

　携帯電話（セルラ）の歴史と共に，シリコンバイポーラと CMOS デバイスについて，具体的な RF (Radio Frequency) 回路への適用の様子を見てみると，第 1 世代セルラ（アナログ変調）時代は主に 1980 年代までであり，バイポーラは中間周波数（IF）回路への適用であった．一方，CMOS は PLL シンセサイザの低周波カウンタ止まりの適用にとどまっていた．1990 年代に入り，第 2 世代セルラが本格化してくると，シリコンデバイスの微細化・高周波化も相まって，バイポーラまたは BiCMOS を用いた RF トランシーバが登場し高集積化の動きが現れた．IEEE の国際会議 ISSCC で，初めて RF 回路のセッションが登場したのは 1993 年である．1995 年以降は複数のセッションが割り当てられ活発化してきた．その中で，CMOS RF 回路は，主として大学の研究として学会に登場し，話題を集め始めた．受信機／トランシーバのアーキテクチャについても，ダイレクトコンバージョンなどワンチップ化に適した構成が各種模索された．2000 年以降は，低コスト化競争の厳しい Bluetooth，無線 LAN など近距離無線が登場して CMOS RF 回路の開発が活性化し，一気に実用レベルへと進展していった．CMOS RF 回路の重要性は，部品点数の削減による小型化と低コスト化にあると考えられる．これは，ディジタル CMOS 回路との混載によって生まれる "RF System on a Chip (RF SoC)" が可能なデバイスだからである．

　RF トランシーバを設計するのに必要な知識や技術は，非常に広範囲に及ぶ．回路はもとよりデバイスから通信システム（変復調，電波伝搬など）までの周辺知識を必要とされる．このことは，本書がターゲットとしている読者層である入門者（学部・大学院学生から入社数年のエンジニア）にとって RF 回路設計への敷居を高くしている一因である．そこで，本書ではシステムの中での RF 回路の位置付けを明確に理解した後に，トランシーバ・アーキテクチャからスタートしてトップダウン的に要素回路設計に進む構成としている．事柄の背景にある「物理現象」を，章末のコラムも用いて解説しており，読者が本質をより良く理解できるように配慮した．また，他のコラムでは，その章の発展的内容も記述しているので，研究開発の参考にしていただきたい．さらに，章末演習問題とその詳解も付け，本書の理解を助けるように配

慮している．なお，本書の約6割は，筆者が「日経エレクトロニクス」誌のチュートリアル「CMOS RF 回路設計入門」に，9回にわたり連載した内容をベースにしている（2007年12月31日号から2008年9月22日号の隔号）．

さて，本書の構成であるが，ワイヤレス通信における RF 回路の役割について，全体像をつかむ目的で，第2章と第3章を設けた．この2つの章では，ワイヤレス通信に特有な「周波数変換」と「変復調」の概念を導入する．これをベースにすると，第4章で説明するアーキテクチャについて理解しやすくなる．なお，周波数変換の考え方には，一貫して「複素信号処理」を導入することで，信号の流れを分かりやすくした．この点も本書の特徴である．第5章ではシステムスペックから RF 回路への要求条件がどのように決まっていくのかを概観し，物理的な意味合いを理解していく．つづく，第6章は，高周波になじみの薄かった読者のために設けた．今まで慣れ親しんできた「電圧・電流の世界」から，「信号は反射するという世界」への橋渡しを目的としている．回路に対する見方を広めることができれば幸いである．第7章では，RF 回路が作製されるシリコン基板の高周波における振舞いについて触れ，インダクタの形成法と特性を説明する．第8章では，RF トランシーバを構成する要素回路ブロックの設計法と試作事例を解説する．第9章では，第8章の要素回路をベースにした RF 受信機や RF トランシーバの試作事例を説明する．最終章である第10章では，SoC 化してきた CMOS RF 回路の最新動向について，発表論文を中心に紹介する．

本書では，筆者が NTT 研究所時代に関わった研究成果を使わせていただいた．当時の共同研究者である原田　充氏，宇賀神　守氏，山岸　明洋氏，小舘　淳一氏には設計・実験データを提供していただき感謝します．書籍化に当たり，日経 BP 社の蓬田　宏樹氏には丸善出版事業部の小林　秀一郎氏をご紹介いただきましたことを深謝します．小林氏には，企画段階から多大な労をとっていただき，なんとか完成にまでこぎつけることができました．この場を借りて感謝いたします．最後に，夏休み期間中もじっと見守ってくれた家族へ感謝します．

本書が CMOS RF 回路を初めて学ぶ読者の道しるべとなりましたら幸いです．

2009年10月

束原　恒夫

目次

第1章 ワイヤレス通信とRF回路の歴史　　1

1.1 はじめに ……………………………………………………………… 1
1.2 ワイヤレス通信の歴史 ……………………………………………… 3
1.3 CMOS RF回路への道 ……………………………………………… 5
1.4 本書の構成 …………………………………………………………… 9

第2章 ワイヤレス通信に特有な周波数変換と
　　　　変復調の基礎　　11

2.1 RF回路における周波数変換の役割 ……………………………… 11
2.2 イメージ抑圧フィルタの役割 ……………………………………… 13
2.3 ミキサの動作原理 …………………………………………………… 14
2.4 ディジタル信号を電波に乗せるディジタル変調 ………………… 17
2.5 RF回路の不完全性や雑音が変調信号に及ぼす影響 …………… 23
【コラムA】 ディジタル処理型変調器 ………………………………… 26
演習問題 …………………………………………………………………… 28

第3章 イメージ抑圧ミキサとサンプリングによる
　　　　周波数変換　　29

3.1 ミキサを用いたイメージ妨害波抑圧の指針 …………………… 29
3.2 ハートレー(Hartley)型イメージ抑圧ミキサ …………………… 33
3.3 IC化に適したイメージ抑圧型受信機の構成 …………………… 37
3.4 直交信号の位相誤差ならびに振幅誤差の影響 ………………… 41
3.5 サンプリング定理の基礎 ………………………………………… 45
3.6 サンプリングを用いた周波数変換の仕組み …………………… 47
【コラムB】 サブサンプリングを目で見る実験 ……………………… 51
演習問題 …………………………………………………………………… 52

第4章　集積化しやすいRFトランシーバのアーキテクチャ　54

   4.1　ダイレクトコンバージョン方式 …………………………… 55
   4.2　可変IF方式 ……………………………………………………… 58
   4.3　低IF方式 ………………………………………………………… 65
   演習問題 ………………………………………………………………… 68

第5章　回路設計者にとっての無線システムの回線設計　69

   5.1　熱雑音の扱い ………………………………………………… 69
   5.2　近距離システムを例にした回線設計 …………………… 73
   【コラムC】　ナイキスト（Nyquist）の熱雑音定理の証明 ……… 77
   演習問題 ………………………………………………………………… 80

第6章　高周波信号の振舞い
　　　　―アナログ設計とRF設計の感覚の違い　81

   6.1　インピーダンス整合と信号の反射～直流現象にも反射あり …… 81
   6.2　電流・電圧と電磁場～主役はどちら？ ………………… 87
   6.3　集中定数と分布定数は観測する次元の違い …………… 91
   【コラムD】　電磁気の基本法則 …………………………………… 97
   演習問題 ……………………………………………………………… 100

第7章　Si基板の高周波での振舞いとオンチップ・インダクタ　101

   7.1　RF回路における省電力化の考え方 ……………………… 101
   7.2　Si基板の高周波での振舞い ……………………………… 103
   7.3　オンチップ化したインダクタの特性と高抵抗基板の効果 …… 106
   【コラムE】　金属やシリコンの表皮効果 ……………………… 111
   演習問題 ……………………………………………………………… 113

第8章　RF要素回路の設計手法　114

   8.1　雑音指数と相互変調歪 …………………………………… 114

8.2	送受切替えスイッチ	115
8.3	送信用パワーアンプ	117
8.4	受信用低雑音アンプ	120
8.5	受信用低電圧動作ミキサ	123
8.6	電圧制御発振器(VCO)	127

【コラム F】　パワーアンプの線形化技術
　　　　　　：EER, ポーラ変調, LINC 131

演習問題 136

第9章　RF受信機とトランシーバの開発事例　　138

9.1	イメージ抑圧ミキサを用いた受信機	138
9.2	複素バンドパスフィルタを適用した2.4GHz帯向け低IF型受信機	149
9.3	Bluetooth用低電圧RFトランシーバ	158

【コラム G】　OPアンプを用いた複素バンドパスフィルタ 167

演習問題 169

第10章　RF-LSIの最近の開発動向　　170

10.1	2.4GHz帯低電力・低電圧受信機	170
10.2	900MHz帯低電力・低電圧トランシーバ：RF SoC (System on a Chip) の例	171
10.3	ディジタルRF送信機(変調器)	173
10.4	RFサンプリング型受信機	177
10.5	コグニティブ無線向けの受信機	182

演習問題と解答　　186

索　　引　　204

第1章 ワイヤレス通信とRF回路の歴史

1.1 はじめに

　無線システムの近年の動向を図1-1に示す．第1世代のセルラ（携帯電話）は，アナログFM方式であったが，図中の第2世代からはディジタル変調方式に切り替わっている．2000年に入り低コスト化競争の厳しい近距離無線が登場してCMOS RF（Radio Frequency）回路の開発が活性化し一気に実用レベルへ進展していった．具体的なシステムは，Bluetooth（2.4GHz帯），ZigBee（2.4GHz帯），無線LANであるIEEE802.11a/b/g（2.4GHz帯，5GHz帯）である．現在は，10GHzまでの帯域を使うUWB（Ultra Wideband）方式も登場し近距離無線は活況を呈している．さらに，CMOSデバイスのディープサブミクロン化により，CMOS RF回路の適用範囲は，

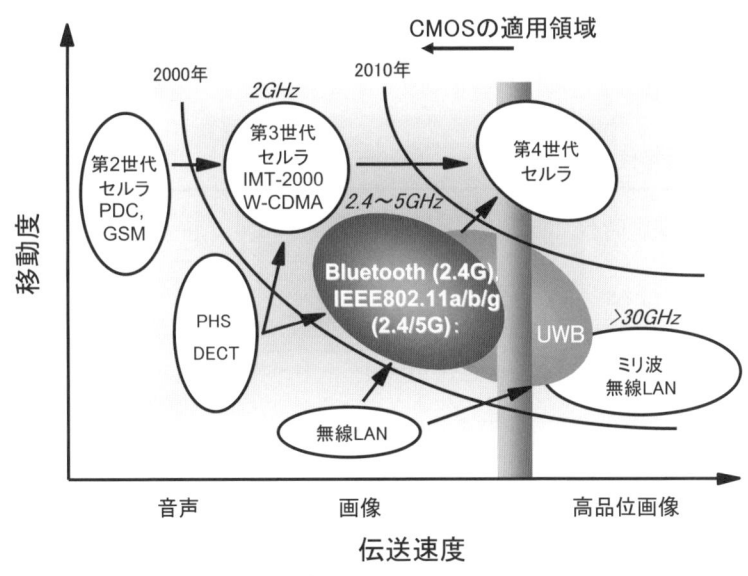

図1-1　無線通信システムの動向

研究レベルに限定するとミリ波領域にも達している．

　シリコンバイポーラとCMOSデバイスについて，具体的なRF回路への適用の様子を時代と共に見たのが図1-2である．第1世代セルラ（アナログ変調）時代は主に1980年代までであるが，バイポーラはまだIF回路までの適用であり，CMOSはPLLシンセサイザの中の低周波カウンタ止まりの適用であった．

　1990年代に入り，第2世代セルラが本格化してくると，シリコンデバイスの微細化・高周波化も相まって，バイポーラまたはBiCMOSを用いたRFトランシーバが登場し高集積化の動きが現れた．CMOS RF回路は大学の研究レベルとして学会に登場し話題を集め始めた．受信機／トランシーバのアーキテクチャもスーパーヘテロダインからダイレクトコンバージョン，低IF，広帯域IFなどワンチップ化に適した構成が各種模索された．

　2000年以降は前述したようにCMOS RF回路が製品レベルに達し，近距離無線システムを中心に広がっている．周波数の有効利用のために，マルチバンド，マルチモード化に向けたCMOSチップも登場している．究極の形はソフトウエア無線（Software-Defined Radio：SDR）と考えられている．CMOS RF回路の重要性は，部品点数の削減による小型化と低コスト化にあると考えられる．これは，ディジタルCMOS回路との混載によって生まれ

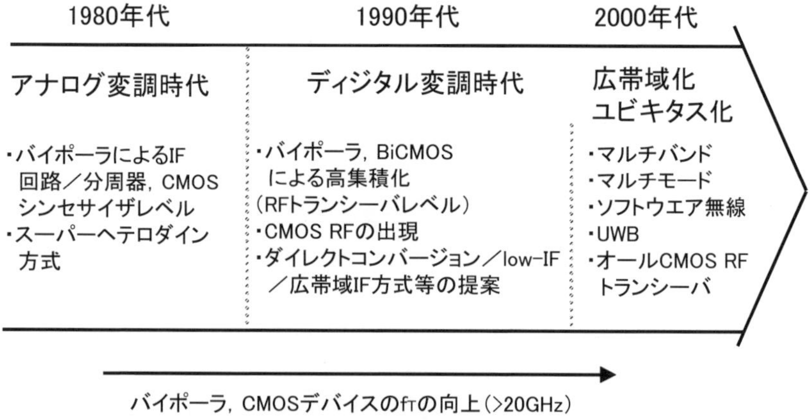

1980年代	1990年代	2000年代
アナログ変調時代	ディジタル変調時代	広帯域化 ユビキタス化
・バイポーラによるIF回路／分周器，CMOSシンセサイザレベル ・スーパーヘテロダイン方式	・バイポーラ，BiCMOSによる高集積化（RFトランシーバレベル） ・CMOS RFの出現 ・ダイレクトコンバージョン／low-IF／広帯域IF方式等の提案	・マルチバンド ・マルチモード ・ソフトウエア無線 ・UWB ・オールCMOS RFトランシーバ

バイポーラ，CMOSデバイスのf_Tの向上（>20GHz）

図1-2　無線システムとシリコンRF回路研究の流れ

る "RF System on a Chip (RF SoC)" が可能なデバイスだからである.

1.2 ワイヤレス通信の歴史

この節ではワイヤレス通信全般にわたる歴史を紹介する．電磁気学の発展と携帯電話に至る19世紀から20世紀の200年間について図1-3，1-4を用いて概観する．19世紀（図1-3）は電磁気学の発展とマクスウェルによる集大成の世紀であった．電磁気の現象が4つの基本方程式にまとめられ，変位電流の導入により電波の予言につながった．さらに，電波と光は同じ電磁波であるという大胆な予測も行っている．日本ではまだ江戸末期であった．その後，ヘルツによって電波の実証がなされ，19世紀の末からマルコーニによって無線通信（電信：電波のオンオフによりモールス符号を送受信）への応用が開花する．1901年にはすでに大西洋横断通信まで成功させているのは驚くべきことである（図1-4）.

20世紀は華々しいエレクトロニクスの発展により，無線通信が公共のものからパーソナルなものになり，急速に普及した．エレクトロニクスの重要な

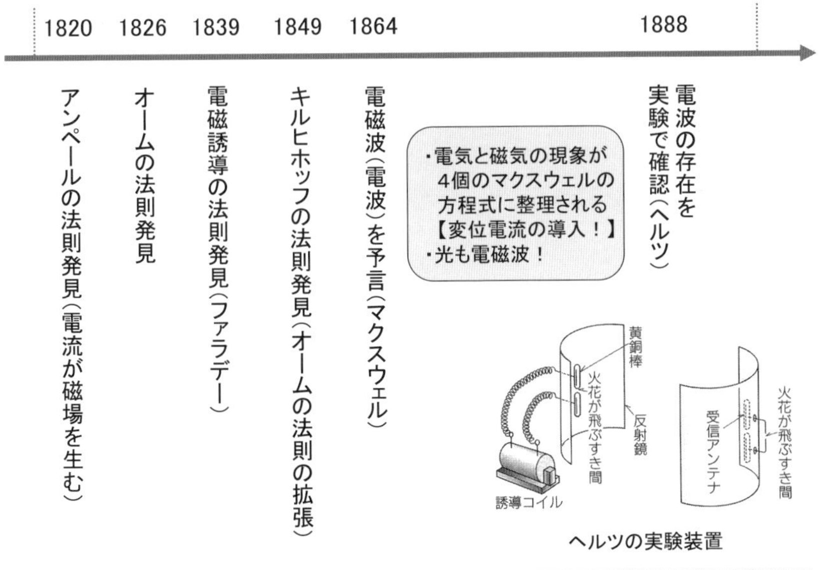

1820	アンペールの法則発見（電流が磁場を生む）
1826	オームの法則発見
1839	電磁誘導の法則発見（ファラデー）
1849	キルヒホッフの法則発見（オームの法則の拡張）
1864	電磁波（電波）を予言（マクスウェル）・電気と磁気の現象が4個のマクスウェルの方程式に整理される【変位電流の導入！】・光も電磁波！
1888	電波の存在を実験で確認（ヘルツ）　ヘルツの実験装置：黄銅棒，火花が飛ぶすき間，反射鏡，受信アンテナ，誘導コイル

図1-3　電波の発見に至るまで（主に19世紀）

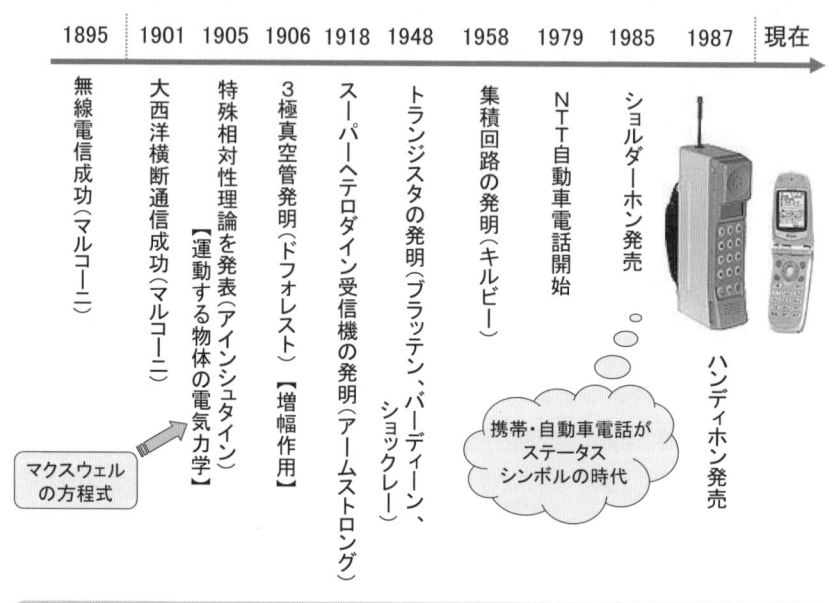

図 1-4　無線通信の歴史(主に 20 世紀)

発明はドフォレスト (de Forest) による三極真空管の発明であり，人類が初めて増幅作用を手にした．この発明によって無線電話通信も初めて可能になった．また，この時期に三端子デバイスの概念ができあがり，現在まで脈々と受けつながれている．この流れの中でバイポーラ／MOS トランジスタの発明，集積回路の発明がなされ，半導体デバイスが真空管に変わって活躍することになる．

一方，三極真空管の高周波特性を補う目的で，第 1 次世界大戦の終わりの年である 1918 年には米国のアームストロング (Armstrong) がスーパーヘテロダイン (superheterodyne) 受信方式[*1]を考案した．基になるヘテロダイン (heterodyne) 方式(検波)は，1901 年にフェッセンデン (Fessenden) が

[*1] 日本では戦後間もなく，GHQ の命令により，ラジオ受信機が従来の再生方式からスーパーヘテロダイン方式へ強制的に切り替えさせられた．理由は，再生方式のラジオ受信機から不要に放射される電波が，GHQ の無線通信を妨害したためのようである．

無線電信の受信方式として考案していた．ヘテロ (hetero) は「異なる」，ダイン (dyne) は「力」というギリシア語由来のことばである．ヘテロダイン方式では RF 周波数から少し周波数が離れた発振器（ビート周波数発振器，BFO：Beat Frequency Oscillator）信号と RF 信号を掛け合わせ（ミキサ動作），耳に聞こえる差周波数のうなり（またはビート）信号を発生させる．スーパーヘテロダイン受信方式では，うなり信号（現在は中間周波信号，IF (Intermediate Frequency) 信号と呼ぶ）の周波数を超音波 (supersonic) 領域に設定して，十分な増幅度を得ている．この方式により受信機の感度と信号選択度が格段に向上したことで，現在まで広く長く使用されている．アームストロングはその後，超再生受信機，FM 変調方式を発明している．

20 世紀の前半はまた，基礎物理学の発展においても人類にとって特筆すべき時代であった．いわゆる古典物理学から現代物理学への世界観の大転換の時代となった．図 1-4 にはマクスウェル (Maxwell) の方程式に深いかかわりのあるアインシュタイン (Einstein) の特殊相対性理論を取上げている．論文題目が「運動する物体の電気力学」であることから関連の深さを窺える．

1.3　CMOS RF 回路への道

十数年前位からシリコンバイポーラ RF ならびに CMOS RF 回路の研究開発が活発になった．前者については製品も出ているレベルにあったが，後者は欧米の大学を中心とした研究段階にあった．図 1-5 には，1997 年に開催された IEEE ISSCC (International Solid-State Circuits Conference) のパネル討論会のテーマのひとつを示す．ベースバンド (baseband) 帯域のアナログ IC 設計者（特に CMOS アナログ設計者）が，時代の要請と共に RF 回路設計に手を染めることになって間もない時期である．「RF 設計者は火星から，アナログ設計者は金星からやって来た」というタイトルから，今まで電圧と電流の世界で仕事をしてきたアナログ設計者が，信号の反射，s パラメータ (scattering parameter)，スミス (Smith) チャートなど馴染みの薄いことばに戸惑っている様子が良く伝わってくる．筆者もその一人であった．シリコン分野では一部のバイポーラアナログ設計者が RF 回路開発を担っていた．化合物半導体を用いた MMIC を得意とする設計者はマイクロ波関連

ISSCC'97 Panel
"RF Designers are from Mars, Analog Designers are from Venus"
Organizer: B. Razavi

⇒従来のRF／マイクロ波設計者とアナログ設計者の違いは大

ディスクリートトランジスタ時代は同じ星に住んでいたが，IC時代に入りそれぞれ移住が進んだ。1990年代に入り，また同居が始まり現在に至る。(**Si RF**)

```
RF／マイクロ波回路設計者              アナログ回路設計者
    （化合物系）                       （シリコン系）
・IEEE MTT-S              言葉の違い   ・IEEE SSCS, CAS
・通信学会 マイクロ波研究会  見方の違い  ・電気学会 電子回路研究会
・MWE                                 ・通信学会 集積回路研究会
```

"MWEがギャップを埋める"

図 1-5　十数年前の状況（カルチャギャップ）

の学会，IEEE MTT-S（Microwave Theory and Techniques Society）などに所属し，一方，アナログ設計者は集積回路関連の学会，IEEE SSCS（Solid-State Circuits Society）などに属しており互いの交流は薄かった．しかし，歴史をさかのぼると，ディジタルIC開発が活発化する前は，トランジスタ電子回路の主役はラジオやテレビ用のアナログ／RF回路であったので，このような違和感はほとんど無かったはずである．一方，シリコンデバイス，特にCMOSデバイスをRF回路に適用する機運が高まったことで，近年はIEEE RFIC Symposium, MWE（Microwave Workshops & Exhibition）など両カルチャ間の交流の場が増え，"ことば"が通じるようになってきている．

　無線システムを構築するのに必要な知識や技術は図1-6に示すように広範囲に及ぶ．このこともRF回路設計への敷居を高くしている一因である．回路はもとよりデバイスから通信システム（変復調，電波伝搬など）までの周辺知識を必要とされる．無線システムに適したアーキテクチャの選択も重要になる．さらに，シリコン基板のくせを熟知した設計も要求されることから，"シリコン無線工学"（Silicon RF Engineering）と呼ぶことができる．CMOS RFトランシーバの開発となればチームを組んで進めることになるが，その

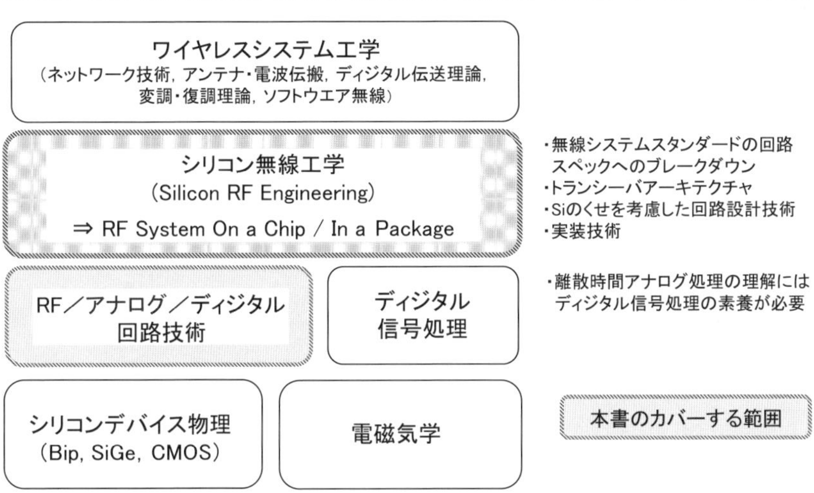

```
┌─────────────────────────────────┐
│   ワイヤレスシステム工学          │
│ (ネットワーク技術, アンテナ・電波伝搬, ディジタル伝送理論, │
│   変調・復調理論, ソフトウエア無線)  │
└─────────────────────────────────┘
┌─────────────────────────────────┐      ・無線システムスタンダードの回路
│    シリコン無線工学              │        スペックへのブレークダウン
│   (Silicon RF Engineering)      │      ・トランシーバアーキテクチャ
│ ⇒ RF System On a Chip / In a Package │  ・Siのくせを考慮した回路設計技術
└─────────────────────────────────┘      ・実装技術
┌──────────────┐ ┌──────────────┐      ・離散時間アナログ処理の理解には
│ RF／アナログ／ │ │ ディジタル    │        ディジタル信号処理の素養が必要
│ ディジタル     │ │ 信号処理      │
│ 回路技術       │ │              │
└──────────────┘ └──────────────┘
┌──────────────┐ ┌──────────────┐      ┌──────────────┐
│ シリコンデバイス物理 │ │   電磁気学    │    │ 本書のカバーする範囲 │
│ (Bip, SiGe, CMOS)  │ │              │    └──────────────┘
└──────────────┘ └──────────────┘
```

図 1-6 無線システム構築に不可欠な技術分野

リーダは広く浅くであっても，これらの異なる分野の素養を身につけていることが望まれる．このことは"言うは易く行うは難し"ではあるが，自分の専門をしっかり持ち，経験と共に知識を周辺に広げていく努力が不可欠である．

RF トランシーバの中において，A/D 変換器（ADC）ならびに D/A 変換器（DAC）は，中間周波（IF）領域またはベースバンド領域において，ディジタル回路とのインタフェースとして不可欠である．本書では ADC, DAC の詳細にまでは言及しないので，過去約 20 年の技術の流れと今後の展望について，RF 回路技術の流れと併せて概観する（図 1-7）．まず以上に述べてきたように，RF 回路はバイポーラ／BiCMOS を経て CMOS ワンチップトランシーバの時代が到来している．今後はソフトウエア無線（SDR）の実現等に向けて，よりフレキシブルな信号処理が要求されるので，離散時間処理（サンプリング処理）の検討も大いに活発化すると思われる．

一方，ADC/DAC 技術は十数ビット以上の「高精度化技術」と数百 Msample/s（Msps）から数 Gsps の「高速化技術」とでアーキテクチャが大きく枝分かれしてきている．後者の場合，高い精度の場合でも 12 ビット程度が上限である．主としてベースバンド領域の周波数を扱うことから，デバイス技術は早くから CMOS が主流になってきている．

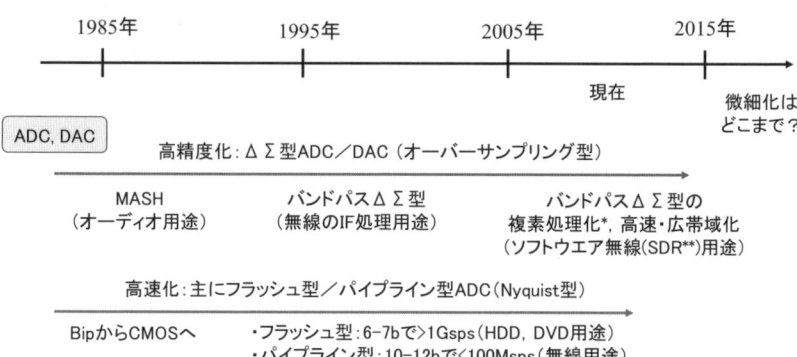

図1-7　アナログ／RF回路研究の流れ

　「高精度ADC」は$\Delta\Sigma$型のオーバーサンプリング方式を基本にして，オーディオ信号処理からスタートした．デバイス技術は初期よりCMOSが使われている．現在は，携帯電話など広いダイナミックレンジが要求されるRFトランシーバのベースバンド処理に多用されている．さらに，この方式はバンドパス信号を直接ディジタル化するバンドパス型$\Delta\Sigma$ ADCとして拡張され，IF信号のディジタル化に適用されている．スーパーヘテロダイン方式のようにIF信号に周波数変換する場合，イメージ妨害という問題が生じる（詳細は次章で解説）．そこで，複素信号処理の考え方を取り入れ，イメージ波の抑圧も同時に行えるバンドパス型$\Delta\Sigma$ ADCも研究されている（複素信号処理については第3章で解説）．複素信号処理のため位相が直交する2つのIF信号パスが必要になりハード量は増加するが，イメージ抑圧とディジタル信号への変換同時に行えるので，SDRトランシーバ向けの有望な技術の1つと言える．

　「高速ADC」の1つの方向は，ハードディスクドライブ（HDD）やDVDに代表されるストレージ系のデータ読込み回路用途である．6〜7ビット精度

ではあるが，数 Gsps と超高速性が要求されるので，フラッシュ型が使われている．初期にはバイポーラデバイスが主役であったが，最近は CMOS デバイスに主役が移ってきた．もう1つの方向には，CMOS によって可能となったパイプライン型があり，10 〜 12 ビット精度，100Msps 程度の変換速度と中間的な位置を占めている．RF トランシーバの中では，無線 LAN，Bluetooth などベースバンドは広帯域化しているが，ダイナミックレンジの要求が緩和されたシステムに主として適用されている．

以上述べたように，ADC/DAC（特に ADC）のアーキテクチャはワイヤレスシステムの進展と共に棲み分けが進み，実現デバイスも既に CMOS が主役となっている．

1.4 本書の構成

本書では，ワイヤレス通信における RF 回路の役割について，全体像をつかむ目的で，「第2章 ワイヤレス通信に特有な周波数変換と変復調の基礎」，「第3章 イメージ抑圧ミキサとサンプリングによる周波数変換」を設けた．この2つの章では，ワイヤレス通信に特有な「周波数変換」と「変復調」の概念を導入する．これをベースにすると，「第4章 集積化しやすい RF トランシーバのアーキテクチャ」について理解しやすくなる．なお，周波数変換の考え方には，一貫して「複素信号処理」を導入することで，信号の流れを分かりやすくした．

RF トランシーバを構成する要素回路の説明に入る前に，「第5章 回路設計者にとっての無線システムの回線設計」では，システムスペックから RF 回路への要求条件がどのように決まっていくのかを概観する．つづく，「第6章 高周波信号の振舞い」は，高周波になじみの薄かった読者のために設けた．筆者の経験（低周波回路から高周波回路へ）を踏まえて，今まで慣れ親しんできた「電圧・電流の世界」から，「信号は反射するという世界」への橋渡しを目的としている．

後半の第7章からは，具体的な CMOS RF 回路設計に入る．「第7章 Si 基板の高周波での振舞いとオンチップ・インダクタ」では，RF 回路が作製されるシリコン（Si）基板の高周波における振舞いについて触れ，Si 上のイ

ンダクタの形成法と特性を説明する．「第8章　RF要素回路の設計手法」では，RFトランシーバを構成する要素回路ブロックの設計法と試作事例を解説する．「第9章　RF受信機とトランシーバの開発事例」では，第8章の要素回路をベースにしたRF受信機やBluetooth用RFトランシーバの試作事例を説明する．なお，第8章と第9章で紹介するRF回路は，筆者が企画・設計に関わってきたものが中心となる．最終章である「第10章　RF-LSIの最近の開発動向」では，SoC（System on Chip）化してきたCMOS RF回路の最新動向について，「低電力・低電圧」と「ディジタル化」をキーワードに発表論文を中心に紹介する．なお，必要に応じて設けたコラムでは，その章の関連事項や発展的内容を記述しているので，参考にしていただきたい．

第2章 ワイヤレス通信に特有な周波数変換と変復調の基礎

2000年に入り開発が活性化し一気に実用レベルへ進展していったCMOS RF（Radio Frequency）回路に至るまでの道のりを，前章では振り返った．本章はRF回路に特有の信号処理である周波数変換と変復調について解説する．回路設計とのつながりを考慮して，RF回路の不完全性や雑音が変調信号に及ぼす影響についても触れる．

2.1 RF回路における周波数変換の役割

この節では前章で簡単に紹介したスーパーヘテロダイン（superheterodyne）受信方式を用いたRFトランシーバを題材にして，周波数変換の役割や設計上考慮すべき点について述べていく．図2-1にはスーパーヘテロダイン型RFトランシーバのブロック図を示す．PHS（Personal Handyphone System）のように送信と受信時に同じ周波数の電波を用いるTDD（Time Division Duplex）方式を想定し，送受切替えスイッチ（T/R SW）を用いている．受信機はRF入力から復調器までに1回の周波数変換を行うシングルコンバージョン型である．この場合，シングルスーパーヘテロダイン（又は略してシングルスーパー）受信機と呼ぶことがある．送信機も変調器の後に1回の周波数変換を行いRF信号に周波数を持ち上げるシングルコンバージョン型である．変換途中に現れる周波数の信号を，送信，受信共に中間周波信号またはIF（Intermediate Frequency）信号と呼ぶ．

周波数変換の詳細に入る前に，RFトランシーバの動作を簡単に説明する．受信信号の流れから見てアンテナの直後にあるバンドパスフィルタ（BPF①）は，想定している無線システム（例えばPHS）が利用する周波数帯のみを通過させて，他のシステムからの不要な電波を抑圧する目的を持っている．その後，微弱なRF信号は低雑音アンプ（LNA）にて十数～20dBほど増幅され，ミキサ（mixer）以降で生じる熱雑音の影響を最小限にする．LNAの後のバンドパスフィルタ（BPF②）は，イメージ（image）抑圧フィルタと呼ば

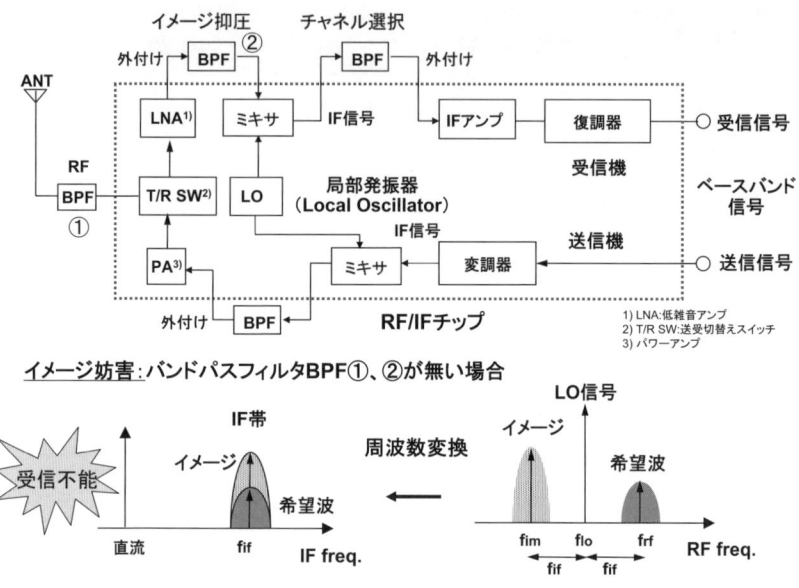

図 2-1 スーパーヘテロダイン型 RF トランシーバに見る周波数変換の様子

れ，IF 信号を持つスーパーヘテロダイン方式に固有の問題である．イメージ妨害信号を抑圧するために挿入する．詳細は次節で説明する．ミキサは今回の主題である周波数変換を行う回路ブロックであり，(2.1) 式に示すように基本的にアナログ乗算器で実現できる．周波数の和成分を上側波帯（USB：Upper Sideband），差成分を下側波帯（LSB：Lower Sideband）と呼ぶ．

$$\cos \omega_S t \cdot \cos_{LO} t = \frac{1}{2}\cos(\omega_S + \omega_{LO})t + \frac{1}{2}\cos(\omega_S - \omega_{LO})t \qquad (2.1)$$

ここで，受信機の場合は，$\omega_S(=2\pi f_S)$ は RF 信号周波数（厳密には角周波数であるが以下では周波数と呼ぶ）ω_{RF}，ω_{LO} は局部発振器（LO：Local Oscillator）の発振周波数である．(2.1) 式の第 2 項は IF 周波数に周波数変換された成分となり，ミキサ直後のチャネル選択用 BPF を通過する．(2.1) 式の第 1 項の周波数成分は RF 信号よりも高くなる不要な成分なので，ミキサ出力部が持つローパスフィルタ特性と上記チャネル選択用 BPF により大幅に減衰される．チャネル選択用 BPF を通過した IF 信号は，自分の周波数チャ

ネル成分しか含まないので，IF アンプにより 70 ～ 90dB 程度に大きく増幅できる．復調器も一種の周波数変換器と考えることができ，IF 信号からベースバンド（BB：baseband）ディジタル信号を取り出す働きをする．

送信機の場合，ベースバンドディジタル信号は変調器により IF 信号に変換されるので，この場合も，変調器は一種の周波数変換器と考えることができる．IF 信号は（2.1）式に基づきミキサにより RF 信号に周波数変換される．送信機の場合は，ω_S は IF 信号周波数 ω_{IF}，ω_{LO} は局部発振器（LO）の発振周波数である．この場合，第 1 項を RF 信号として利用するので，$\omega_{RF} = \omega_S + \omega_{LO} = \omega_{IF} + \omega_{LO}$ の関係式が成り立つ．第 2 項の減算成分はミキサ直後の BPF により大きく減衰されるので，パーアンプ（PA）には希望する RF 信号のみが入力される．

RF トランシーバの集積化を考える場合，図中の BPF には急峻な特性が要求されるので，BPF の集積化は難しく外付け部品となる．RF 帯には誘電体または SAW フィルタが，IF 帯には SAW フィルタなどが利用される．したがって，スーパーヘテロダイン方式では部品点数の削減や小型化に限界があることがわかる．

2.2 イメージ抑圧フィルタの役割

スーパーヘテロダイン方式において，バンドパスフィルタ BPF ①とイメージ抑圧フィルタ BPF ②が無い場合を考える．この状態の周波数関係を図 2-1 の下図に示す．（2.1）式，第 2 項に注目して，イメージ妨害信号の周波数を ω_{im} と置くと，$\omega_{RF} - \omega_{LO} = \omega_{LO} - \omega_{im} = \omega_{IF}$ のとき，すなわち周波数差の絶対値が等しい場合には，イメージ信号と希望 RF 信号が同じ IF 周波数に変換されてしまう．もし，図 2-1，下図のようにイメージ信号の強度の方が，希望信号よりも大きい場合は，IF 信号中の希望信号はイメージ信号により埋もれてしまい受信不可能になる．そこで，BPF ①を挿入すると，図 2-2 の上図に示すように，イメージ信号近傍の信号は 30dB 程度減衰する．減衰量がこの程度の値にとどまるのは，想定している無線システム帯域全体を通過させる必要があるので，BPF の減衰特性に限界があるためである．しかし，現実には 60dB 以上の減衰特性が必要なので，周波数変換を行うミキサの前

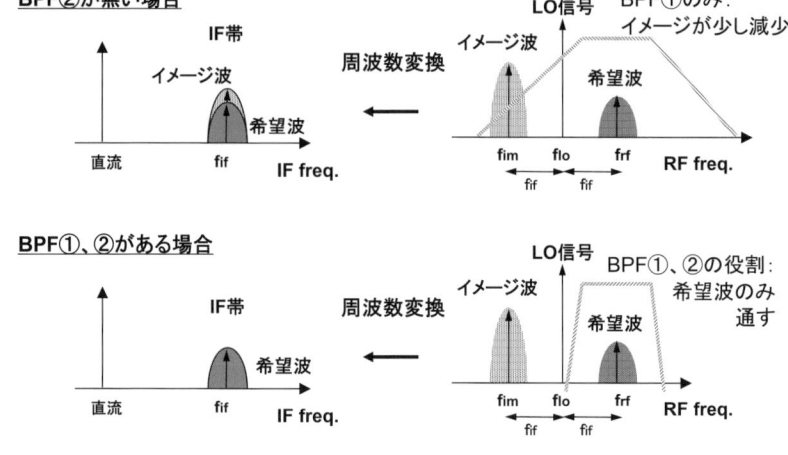

図 2-2　イメージ抑圧フィルタの効果

にイメージ抑圧フィルタ BPF②を入れ，イメージ抑圧比を 60dB 以上，確保するようにしている（図 2-2 の下図）．

以上の説明では，スーパーヘテロダイン方式を前提にしているが，IF 信号に周波数変換を行う低 IF 方式など，ダイレクトコンバージョン方式以外には必ず発生する問題である．低 IF 方式などでは集積度を高めるために，イメージ抑圧フィルタと等価な機能をイメージ抑圧ミキサにより実現している．このイメージ抑圧ミキサについては次章で解説する．

2.3　ミキサの動作原理

次に，周波数変換を行うミキサについて具体的な回路を基に動作原理を明らかにする．バイポーラ回路で 40 年前から使われているギルバート（Gilbert）セル・ミキサの MOS 版の回路図を図 2-3 に示す．オリジナルであるバイポーラ版は，いまだ現役で活躍中の Barrie Gilbert（現 Analog Devices）が ISSCC'68 で発表した[1]．端子記号は受信ミキサを想定したものであるが，RF 端子を IF 端子に，IF 端子を RF 端子に読み替えれば，送信ミキサにも使える．3 個の差動対から構成され，下の差動対には受信ミキサの場合，RF 信号が入力される．残りの 2 個の差動対はドレインを共通に接

第 2 章 ワイヤレス通信に特有な周波数変換と変復調の基礎　15

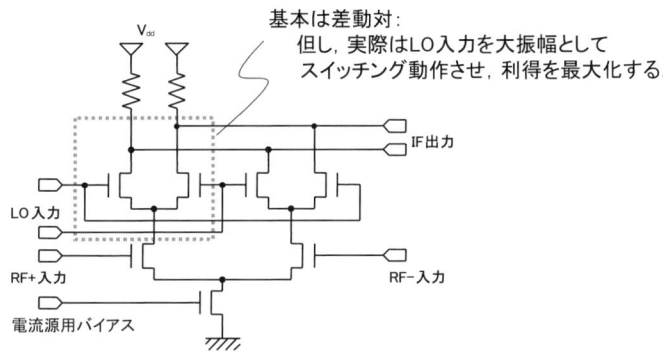

図 2-3 ギルバートセル・ミキサ：ダブルバランスミキサ(DBM)とも言う．

続し，ゲートにはLO信号を入力するが，差動対間でLO信号の極性は逆になっている．RF信号が入力される差動対はグランドにつながる電流源と共に，電圧信号を電流信号に変換する役割を持つ．一方，LO信号がつながる差動対は，LO信号振幅を大きくすることでスイッチング動作しており，電流のパスを切替えている．このようなモードで動作させる理由は，RF信号をIF信号に変換するときの利得（変換利得）を最大にするためである．図2-3の回路において，一方の入力差動信号がゼロ，すなわち差動入力に同じ直流電圧が印加されている場合には，他方の入力端子に差動信号をいれても出力が現れないので，この構成をダブルバランスミキサ（DBM：Double-Balanced Mixer）とも呼ぶ．

　次に図2-4 (a)の簡略した構成を基に，ミキサ動作をもう少し詳しく見てみる．LO信号が印加される差動対はスイッチで等価的に置換えることができる．したがって，LO信号は方形波信号で近似できる（図2-4 (b)）．また，波形の様子を見やすくするために，正弦波の入力信号Sigの周波数はLO信号より低く設定する（送信機に相当）．RF出力信号は，方形波のLO信号と正弦波の信号Sigとの掛け算になっており，図2-4 (b)に示すように信号Sigの符号によりLO信号の位相が反転していることがわかる．包絡線は位

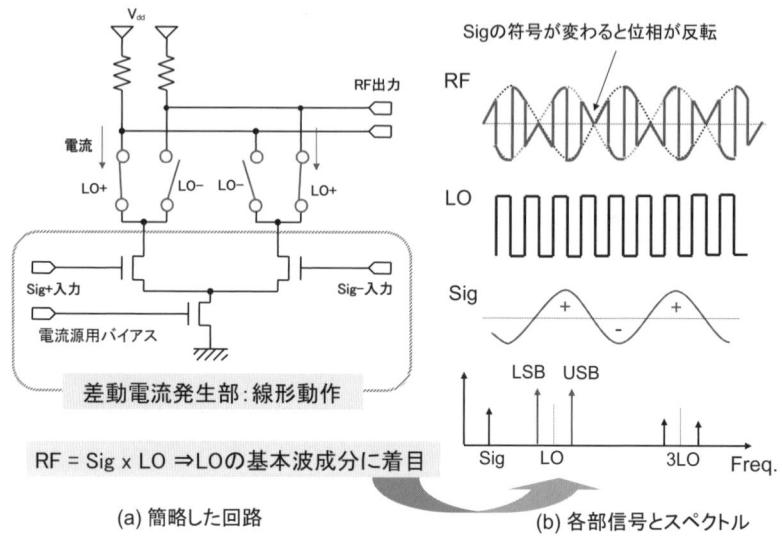

図 2-4　ギルバートセル・ミキサの等価的な動作

相の変化点でゼロになるような一種の「うなり信号」になっている．LO 信号が正弦波であれば，完全なうなり信号になる．図 2-4（b）の最下図にはスペクトルの様子を示す．LO 信号周波数の左右対称に USB と LSB が現れ，入力信号 Sig が RF 帯へ周波数変換されたことがわかる．この USB と LSB の 2 つの信号により，上記のうなり成分が発生している．さらに，LO 信号は方形波であるので，奇数次の高調波を含む．したがって，各高調波の左右にも周波数変換された成分（側波帯）が対称に現れる．このために RF 信号波形がギザギザとなる．送信機の場合，ミキサの直後の BPF（図 2-1）を用いて高調波成分ならびに片方の側波帯を除去するので，USB または LSB が RF 信号として使われる．

　前述したように変換利得が最大になる条件は，LO 信号を増加させ，差動ペアが完全にスイッチングするときである．このとき，LO 信号は矩形波で近似することができ，次式の乗算となる．

$$\cos \omega_\mathrm{S} t \cdot \frac{4}{\pi} \left(\cos \omega_\mathrm{LO} t - \frac{1}{3} \cos 3\omega_\mathrm{LO} t + \frac{1}{5} \cos 5\omega_\mathrm{LO} t - \cdots \right)$$
$$= \frac{4}{\pi} \cos \omega_\mathrm{S} t \cdot \cos \omega_\mathrm{LO} t + \frac{4}{\pi} \cos \omega_\mathrm{S} t \cdot \left(-\frac{1}{3} \cos 3\omega_\mathrm{LO} t + \frac{1}{5} \cos 5\omega_\mathrm{LO} t - \cdots \right) \quad (2.2)$$

第一項が LO 信号の基本波との乗算であり希望する成分である．ただし，(2.1) 式とは係数 $4/\pi$ が異なっている．周波数の和または差成分の振幅は，さらに 1/2 の $2/\pi$ となる．他の項は LO 信号の高調波との乗算となり，不要な成分でありフィルタで除去する．

2.4 ディジタル信号を電波に乗せるディジタル変調

ここで，改めて変調の役割を復習してみる．仮に 1 MHz の信号をそのままアンテナから電波として飛ばすとすると（交流信号であれば原理的には可能），1/4 波長の接地アンテナ（RF 信号線の片側を，垂直に置いた 1/4 波長の長さのエレメントに接続し，他方の線をグランドとして接地する構成）を用いたとしても，(300m/1MHz)/4 = 75m という長さのエレメントが必要になる．これでは中波帯の AM ラジオ局レベルの鉄塔が必要になってしまい，個人ではとても使えない．そこで，搬送波（キャリア）と呼ぶ正弦波を電波として，そこに伝送したい音声，画像やディジタル信号を載せる手段である変調の概念が生まれた．キャリアの周波数を高く選ぶことで，アンテナサイズも小さくでき，さらには多くのチャンネルを使えるようになる．ちなみにキャリア周波数が 2GHz の場合，1/4 波長は 3.75cm と携帯機器にマッチした長さになる．

変調波は一般的に (2.3) 式で与えられる．これはアナログ変調とディジタル変調で共通である．

$$RF(t) = A(t) \cos \left[\omega_\mathrm{C} t + \phi(t) \right] \quad (2.3)$$

ここで，$A(t)$ は振幅，ω_C はキャリア周波数，$\phi(t)$ は位相である．ディジタル変調の場合，振幅 $A(t)$ を変調する場合は ASK (Amplitude Shift Keying)，位相 $\phi(t)$ を変調する場合は PSK (Phase Shift Keying)，周波数 $\dfrac{1}{2\pi} \dfrac{d\phi(t)}{dt}$ を変調する場合は FSK (Frequency Shift Keying) と呼ばれる．図

ワイヤレス・システム		1次変調		2次変調またはアクセス方式
携帯電話	第1世代	アナログ変調	FM	FDMA
	第2世代	デジタル変調	π/4シフトQPSK(PDC), GMSK(GSM)	TDMA
	第3世代		QPSKなど	直接拡散型CDMA
近距離無線	無線LAN		CCK(IEEE802.11b)	直接拡散
			BPSK, QPSK, QAM(IEEE802.11a)	OFDM
	Bluetooth		GFSK	周波数ホッピング
	ZigBee		BPSK, QPSKなど	直接拡散
	UWB		パルス変調方式	
			QPSK, QAMなど	マルチバンドOFDM

BPSK：binary phase shift keying　CCK：complementary code keying
CDMA：code division multiple access　FDMA：frequency division multiple access
FM：frequency modulation　GFSK：Gaussian filtered frequency shift keying
GMSK：Gaussian filtered minimum shift keying
GSM：global system for mobile communication
OFDM：orthogonal frequency division multiplexing
PDC：personal digital cellular　TDMA：time division multiple access
QAM：quadrature amplitude modulation　QPSK：quadrature phase shift keying

図2-5　各種ワイヤレスシステムと変調方式

2-5には携帯電話と近距離無線（無線LAN, Bluetoothなど）に使用されている変調方式を示しているが，PSKまたはFSKの系統がもっぱら使われている．ASKは高速道路の料金支払システムであるETC（Electronic Toll Collection System）など，利用は限定的である．

複素表現を使うと(2.3)式は，

$$RF(t) = A(t)\cos\left[\omega_c t + \phi(t)\right] = \mathrm{Re}\left\{e^{j\omega_c t}A(t)e^{j\phi(t)}\right\}$$

と表せる．ここでReは実部をとることを意味する．キャリアの項を除いた変調情報の部分，$A(t)e^{j\phi(t)}$により変調波を表現できる．これを図示したものが信号点配置図（星座に似ていることからコンスタレーションとも呼ぶ）である．比喩的にはω_cの角速度で回転するメリーゴーランドに乗って，メリーゴーランド内の子供を観察している状況と似ている．このとき回転していることは忘れている．図2-6にはPSKとFSKについての例を示す．ここでは，位相または周波数のみの変調であるので，$A(t) = $一定値となる．BPSK（Binary PSK）は1ビットのディジタル値を0°と180°に対応させるので，1クロック（またはシンボル）で1ビットの伝送となる．

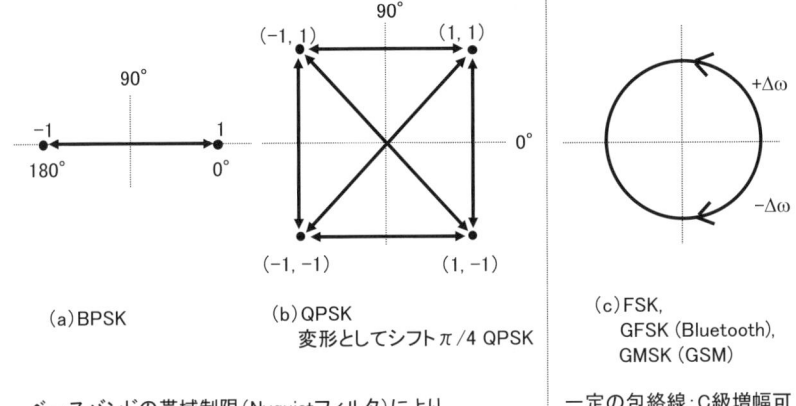

図2-6 ディジタル変調の信号点配置図

　QPSK（Quadrature PSK）では，2ビット信号を±45°と±135°の位相に割り当てるので，1クロックで2ビットの伝送が可能になる．したがって，同じ伝送ビットレートを送る場合，QPSKはBPSKの1/2の周波数帯域しか使用しないで済む．QPSKの変形としてのπ/4シフトQPSKは，携帯電話（PDCなど），PHSに利用されている．PSK変調の場合，ベースバンドディジタル信号を，後に説明するNyquistフィルタによって帯域制限することで，周波数スペクトルの有効利用を図っている．このデメリットとして変調波の包絡線が変動するようになりパワーアンプの形式としてA級ないしはAB級の線形増幅器が必要となる．この点も後に説明する．ディジタル変調ではあるがパワーアンプには"アナログ的"な配慮が必要という，一見，不思議な事態が生じる．

　FSKの場合は，位相の時間微分である周波数に情報を載せるので，信号点配置図上は，周波数の増減に従って，円周上を反時計または時計回りに回ることになる．GFSK（Gaussian-filtered FSK）はBluetoothに使用されている．GMSK（Gaussian-filtered Minimum Shift Keying）はヨーロッパの携帯電話GSMに使われている．この変調方式はNTT（当時は電々公社）研究所の研究者により1981年に発明されたが[2]，現在は海外で花開いている．

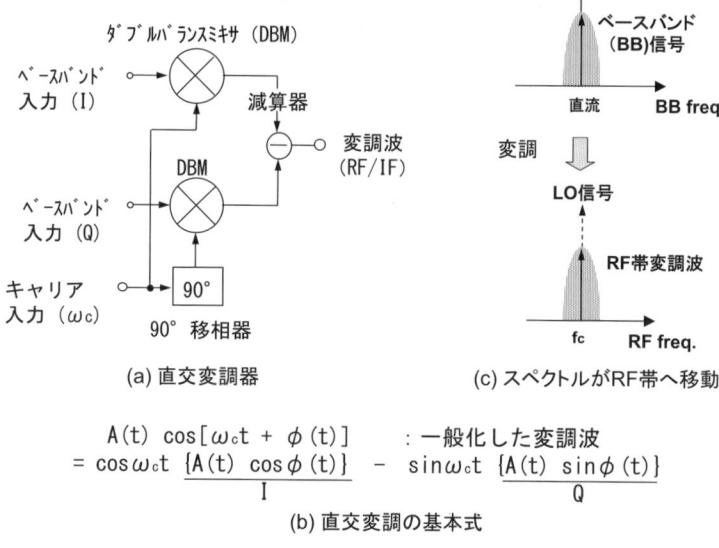

図 2-7 直交変調方式

FSK の場合，GFSK や GMSK に代表されるように Gaussian フィルタによりベースバンド信号の帯域制限を行う．GMSK（MSK も同様）では，1 ビット変化後の位相変化が 90°であるという特徴を持つ．FSK 変調波の包絡線は一定であるので，C 級増幅など非線形な増幅器が使用できる．

ディジタル変調を回路で実現するために，(2.3)式を変形すると(2.4)式が得られる．

$$\begin{aligned} RF(t) &= A(t)\cos\left[\omega_c t + \phi(t)\right] \\ &= \cos\omega_c t \cdot \left[A(t)\cos\phi(t)\right] - \sin\omega_c t \cdot \left[A(t)\sin\phi(t)\right] \\ &\equiv \cos\omega_c t \cdot I - \sin\omega_c t \cdot Q \end{aligned} \quad (2.4)$$

回路的には，直交する 2 つのキャリア信号と信号点配置図に対応するベースバンド信号の直交成分 I (in-phase)，Q (quadrature phase) をそれぞれ掛け合わせた後，アナログ的に減算することで実現できる．この方式を直交変調方式と呼び，図 2-7 (a) にブロック図を示す．原理的には全ての変調形式に適用できるが，特に QPSK, GMSK 変調では広く用いられている．スペクトルを見ると図 2-7 (c) に示すように，直流を中心としたベースバンド信

第2章 ワイヤレス通信に特有な周波数変換と変復調の基礎　21

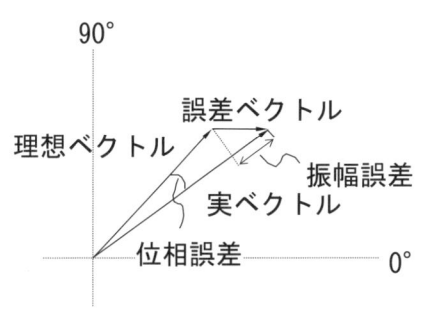

図2-8 変調精度：ベクトル誤差，EVM*とも言う

号のスペクトルがキャリア周波数を中心としたIFまたはRF帯域の信号に周波数変換されている．

　実際の変調信号は回路の不完全性や雑音などにより理想的な信号点配置からのずれを生じて誤差となる．この誤差は無線システム全体のビット誤り率（BER）を増加させることになるので，回路設計者としてはできる限り小さくしたい．変調波の理想からのずれを表す尺度は変調精度（ベクトル誤差，EVM（Error Vector Magnitude）とも言う）で表現する．英文ではEVMが一般的になって来ている．図2-8にはQPSKを想定したときの第1象限の様子を示す．誤差は振幅と位相に現れるので，ベクトルで考えられる．定量的には誤差ベクトルと理想ベクトルの大きさの比をパーセントで表現する．振幅誤差の主要因は直交変調器のI，Qチャンネル間の利得（振幅）アンバランスである．他にパワーアンプの振幅歪，フィルタなどの群遅延特性が挙げられるが，理由は後ほど説明する．位相誤差の主要因は，直交変調器の直交キャリアの90°からのずれである．他にパワーアンプの位相歪，発振器の位相雑音，フィルタなどの群遅延特性が挙げられるが，こちらも理由は後ほど説明する．PDCやPHSの規格では送信機出力信号の変調精度（EVM）を12.5%以下と規定している．最近のCMOS D/A変換器（DAC）の高速化によって，直交変調器までをディジタル回路で実現する「ディジタル処理型変調器」（詳しくはコラムA参照）も現実的となった．アナログ変調に対して，変調

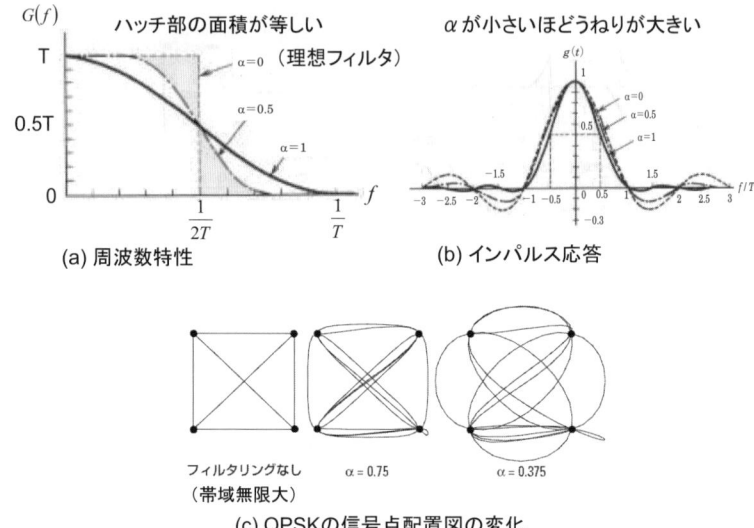

〔出典〕(a)(b):武部他,情報伝送工学,オーム社,(c):アジレント社,通信システムのディジタル変調入門編 Applicaton Note 1298

図2-9 ナイキストフィルタによる帯域制限と包絡線変動

精度を高く,すなわち EVM を小さくできるメリットがある.

　ここで,ASK や PSK 方式で用いられる帯域制限フィルタについて言及しておく.ベースバンド信号は方形波パルスであるので高い周波数までエネルギーを持つ.したがって,周波数スペクトルの有効利用のためには,1ユーザ当たりの占有帯域幅をできる限り小さくしたい.そこで考案されたのがナイキスト(Nyquist)フィルタである.理論的にはクロック(またはシンボル)周波数の 1/2 の帯域を持つ矩形フィルタで帯域制限しても,パルス符号間の干渉が起こらず問題なく伝送できるという主旨である.矩形フィルタの特性は,図2-9 (a) の $\alpha = 0$ の条件である.同様に図2-9 (b) には,$\alpha = 0$ の条件でのインパルス応答時間波形を示す.他のデータの判定点である nT(n が 0 以外)のときには振幅がゼロになり,他の符号に影響を与えないことが分かる.現実には矩形フィルタは作れないので,ロールオフ率 α をパラメータとした(2.5)式によって,なだらかに帯域を制限する[3].

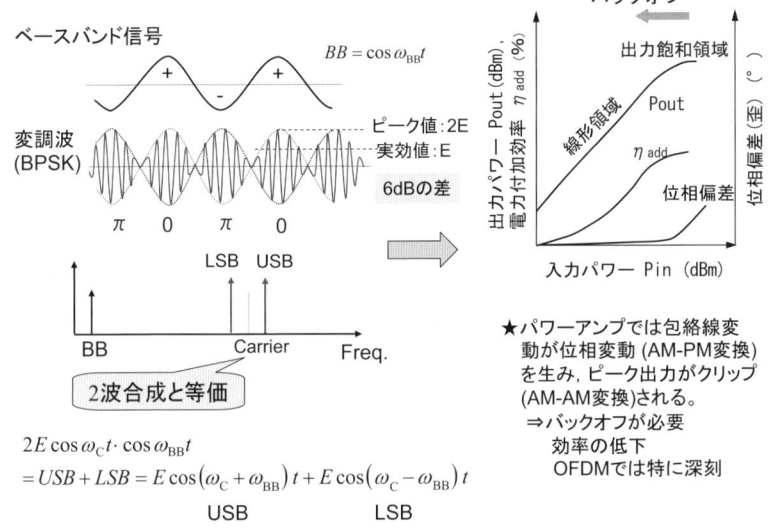

図 2-10　変調波の包絡線変動の影響

$$G(f) = \frac{T}{2}\left\{1 - \sin\left[\frac{1}{2\alpha}(2fT - 1)\right]\right\} \quad (2.5)$$

このフィルタの特徴は，図 2-9（a）の $\alpha = 0.5$ の条件に示すように，二つのハッチ部分の面積が等しいことである．これはどの α でも成り立ち，$\alpha = 1$ のときにはフラットな領域がなくなる．図 2-9（b）に示すインパルス応答を見ると，どの α の場合でもデータの判定点である nT（n が 0 以外）のときには振幅がゼロになるが，α が小さくなるにつれて振幅のうねりが大きくなる特徴がある．図 2-9（c）に示す QPSK の信号点配置図を見ると，帯域が無限大の時にはふくらみはないが，α が小さくなるにつれて，ふくらみが大きくなり包絡線の変動が大きくなることがわかる[4]．したがって，α が小さいほど変調波の形が，より"アナログ的"になることがわかる．

2.5　RF 回路の不完全性や雑音が変調信号に及ぼす影響

最後に回路の不完全性や雑音が変調波に及ぼす影響を考える．回路設計者はこの点を常に意識しておくことが肝要である．包絡線変動の影響につい

発振器の位相雑音はコンスタレーションの回転を招く
⇒　位相誤差の増大

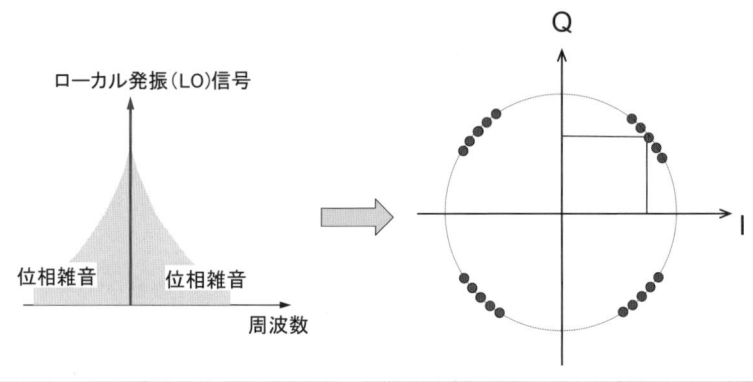

図 2-11　位相雑音の影響

て，簡略化した図2-10を基に説明する．1と0を繰り返すベースバンド信号（固定パターン信号）は帯域制限されて正弦波のようになっている．BPSK変調波はうなり波と同様に，ベースバンド信号の正負に応じて位相が反転している．この波形はUSBとLSB信号との合成波になっており，振幅の2乗を時間平均して実効値を求めるとEとなる．一方，ピーク値は$2E$であり，実効値とは2倍，6dBの差を持つ．パワー換算では4倍と大きい．次に，この信号を図2-10の右の特性を持つパワーアンプで増幅することを考える．パワーアンプは入力が小さいときは，一定の増幅率を持つ線形領域で動作し，位相もほぼ一定である．一方，入力レベルが大きくなるにつれて，振幅は飽和に向かい増幅率も減少していく．究極状態ではピークレベルがクリップされて包絡線が矩形に似てくる．このとき位相も小信号のときに比べて大きく変化するようになる．振幅の飽和特性（振幅歪）をAM-AM変換と呼び，位相の変動（位相歪）をAM-PM変換と呼ぶ．変調波を増幅する場合，実効値に相当するレベルに入力パワーを設定するので，ピーク値が飽和領域に入るようになると，スペクトル上のサイドローブの持ち上がりや変調精度の劣化を招く．変調精度劣化の主な要因は，AM-AM変換により大振幅時の波形が歪むことと，AM-PM変換によって包絡線変動が位相変動に変換されて位相誤差が増加するためである．したがって，飽和領域よりレベルを下げて入力

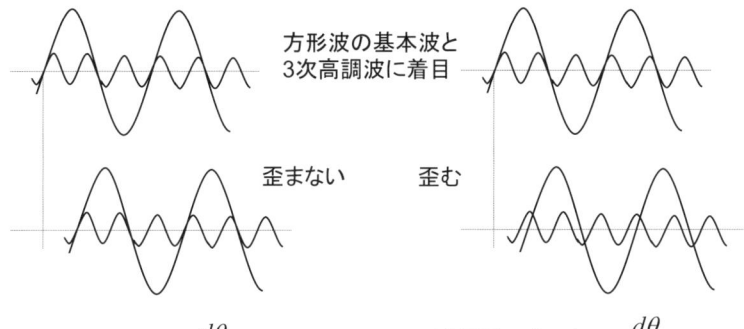

図 2-12 フィルタなどの群遅延特性の影響

パワーを設定する必要があり，これをバックオフと呼ぶ．バックオフが大きくなると電力効率 η_{add} が減少するので電池寿命に大きく影響する．QPSK の変形としての $\pi/4$ シフト QPSK は，信号点の遷移時に包絡線振幅がゼロとならないように工夫したもので，QPSK と比べて包絡線変動を小さくできる．

次に LO 発振器の位相雑音の影響を考える．図 2-11 に示すように発振信号の左右にはデバイスの熱雑音，$1/f$ 雑音等に由来する位相雑音が発生する．位相雑音は文字通り位相情報のゆらぎであるため，信号点配置図上は信号点がランダムに回転する形で悪影響を及ぼす．この点も低位相雑音発振器の研究が重要な理由である．

最後にフィルタなどの群遅延特性の影響を考える．群遅延は位相の角周波数による微分 $GD(\omega) = -\dfrac{d\theta}{d\omega}$ で定義され時間の次元を持つ．群遅延が一定であれば，図 2-12 に示すように基本波と高調波の遅延時間が同じくなり，フィルタ通過後も同じ時間波形を再現できる．すなわち歪は生じない．一方，群遅延が一定でない場合には，基本波と高調波の遅延時間が異なってきて，フィルタ通過後は同じ時間波形を再現できず，歪を生じることになる．具体的には Nyquist フィルタの群遅延が一定でない場合には，直交変調後に変調精

度の劣化が生じると考えられる．ベースバンドフィルタのみならず，IF/RF信号が通過するバンドパスフィルタの群遅延特性も変調精度に影響を与える．

　本章では，RF回路に特有の周波数変換と変復調の基礎について解説した．次章では，周波数変換をもう少し掘り下げて，イメージ抑圧型ミキサやサンプリングミキサの基礎などを解説していく．

【参考文献】

[1] B. Gilbert, "A DC-500 MHz Amplifier/Multiplier Principle," 1968 IEEE ISSCC Digest of Technical Papers, pp. 114-115, 1968. または B. Gilbert, "A Precise Four-Quadrant Multiplier with Subnanosecond Response," IEEE J. Solid-State Circuits, vol. SC-3, pp. 365-373, 1968.
[2] K. Murota and K. Hirade, "GMSK Modulation for Digital Mobile Radio Telephony," IEEE Trans. Commun., vol. COM-29, pp. 1044-1050, July, 1981.
[3] 例えば，武部幹，田中公夫，橋本秀雄，「情報伝送工学」，オーム社，1997年など．
[4] アジレント社，「通信システムのディジタル変調入門編」，Application Note 1298：http://cp.literature.agilent.com/litweb/pdf/5965-7160J.pdf
[5] 藤野忠，「ディジタル移動通信」，昭晃堂，第7章，2000年．

【コラムA】 ディジタル処理型変調器

　最近のCMOS D/A変換器（DAC）の高速化によって，直交変調器までをディジタル回路で実現する手法が可能となった．DACの動作速度により，出力周波数はIF周波数帯に限定されるが，アナログ変調に対して，変調精度を高くできるメリットがある．ここで紹介する構成では，サンプリング周波数f_sをIF周波数の4倍に設定し，ハードウエアを簡素化できる[5]．図A-1に変調器のブロック図を示す．IchおよびQchのディジタルデータはナイキストフィルタで帯域制限されたディジタル信号に変換される．このとき，ナイキストフィルタ出力のサンプリング周波数f_sはシンボルレートf_{symb}の整数倍（n倍）に選ばれる（図A-2 (a) では4倍）．次に，このデータを補間部において，サンプリング周波数がIF周波数の4倍になるように補間処理する（図A-2 (b)）．こ

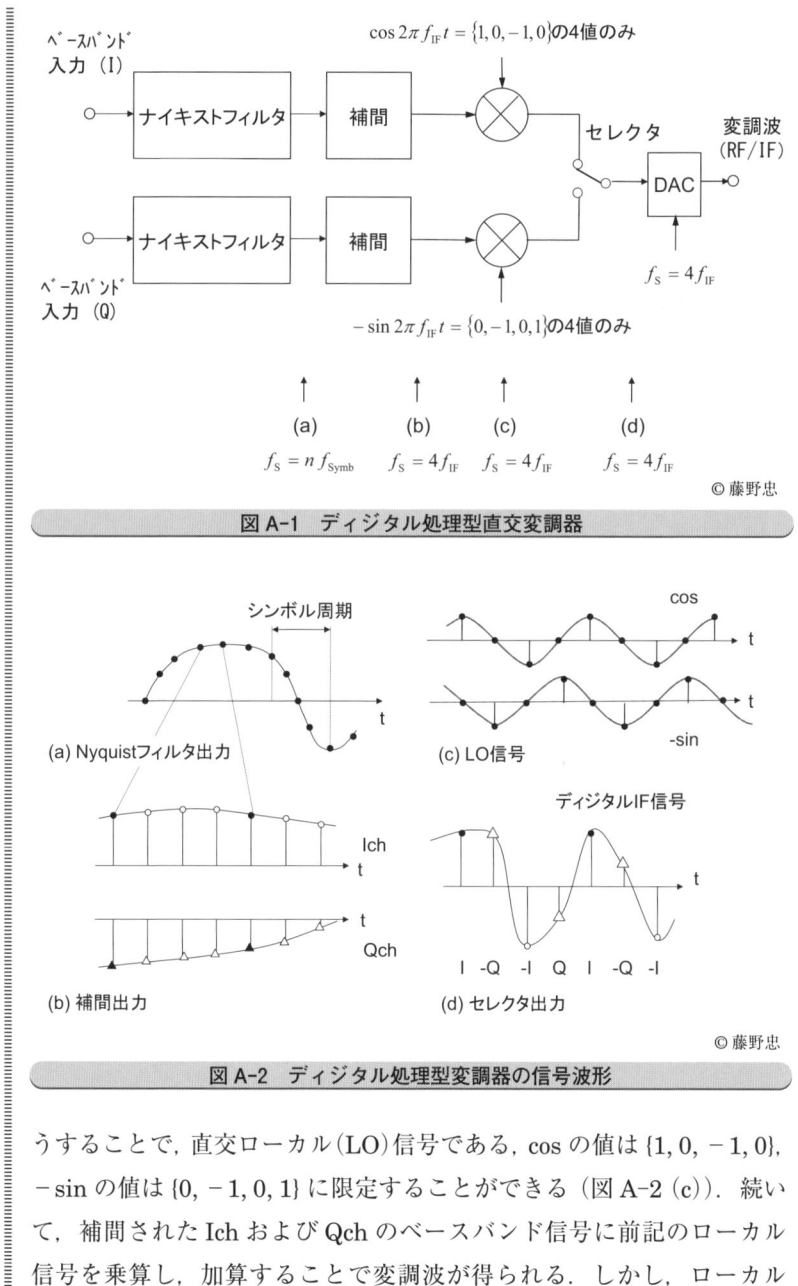

図 A-1　ディジタル処理型直交変調器

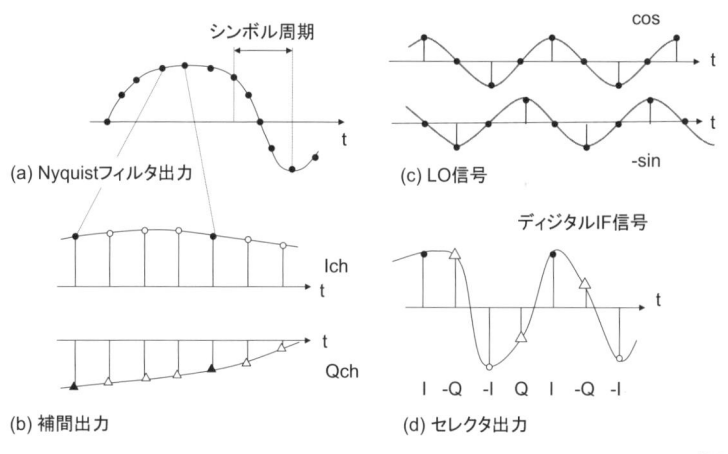

図 A-2　ディジタル処理型変調器の信号波形

うすることで，直交ローカル（LO）信号である，cos の値は $\{1, 0, -1, 0\}$，$-\sin$ の値は $\{0, -1, 0, 1\}$ に限定することができる（図 A-2（c））．続いて，補間された Ich および Qch のベースバンド信号に前記のローカル信号を乗算し，加算することで変調波が得られる．しかし，ローカル

信号が 0 と ±1 限定されており，cos が ±1 のときには sin は 0 で，cos が 0 のときは −sin が ±1 であるため処理が簡単になる．すなわち，前記の乗算・加算処理は，Ich および Qch データを交互に取り込み，Ich, Qch データをそれぞれ 2 回に 1 回符号を反転することで実現できる．変調波を図 A-2 (d) に示す．したがって，「乗算器＋加算器」が「符号反転＋セレクタ」と非常に簡単な構成になる．特に乗算器が不要になることは消費電力，動作速度の点で有利である．さらに，アナログ回路は DAC が 1 個となるので I/Q アンバランスの問題は解消できる．

● 演 習 問 題 ●

1．理想信号ベクトルを $Ae^{j(\omega t+\theta)}$ とし，実際の信号ベクトルを $(A+\Delta A)e^{j(\omega t+\theta+\phi)}$ としたときの EVM の関係式，$EVM = 100\sqrt{\left(\dfrac{\Delta A}{A}\right)^2+\phi^2}$ (%) を導出せよ．ここで，ΔA は振幅誤差，ϕ は位相誤差を表し，$\Delta A/A \ll 1$，$\phi \ll 1\,\mathrm{rad}$ とする．

2．問題 1 の関係式を用い，振幅誤差が 0.1 dB で位相誤差が 1°のときの EVM を算出せよ．

3．図 2-10 に示した LSB 波と USB 波による 2 トーン信号について，ピーク値と実効値を算出せよ．ただし，$\omega_\mathrm{C} = n\omega_\mathrm{BB}$ （n は整数）の関係があるとする．

4．ロールオフ率 α のナイキストフィルタを通過したシンボルレート $1/T$ (Hz) のベースバンド信号の帯域（正周波数領域）を求めよ．また，周波数変換後の RF 帯における帯域を答えよ．

第3章 イメージ抑圧ミキサとサンプリングによる周波数変換

前章ではRF回路に特有の信号処理である周波数変換と変復調の基礎について解説し，さらに，RF回路の不完全性や雑音が変調信号に及ぼす影響について考察した．本章では，RFトランシーバのアーキテクチャ（第4章）につなげるために，周波数変換についてもう少し掘り下げる．具体的には，IC内部でのイメージ抑圧を可能とするイメージ抑圧型ミキサや新しい動向としてのサンプリングミキサの基礎を解説していく．

3.1 ミキサを用いたイメージ妨害波抑圧の指針

第2章ではスーパーヘテロダイン（superheterodyne）受信方式を題材にして，IF信号への周波数変換の際にイメージ妨害波が問題となることを説明した．さらに，スーパーヘテロダイン受信方式では多くの場合，外付けのイメージ（image）抑圧フィルタによりイメージ妨害波を抑圧していた．したがって，部品点数の削減や小型化には限界があった．一方，イメージ妨害波は，IF信号に周波数変換を行う低IF方式など，ダイレクトコンバージョン方式以外には必ず発生する問題である．低IF方式などでは集積度を高めるために，イメージ抑圧フィルタと等価な機能をイメージ抑圧ミキサにより実現している．この節では集積化可能なイメージ抑圧手法であるイメージ抑圧ミキサの基本原理を解説していく．通常のミキサでは実信号のRF信号とLO信号同士を掛け算して周波数の差成分を得ていた．したがって，図3-1の上図に示すように，周波数的にイメージ妨害波が希望信号に重なり，受信が不可能になる状態が発生する．しかし，直交座標（Ich／Qch）または複素平面を用いて2次元的に位相と振幅をながめると状況が変わってくる．LO信号を基準に考えると，図3-1の例では希望信号の周波数は高いので，ベクトル $e^{j\omega_{IF}t} = (\cos\omega_{IF}t, \sin\omega_{IF}t)$ は反時計回りに回転し，イメージ妨害波は周波数が低いので，ベクトル $e^{-j\omega_{IF}t} = (\cos\omega_{IF}t, -\sin\omega_{IF}t)$ は時計回りに回転して見える．この様子は，第2章で説明したFSKの信号点配置図と類似している．

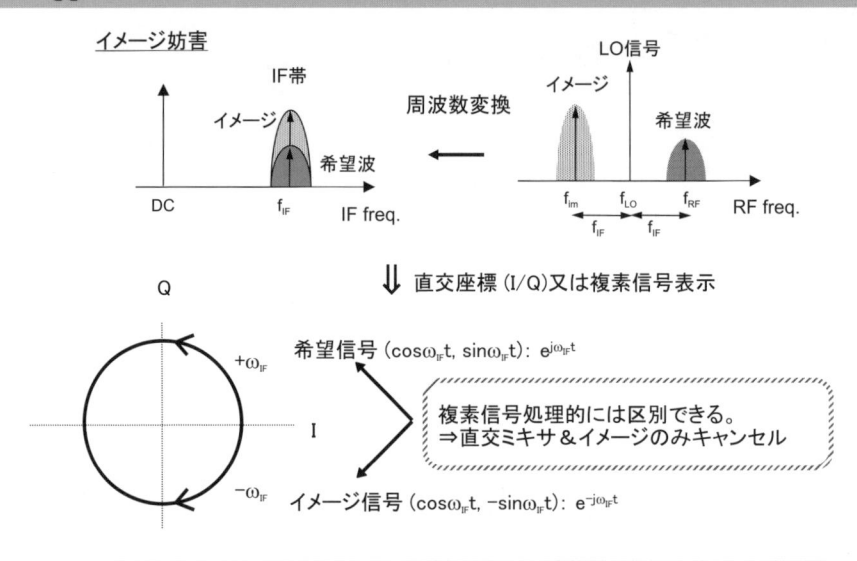

図3-1 イメージ妨害とイメージ抑圧の指針

直交成分で見ると，Ich は符号が同相であるが，Qch はイメージ波の符号が反転している．この点を利用してイメージ抑圧の指針は以下のようになる．まず，ミキサで直交 IF 信号を発生させる．このミキサを直交ミキサと呼び，LO 信号には直交信号（2 信号）が必要になる．次に，Qch ではイメージ波と希望波の符号が反転していることを利用して，イメージ波のみをキャンセルできる．

　ここで，実信号の複素信号表現を復習しておく．例えば，実信号 $\cos\omega t$ は 2 つの複素信号 $e^{j\omega t}$ と $e^{-j\omega t}$ を用いて，$\cos\omega t = \dfrac{e^{j\omega t}+e^{-j\omega t}}{2}$ と表現できる．$\sin\omega t$ も同様に表せる．図 3-2 の複素平面上で見ると，上記の 2 つの複素信号は回転方向が反対で大きさが等しいベクトルになっている．反時計回りの成分を正周波数の信号，時計回りの成分を負周波数の信号と呼ぶ．負の領域まで拡張することで，イメージ抑圧処理は，複素信号処理として数学的に扱うことができるようになる．複素信号表現をスペクトル的に表現すると図 3-2 の下図のようになる．時間ゼロのスタート時点の様子を示している．曲線の矢印は複素信号の回転方向を表す．$\sin\omega t$ の場合は，スタート時には直

第3章 イメージ抑圧ミキサとサンプリングによる周波数変換　31

$$\cos\omega t = \frac{e^{j\omega t} + e^{-j\omega t}}{2}$$

（実信号）　　　　　　　　　　（複素信号の和）

$$\cos\omega t = \frac{e^{j\omega t} + e^{-j\omega t}}{2}$$

$$\sin\omega t = \frac{e^{j\omega t} - e^{-j\omega t}}{2j}$$

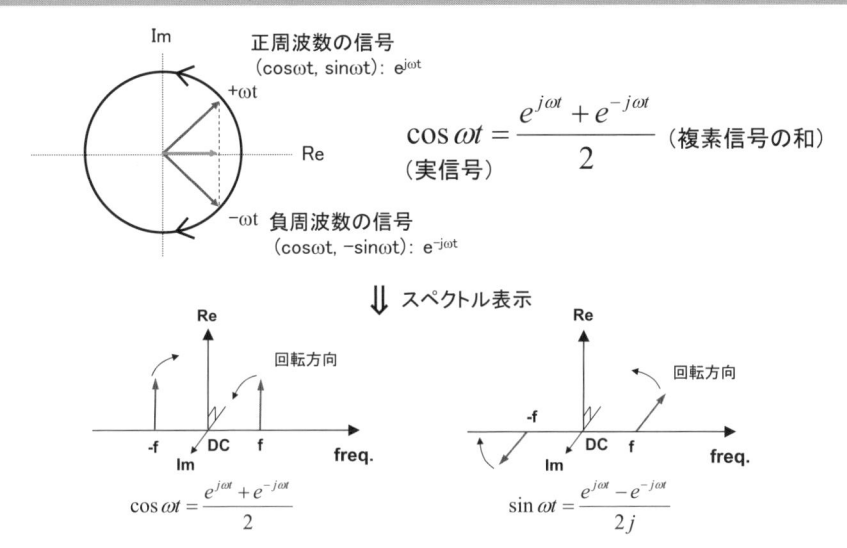

図3-2　複素信号表示

交した面内にあり，虚軸（Im軸）またはQch軸方向を向くことが特徴である．しかし，いずれの場合にも，合成ベクトル成分は実信号を表現しているので，実軸（Re軸）またはIch軸方向を向いている．

　実信号と複素信号の違いをまとめると図3-3のようになる．実信号は1次元であり1本の信号線で表現できるが，正と負の周波数成分が必ず対になって存在する．このことが，通常のミキサ出力では周波数の加算と減算成分が同時に存在することにつながり，イメージ妨害波の発生に強く関与してくる．一方，複素信号（または解析信号）は2次元になるので，2本の信号線（Ich／Qchなど）で表現しなければならない．周波数スペクトルは正または負のどちらかが独立に存在できるので，直交ミキサなど複素LO信号を乗算するミキサの出力には，周波数の減算または加算のどちらかの成分のみが現われる．例えば，複素数同士の乗算では，$e^{j\omega_{RF}t} \times e^{-j\omega_{LO}t} = e^{j(\omega_{RF}-\omega_{LO})t}$ のように，周波数の減算成分のみが生じている．ベクトル的には複素LO信号により時計回りに回転させられている．この点は後ほど詳細に説明する．

　複素信号表現の準備が整ったので，実信号同士の掛け算による周波数変換を見直してみる．希望RF信号を

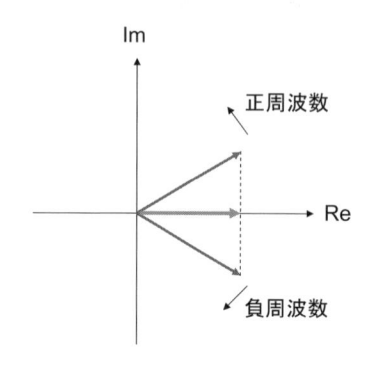

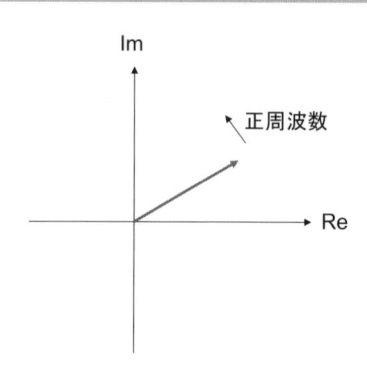

実信号では正負周波数スペクトルが対称に存在
→ミキサ出力では周波数の加算と減算が同時に存在
→1次元表現(信号線は一本)

複素信号(解析信号とも)では正または負周波数スペクトルのどちらか一方が存在
→ミキサ出力では周波数の加算または減算のどちらか：複素数の乗算
→2次元(信号線はIch／Qchの2本)

図 3-3　実信号と複素信号

$$D = A_{\mathrm{RF}} \cos \omega_{\mathrm{RF}} t \quad A_{\mathrm{RF}} = \cos(\omega_{\mathrm{LO}} + \omega_{\mathrm{IF}})t = A_{\mathrm{RF}} \frac{e^{j(\omega_{\mathrm{LO}} + \omega_{\mathrm{IF}})t} + e^{-j(\omega_{\mathrm{LO}} + \omega_{\mathrm{IF}})t}}{2}$$

とし，LO 信号を $LO = \cos \omega_{\mathrm{LO}} t = \dfrac{e^{j\omega_{\mathrm{LO}} t} + e^{-j\omega_{\mathrm{LO}} t}}{2}$ とおく．簡単のため LO 信号の振幅は 1 とする．希望信号と LO 信号との乗算結果は (3.1) 式のようになる．

$$D \times LO = \frac{A_{\mathrm{RF}}}{4} e^{-j\omega_{\mathrm{IF}} t} + \frac{A_{\mathrm{RF}}}{4} e^{j(2\omega_{\mathrm{LO}} + \omega_{\mathrm{IF}})t} + \frac{A_{\mathrm{RF}}}{4} e^{j\omega_{\mathrm{IF}} t} + \frac{A_{\mathrm{RF}}}{4} e^{-j(2\omega_{\mathrm{LO}} + \omega_{\mathrm{IF}})t} \quad (3.1)$$

第 1 項は希望信号の負の周波数成分が LO 信号の正の周波数成分 $e^{j\omega_{\mathrm{LO}} t}$ と乗算されてできた項であり，負周波数の IF 信号を構成する．第 2 項は希望信号の正の周波数成分が LO 信号の正の周波数成分 $e^{j\omega_{\mathrm{LO}} t}$ と乗算されてできた項であり，LO 信号の約 2 倍の周波数となるので，受信機の場合ローパスフィルタ特性で大きく抑圧される．第 3 項は希望信号の正の周波数成分が LO 信号の負の周波数成分 $e^{-j\omega_{\mathrm{LO}} t}$ と乗算されてできた項であり，正周波数の IF 信号を構成する．第 4 項は希望信号の負の周波数成分が LO 信号の負の周波数成分 $e^{-j\omega_{\mathrm{LO}} t}$ と乗算されてできた項であり，LO 信号の約 2 倍の周波数

となるので，ローパスフィルタ特性で大きく抑圧される．受信機の IF 信号としては第 1 項と第 3 項が意味を持ち，正負の周波数を持つ 2 つの複素信号を構成し，合成されて実 IF 信号となる．スペクトル上での関係を図 3-4 に示す．点線の矢印は乗算前後における周波数シフト関係を示している．

次にイメージ妨害波の周波数変換プロセスを考える．イメージ信号を

$$Im = A_{\rm im} \cos \omega_{\rm im} t = A_{\rm im} \cos(\omega_{\rm LO} - \omega_{\rm IF})t = A_{\rm im} \frac{e^{j(\omega_{\rm LO} - \omega_{\rm IF})t} + e^{-j(\omega_{\rm LO} - \omega_{\rm IF})t}}{2}$$

とおくと LO 信号との乗算結果は(3.2)式のようになる．

$$Im \times LO = \frac{A_{\rm im}}{4} e^{j\omega_{\rm IF}t} + \frac{A_{\rm im}}{4} e^{j(2\omega_{\rm LO} - \omega_{\rm IF})t} + \frac{A_{\rm im}}{4} e^{-j\omega_{\rm IF}t} + \frac{A_{\rm im}}{4} e^{-j(2\omega_{\rm LO} - \omega_{\rm IF})t} \quad (3.2)$$

希望 RF 信号の場合と同様に，第 1 項はイメージ信号の負の周波数成分が LO 信号の正の周波数成分 $e^{j\omega_{\rm LO} t}$ と乗算されてできた項であり，正周波数のイメージ IF 信号を構成する．第 2 項はイメージ信号の正の周波数成分が LO 信号の正の周波数成分 $e^{j\omega_{\rm LO} t}$ と乗算されてできた項であり，LO 信号の約 2 倍の周波数となるので，受信機の場合ローパスフィルタ特性で大きく抑圧される．第 3 項はイメージ信号の正の周波数成分が LO 信号の負の周波数成分 $e^{-j\omega_{\rm LO} t}$ と乗算されてできた項であり，負周波数のイメージ IF 信号を構成する．第 4 項はイメージ信号の負の周波数成分が LO 信号の負の周波数成分 $e^{-j\omega_{\rm LO} t}$ と乗算されてできた項であり，LO 信号の約 2 倍の周波数となるので，ローパスフィルタ特性で大きく抑圧される．スペクトル上での関係を同様に図 3-4 に示す．正周波数領域で見ると，希望 IF 信号に重なってくるイメージ IF 信号とは，負のイメージ信号が LO 信号の正の周波数成分 $e^{j\omega_{\rm LO} t}$ と乗算されてできた項であることがわかる．別の言い方をすると，LO 信号が正の周波数成分を持たず，負の周波数成分 $e^{-j\omega_{\rm LO} t}$ のみの複素信号であれば，正周波数のイメージ IF 信号は存在しないことが分かる．この点がイメージ抑圧ミキサを考える上での重要なポイントである．

3.2 ハートレー(Hartley)型イメージ抑圧ミキサ

この節では，米国のハートレー（Hartley）が 1928 年に発明したイメージ抑圧ミキサについて紹介し，イメージ抑圧の基本的な動作を説明する．この

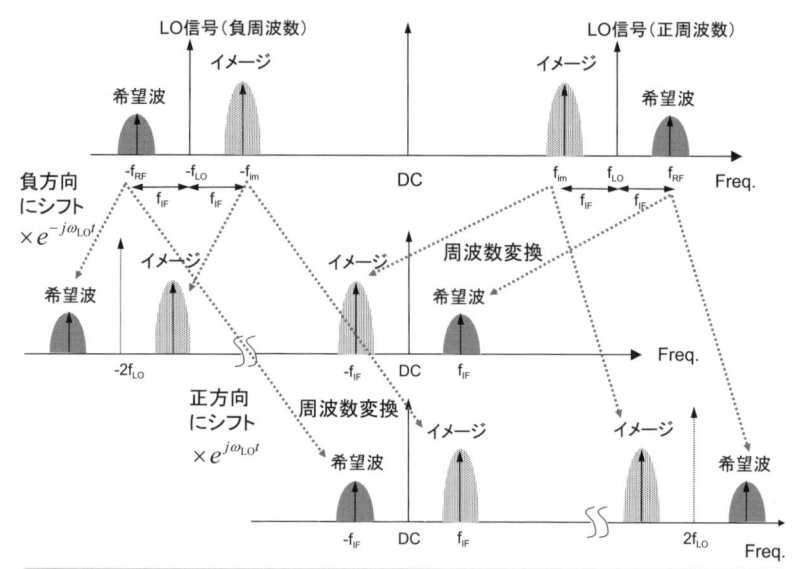

図 3-4　実信号同士の乗算ではイメージ波が希望波を妨害する

方式はアナログ SSB（Single Sideband）変調を前提にして発明された．通常の AM 変調方式では，USB と LSB の両サイドバンド（側波帯）を送信・受信しているが，情報は同じものが載っている．そこで，SSB 変調では片方のサイドバンドのみを使って周波数利用効率を 2 倍に高めることができる．本方式の当初の目的は，変調において不要なサイドバンドを抑圧することであるが，考え方はイメージ抑圧ミキサにも適用できる．

　基本となる回路ブロックは直交ミキサと 90°移相器（位相シフタ）ならびに加算器である．90°移相器は，例えば，RC（抵抗／容量）型のローパスフィルタと CR 型のハイパスフィルタとの組合せや，後ほど説明するポリフェーズフィルタ（図 3-7）で作ることができる．図 3-5 に示すブロック図を基に動作の概略をまず説明する．直交ミキサの Ich 信号はそのまま加算器に入力される．Ich では希望 IF 信号とイメージ IF 信号は，図 3-1 のところでも説明したように $\cos\omega_{IF}t$ に比例し同相である．一方，Qch では希望信号が $\sin\omega_{IF}t$，イメージ信号が $-\sin\omega_{IF}t$ に比例するので，互いに逆相関係にある．Ich と Qch 信号同士は位相が 90°ないしは 270°ずれているために，Qch 信号の位相のみをを 90°ずらして加算器に入力する．このようにすると，希望

信号は同相で加算されるが，イメージ信号は逆相関係なのでキャンセルされる．Qch において希望信号とイメージ信号がに互いに逆相関係にあることでイメージが抑圧が可能になっている．90°移相器で位相をシフトさせる機能が入ることから，本方式は位相シフト型イメージ抑圧ミキサとも呼ばれる．

次に，複素信号表示を用いて定量的な説明を行う．Ich-IF 信号の場合，LO 信号が $LO_\mathrm{I} = \cos\omega_\mathrm{LO} t = \dfrac{e^{j\omega_\mathrm{LO} t} + e^{-j\omega_\mathrm{LO} t}}{2}$ なので，希望波成分は基本的に (3.1) 式と同じであるが，高周波成分を無視し，IF 周波数に関するものを抜き出すと (3.3) 式となる．

$$D \times LO_\mathrm{I} = \frac{A_\mathrm{RF}}{4} e^{j\omega_\mathrm{IF} t} + \frac{A_\mathrm{RF}}{4} e^{-j\omega_\mathrm{IF} t} = \frac{A_\mathrm{RF}}{2} \cos\omega_\mathrm{IF} t \qquad (3.3)$$

一方，Ich のイメージ波成分は基本的に (3.2) と同じであるが，同様に (3.4) 式となる．

$$Im \times LO_\mathrm{I} = \frac{A_\mathrm{im}}{4} e^{j\omega_\mathrm{IF} t} + \frac{A_\mathrm{im}}{4} e^{-j\omega_\mathrm{IF} t} = \frac{A_\mathrm{im}}{2} \cos\omega_\mathrm{IF} t \qquad (3.4)$$

(3.3)，(3.4) 式の 4 個の複素信号（ベクトル）が，図 3-5 に示す Ich の DBM 出力のスペクトル表示に対応している．IF 帯に変換された希望波とイメージ波が同相であることがわかる．

Qch-IF 信号では，LO 信号が $LO_\mathrm{Q} = -\sin\omega_\mathrm{LO} t = \dfrac{-e^{j\omega_\mathrm{LO} t} + e^{-j\omega_\mathrm{LO} t}}{2j}$ と変わるので，希望波成分は (3.5) 式で与えられる．ここでも，IF 周波数に関するものを抜き出している．

$$D \times LO_\mathrm{Q} = \frac{A_\mathrm{RF}}{4j} e^{j\omega_\mathrm{IF} t} - \frac{A_\mathrm{RF}}{4j} e^{-j\omega_\mathrm{IF} t} = \frac{A_\mathrm{RF}}{2} \sin\omega_\mathrm{IF} t \qquad (3.5)$$

一方，イメージ波成分は，同様に (3.6) 式で与えられる．

$$Im \times LO_\mathrm{Q} = -\frac{A_\mathrm{im}}{4j} e^{j\omega_\mathrm{IF} t} + \frac{A_\mathrm{im}}{4j} e^{-j\omega_\mathrm{IF} t} = -\frac{A_\mathrm{im}}{2} \sin\omega_\mathrm{IF} t \qquad (3.6)$$

(3.5)，(3.6) 式の 4 個の複素信号（ベクトル）が，図 3-5 に示す Qch の DBM 出力のスペクトル表示に対応している．正と負の周波数におけるベクトルならびに合成された実信号は，希望波とイメージ波とでは互いに逆相関

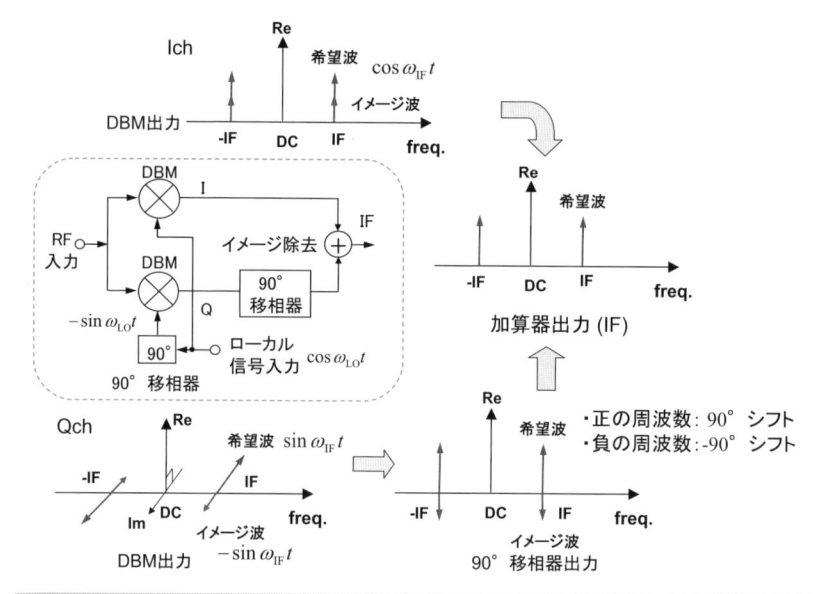

図 3-5　ハートレー型のイメージ抑圧ミキサ：位相シフト型イメージ抑圧ミキサとも呼ばれる

係にあることがわかる．続いて，Qch の信号である (3.5)，(3.6) 式の位相を 90° シフトすると，それぞれ (3.7) および (3.8) 式となる．

$$
\begin{aligned}
D \times LO_Q(\pi/2\,shift) &= \frac{A_{RF}}{4j} e^{j\left(\omega_{IF}t + \frac{\pi}{2}\right)} - \frac{A_{RF}}{4j} e^{-j\left(\omega_{IF}t + \frac{\pi}{2}\right)} \\
&= \frac{A_{RF}}{4j} e^{j\omega_{IF}t + j\frac{\pi}{2}} - \frac{A_{RF}}{4j} e^{-j\omega_{IF}t - j\frac{\pi}{2}} \\
&= \frac{A_{RF}}{4j} e^{j\omega_{IF}t} e^{j\frac{\pi}{2}} - \frac{A_{RF}}{4j} e^{-j\omega_{IF}t} e^{-j\frac{\pi}{2}} = \frac{A_{RF}}{2} \cos\omega_{IF} t
\end{aligned}
\tag{3.7}
$$

$$
\begin{aligned}
Im \times LO_Q(\pi/2\,shift) &= -\frac{A_{im}}{4j} e^{j\left(\omega_{IF}t + \frac{\pi}{2}\right)} + \frac{A_{im}}{4j} e^{-j\left(\omega_{IF}t + \frac{\pi}{2}\right)} \\
&= -\frac{A_{im}}{4j} e^{j\omega_{IF}t + j\frac{\pi}{2}} + \frac{A_{im}}{4j} e^{-j\omega_{IF}t - j\frac{\pi}{2}} \\
&= -\frac{A_{im}}{4j} e^{j\omega_{IF}t} e^{j\frac{\pi}{2}} + \frac{A_{im}}{4j} e^{-j\omega_{IF}t} e^{-j\frac{\pi}{2}} = -\frac{A_{im}}{2} \cos\omega_{IF} t
\end{aligned}
\tag{3.8}
$$

ここで，注意すべきなのは，(3.7)，(3.8) 式の 2 行目から分かるように，正の周波数成分は 90°（π/2）の位相シフトであるが，負の周波数成分は

$-90°$($-\pi/2$)の位相シフトになることである．加算器出力では，希望波である(3.3)式と(3.7)式が加算されて2倍の大きさになる．一方，イメージ波は(3.4)式と(3.8)式が逆相で加算されてゼロになる．すなわちイメージ波はキャンセルされる．

3.3　IC化に適したイメージ抑圧型受信機の構成

ハートレー型イメージ抑圧ミキサで見てきたように，イメージ抑圧の基本には直交ミキサによる信号の複素化がある．この節では，イメージ抑圧について見通しをよくするために，複素信号処理の観点から，より実用的なイメージ抑圧ミキサの構成法を考えてみる．図3-6にはIC化に適しており，低IF受信機などで良く利用されている2つのイメージ抑圧型受信機の構成を示す．図3-6(a)ではハートレー型で用いた90°移相器の機能を，RC素子で構成したポリフェーズフィルタで置き換えている．ポリフェーズフィルタの出力には希望波のみが残り，その後，チャネル選択用のバンドパスフィルタ（BPF）を通り，隣接する不要信号や広帯域雑音を減衰させている．ポリフェーズフィルタの1例を図3-7に示す[2]．RC素子で構成され，図の例では3段が従属接続されている．直交ミキサからの直交する差動信号を入力することで，出力には直交する希望波信号のみが得られる．この回路を用いると$\omega RC = 1$を満たす周波数でイメージ抑圧比が最大になるが，IC上ではRC時定数の絶対値のばらつきは10〜20%と大きい．そこで，異なるRC時定数を持つ回路を3段用いることで，RC時定数の絶対値がばらついた場合にも，IF信号帯域に対して十分な特性が得られるようにしている．詳細な設計例は第9章で紹介する．

図3-6(b)は複素バンドパスフィルタ（BPF）を用いることで，図3-6(a)のポリフェーズフィルタとバンドパスフィルタ（BPF）の両者の機能を実現する構成である．複素BPFはトランジスタを用いた能動フィルタで構成される．通常の実フィルタは正と負周波数領域に対称な伝達特性を持つが，複素フィルタは正と負周波数領域に非対称な伝達特性を持つことが大きな特徴である．この観点からは，ポリフェーズフィルタも一種の複素フィルタと言える．次に順を追ってこれらの意味を説明していく．

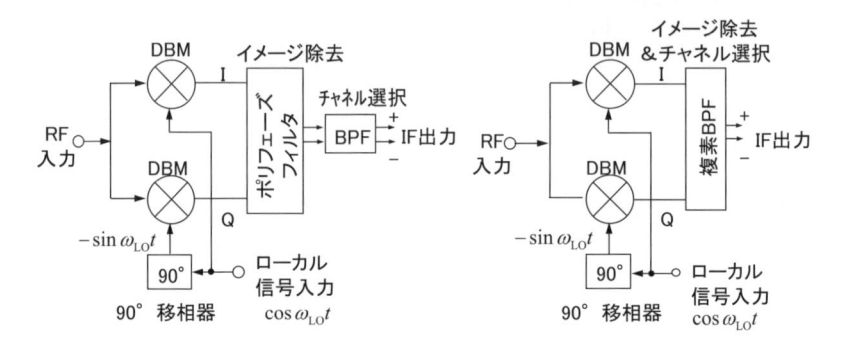

図3-6　IC化に適したイメージ抑圧型受信機の構成

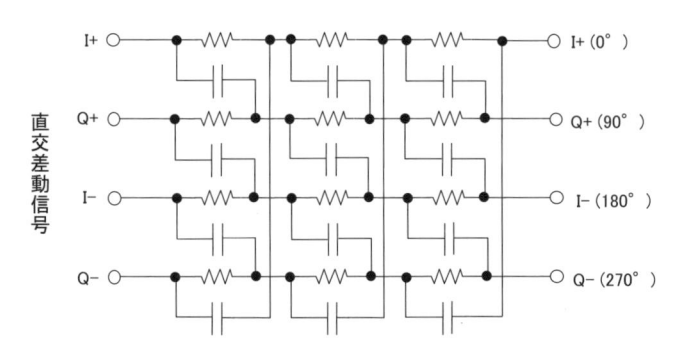

(a) ポリフェーズフィルタでイメージ除去

(b) 複素BPFでイメージ除去とチャネル選択を同時に実施

図3-7　イメージ抑圧用のIF段ポリフェーズフィルタ（3段の例）

© Gingell, Electrical Commun., No.1-2, '73 [2]

　ここで，複素信号の観点から直交ミキサを見直してみる．直交LO信号を用いると，LO信号を1個の複素数 $e^{-j\omega_{LO}t}$ で表現できる．周波数を下げる方向に乗算をしたいので，指数に負号がついている．複素平面で時計回りに回転させ周波数を下げる．希望RF信号を

$$D = A_{RF}\cos\omega_{RF}t = A_{RF}\cos(\omega_{LO}+\omega_{IF})t = A_{RF}\frac{e^{j(\omega_{LO}+\omega_{IF})t}+e^{-j(\omega_{LO}+\omega_{IF})t}}{2}$$

とし，LO信号を $e^{-j\omega_{LO}t}$ とおくと，乗算結果は(3.9)式で与えられる．

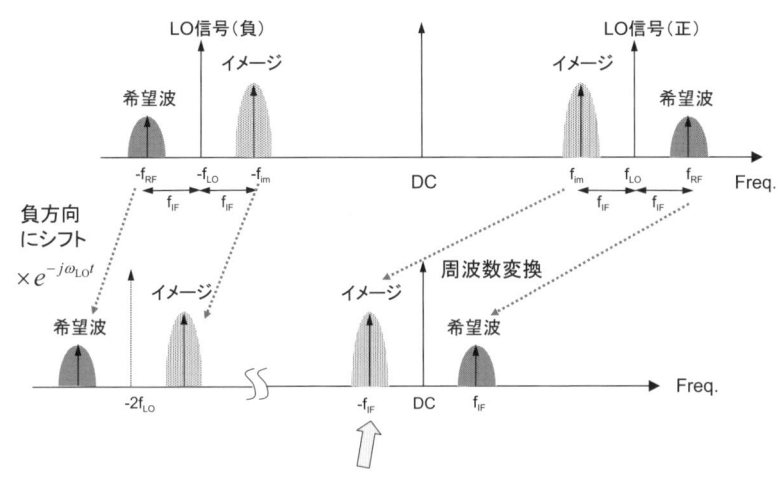

第3章 イメージ抑圧ミキサとサンプリングによる周波数変換

ポリフェーズフィルタや複素バンドパスフィルタ(BPF)は，負の周波数に移動したイメージ波を抑圧し，希望波のみを通す➡イメージ抑圧の原理

図 3-8 実 RF 信号に複素 LO 信号を乗算すると希望波とイメージ波が分離可能

$$D \times LO = \frac{A_{\rm RF}}{2} e^{j\omega_{\rm IF}t} + \frac{A_{\rm RF}}{2} e^{-j(2\omega_{\rm LO}+\omega_{\rm IF})t} \tag{3.9}$$

次にイメージ信号を

$$Im = A_{\rm im} \cos \omega_{\rm im} t = A_{\rm im} \cos(\omega_{LO} - \omega_{IF})t = A_{\rm im} \frac{e^{j(\omega_{LO}-\omega_{IF})t} + e^{-j(\omega_{LO}-\omega_{IF})t}}{2}$$

とおくとLO信号との乗算結果は(3.10)式のようになる．

$$Im \times LO = \frac{A_{\rm im}}{2} e^{-j\omega_{\rm IF}t} + \frac{A_{\rm im}}{2} e^{-j(2\omega_{\rm LO}+\omega_{\rm IF})t} \tag{3.10}$$

以上4個の複素成分を図3-8の下図に示す．(3.9)，(3.10) 式の第1項が注目するIF信号成分である．希望波は正周波数に，イメージ波は負周波数にのみ変換されていることがわかる．この点が図3-4に示した実信号同士の乗算結果との大きな違いである．負周波数領域に位置するイメージ波は上述したような複素フィルタを通すことで除去できると考えられる．図3-9には周波数変換された信号と併せて，ポリフェーズフィルタならびに複素BPFの伝達特性を示している．ポリフェーズフィルタでは，正の周波数成分はほぼ一定の利得で通過できるが，負の周波数成分である $-f_{\rm IF}$ 近傍のイ

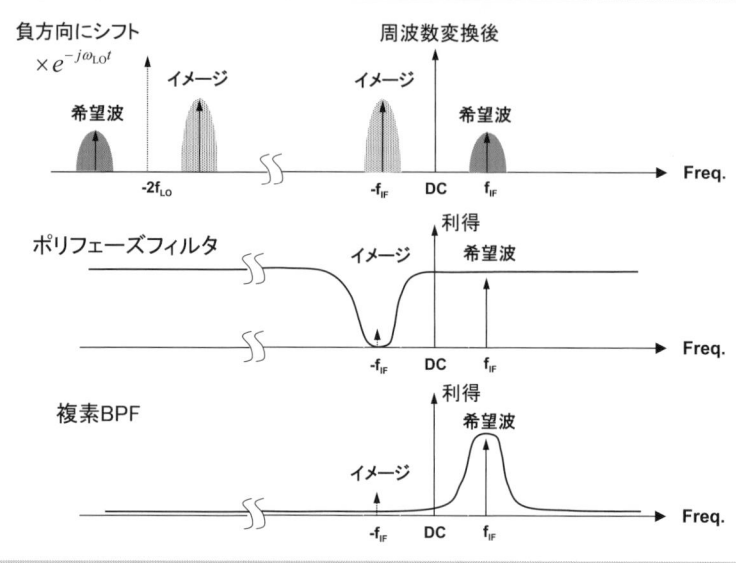

図 3-9 ポリフェーズフィルタと複素 BPF の周波数特性

メージ波は大きく減衰する．この伝達特性は，見方を変えると通常のハイパスフィルタ特性を負周波数方向に f_{IF} だけシフトしたような形を持つ．これが，ポリフェーズフィルタを用いた場合のイメージ抑圧の仕組みである．複素 BPF は，正周波数成分については通常の BPF と同様な伝達特性で通過させるが，負周波数成分に関しては通過特性を持たない．したがって，イメージ成分は大きく抑圧される．複素 BPF の伝達特性は，見方を変えると通常のローパスフィルタ特性を正周波数方向に f_{IF} だけシフトしたような形を持つ．

以上をまとめると，イメージ抑圧ミキサでは，直交ミキサを用いて，受信信号（希望波＋イメージ波）に対して，複素 LO 信号を乗算することで複素信号化する．そのとき，希望波は正の周波数領域へ，イメージ波は負の周波数領域に移動する．その後，周波数軸上で非対称な特性を持つ複素フィルタ（ポリフェーズフィルタ，複素 BPF など）を通過させることで，イメージ波のみを減衰させることができる．

3.4 直交信号の位相誤差ならびに振幅誤差の影響

今までは回路が理想的な場合を議論してきたが，次に回路の不完全性の影響を考えてみる．イメージ抑圧の不完全性は，Ich と Qch 間での振幅（利得）の相対誤差 $\Delta A / A$ と 90°移相器の 90°からのずれ（位相誤差）$\phi\mathrm{(rad)}$ によって生じる．振幅の相対誤差は，直交 LO 信号振幅やミキサ（DBM）間の変換利得の I/Q 間のアンバランスから生じる．ここでは，直交 LO 信号の位相誤差と振幅のアンバランスが，複素 LO 信号に不要な成分を発生させることで，イメージ妨害信号が起こることを定量的に解説する．今の場合，受信機を考えているので，前節で見たように必要な LO 信号は負の周波数成分 $e^{-j\omega_{\mathrm{LO}}t}$ のみである．ところが，直交 LO 信号の位相誤差と振幅のアンバランスが存在すると，不要な正の周波数成分 $e^{j\omega_{\mathrm{LO}}t}$ が生じることとなる．理想的には図 3-10 (a)に示すように，直交 LO 信号は同相成分の

$$LO_{\mathrm{I}} = \cos \omega_{\mathrm{LO}} t = \frac{e^{j\omega_{\mathrm{LO}}t} + e^{-j\omega_{\mathrm{LO}}t}}{2}$$

と直交成分

$$LO_{\mathrm{Q}} = -\sin \omega_{\mathrm{LO}} t = \frac{-e^{j\omega_{\mathrm{LO}}t} + e^{-j\omega_{\mathrm{LO}}t}}{2}$$

から成立っている．一方，Qch 成分に直交 LO 信号の位相誤差 $\phi\mathrm{(rad)}$ と振幅のアンバランス（振幅の比）$1+\delta$ が存在するときは（図 3-10 (b)），直交成分 $LO_{\mathrm{Q}}{}'$ は(3.11)式のように変形できる．

$$\begin{aligned} LO_{\mathrm{Q}}{}' &= -(1+\delta)\cdot\sin(\omega_{\mathrm{LO}}t+\phi) = -(1+\delta)\cdot\frac{e^{j(\omega_{\mathrm{LO}}t+\phi)} + e^{-j(\omega_{\mathrm{LO}}t+\phi)}}{2} \\ &= -(1+\delta)\cdot\frac{e^{j\omega_{\mathrm{LO}}t}e^{j\phi} - e^{-j\omega_{\mathrm{LO}}t}e^{-j\phi}}{2} \end{aligned} \quad (3.11)$$

誤差を含む場合の複素 LO 信号 LO' とおくと，

$LO_{\mathrm{I}} = \cos \omega_{\mathrm{LO}} t = \dfrac{e^{j\omega_{\mathrm{LO}}t} + e^{-j\omega_{\mathrm{LO}}t}}{2}$ と(3.11)式を用いて次式のようになる．

$$\begin{aligned}
LO' &= LO_\text{I} + jLO_\text{Q}' = \cos\omega_\text{LO} t - j(1+\delta)\sin(\omega_\text{LO} t + \phi) \\
&= \frac{e^{j\omega_\text{LO}t} + e^{-j\omega_\text{LO}t}}{2} - j(1+\delta)\cdot\frac{e^{j\omega_\text{LO}t}e^{j\phi} - e^{-j\omega_\text{LO}t}e^{-j\phi}}{2j} \\
&= \frac{e^{j\omega_\text{LO}t}}{2}\left\{1 - (1+\delta)e^{j\phi}\right\} + \frac{e^{-j\omega_\text{LO}t}}{2}\left\{1 - (1+\delta)e^{-j\phi}\right\} \\
&= \frac{e^{j\omega_\text{LO}t}}{2}\left\{1 - (1+\delta)(\cos\phi + j\sin\phi)\right\} \\
&\quad + \frac{e^{-j\omega_\text{LO}t}}{2}\left\{1 + (1+\delta)(\cos\phi - j\sin\phi)\right\}
\end{aligned} \tag{3.12}$$

$\phi \ll 1(\text{rad})$，$\delta \ll 1$ とし (3.12) 式の高次項を無視して簡単化すると，次の近似式が得られる．

$$LO' \cong -\frac{\delta + j\phi}{2}e^{j\omega_\text{LO}t} + e^{-j\omega_\text{LO}t} \tag{3.13}$$

ここで，第 2 項は本来必要とする負周波数の LO 信号である．一方，第 1 項は，イメージ妨害信号の発生につながる正周波数の LO 信号であり，直交 LO 信号の位相誤差 $\phi(\text{rad})$ と振幅のアンバランス（振幅の比）$1+\delta$ が存在することで新たに発生した．すなわち，「直交 LO 信号の不完全性は符号が反対の周波数成分を発生させる」ことになる．この例では，受信機を考えているので，不要な LO 信号は正の周波数成分になる．特徴的なことは，位相誤差の場合，j が乗算され直交する成分となるが，振幅誤差については実係数が乗算されるだけなので同相になる．一方，周波数を高める送信機のときも同様な議論が可能である．このときは正の周波数成分が希望 LO 信号で，負の周波数成分が不要 LO 信号となり，不要サイドバンド発生につながる．

周波数変換後の希望信号とイメージ妨害信号について，(3.13)式を用いて計算すると，それぞれ(3.14)式，(3.15)式となる．

$$\begin{aligned}
&D \times LO' \\
&= \frac{A_\text{RF}}{2}\left\{e^{j\omega_\text{IF}t} - \frac{\delta + j\phi}{2}e^{-j\omega_\text{IF}t} - \frac{\delta + j\phi}{2}e^{-j(2\omega_\text{LO}+\omega_\text{IF})t} + e^{-j(2\omega_\text{LO}+\omega_\text{IF})t}\right\}
\end{aligned} \tag{3.14}$$

$$Im \times LO' = \frac{A_\text{im}}{2}\left\{-\frac{\delta + j\phi}{2}e^{-j\omega_\text{IF}t} + e^{-j\omega_\text{IF}t} - \frac{\delta + j\phi}{2}e^{-j(2\omega_\text{LO}+\omega_\text{IF})t} + e^{-j(2\omega_\text{LO}+\omega_\text{IF})t}\right\} \tag{3.15}$$

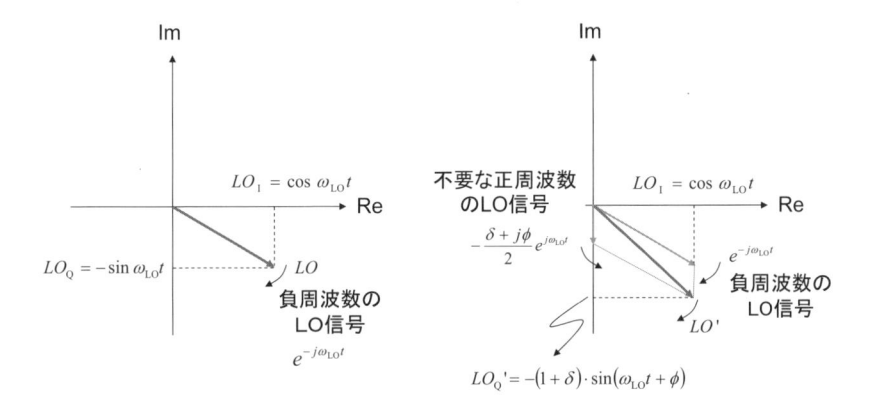

第3章 イメージ抑圧ミキサとサンプリングによる周波数変換

(a) 理想状態のLO信号　　　(b) 振幅・位相誤差を含むLO信号

図 3-10　理想的な直交 LO 信号と誤差を含む直交 LO 信号

ここで，希望 RF 信号を

$$D = A_{\text{RF}} \cos \omega_{\text{RF}} t = \cos(\omega_{\text{LO}} + \omega_{\text{IF}})t = A_{\text{RF}} \frac{e^{j(\omega_{\text{LO}}+\omega_{\text{IF}})t} + e^{-j(\omega_{\text{LO}}+\omega_{\text{IF}})t}}{2}$$

とし，イメージ妨害信号を

$$Im = A_{\text{im}} \cos \omega_{\text{im}} t = \cos(\omega_{\text{LO}} - \omega_{\text{IF}})t = A_{\text{im}} \frac{e^{j(\omega_{\text{LO}}-\omega_{\text{IF}})t} + e^{-j(\omega_{\text{LO}}-\omega_{\text{IF}})t}}{2}$$

とした．以上のプロセスによる周波数変換の様子を，図 3-11 に示す．

以下では IF 周波数の信号のみに着目する．(3.15) 式の第 1 項は，イメージ妨害信号が正周波数 ω_{IF} に変換されたことを示している．このことは，これ以降どのような手段を用いてもイメージ妨害信号を除去できないことを意味している．逆に (3.14) 式の第 2 項を見ると，希望信号が負周波数領域 $-\omega_{\text{IF}}$ に漏れていることがわかる．(3.14) 式，(3.15) 式の第 1 項から，出力の希望信号とイメージ信号とのパワー比（すなわち振幅の 2 乗比）をとると，次式が得られる．

$$\frac{P_{\text{D}}}{P_{\text{im}}} = \frac{A^2_{\text{RF}}}{A^2_{\text{im}}} \cdot \frac{4}{\delta^2 + \phi^2} \tag{3.16}$$

イメージ抑圧比 IRR（Image Rejection Ratio）（イメージ信号が減衰する

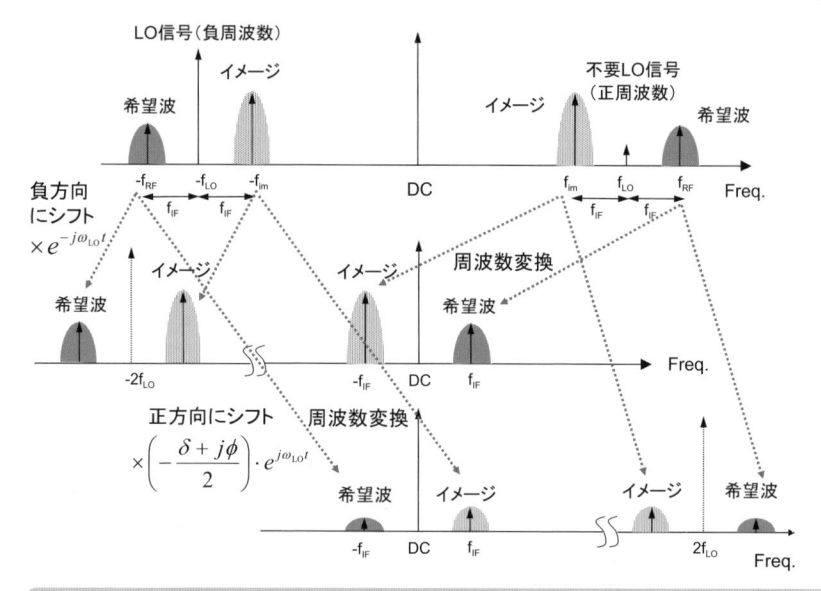

図 3-11 位相誤差と振幅誤差から不要 LO 成分が発生しイメージ妨害につながる仕組み

状況を正数で表現）は，P_D / P_{im} を入力での希望信号とイメージ信号の振幅の 2 乗比 A^2_{RF} / A^2_{im} で割った値であるので，(3.17)式で与えられる．

$$IRR \text{（真値）} = \frac{4}{\delta^2 + \phi^2} \tag{3.17}$$

すなわち，IRR は(3.14)式, (3.15)式の第 1 項の振幅の 2 乗比から得られる．このことは，LO 信号を表す(3.13)式の負周波数成分と正周波数成分の振幅の 2 乗比に他ならない．さらに，IRR を dB 値で表現すると次式となる．

$$IRR(\text{dB}) = 6 - 10 \log_{10}(\delta^2 + \phi^2) \tag{3.18}$$

例えば，IC 化において無調整で実現可能なレベルとして，振幅の相対誤差 δ を 1%（0.09dB），位相誤差 ϕ を 1.1°（0.02 rad）と想定すると，イメージ抑圧比 IRR は 39dB となる．このことより，さらにイメージ抑圧比を高めるには何らかの調整回路が必須となる．

より厳密な IRR の式は(3.12)式から，LO 信号の負周波数成分と正周波数成分の振幅の 2 乗比で与えられる．

$$IRR \text{ (真値)} = \frac{1 + 2(1+\delta)\cos\phi + (1+\delta)^2}{1 - 2(1+\delta)\cos\phi + (1+\delta)^2} \qquad (3.19)$$

$\phi \ll 1(rad)$，$\delta \ll 1$の関係式を用いて，(3.19)式を簡略化すれば，(3.17)式に帰着する．

以上の議論は，参考文献[1]とは異なるアプローチをとっているが，同じ結果を与える．

3.5 サンプリング定理の基礎

今までの話では，第2章で説明したミキサにより周波数変換を行っていた．ここからは，最近急速に検討が進んでいるサンプリング型の周波数変換処理について解説していく．サンプリング型が注目されている背景には，デバイスの微細化により電源電圧が下がってきて，ギルバートセル・ミキサのような縦積み回路が使いにくくなってきたことが挙げられる．まず初めに，サンプリング定理を簡単に復習しておく．サンプリング定理は「シャノン（Shannon）-染谷のサンプリング定理」とも呼ばれる．C. E. Shannon は1949年に論文 "Communications in the Presence of Noise" を発表しサンプリング定理を論じた．一方，当時，逓信省電気試験所（1952年に通信部門が電電公社（現NTT）電気通信研究所に分離独立）に勤務していた染谷勲博士[*1]も同年に発表した著書「波形伝送」の中で，サンプリング（標本化）定理を論じている[3]．これらの研究は独立に行われたので「シャノン-染谷」と併記して呼ばれることとなった．

図3-12の左側は時間軸波形を，右側にはそれらをフーリエ（Fourier）変換して得た周波数領域スペクトルを示している[4]．元の定理は直流からスペクトルが伸びる低周波のベースバンド信号を対象にしているので，スペクトルは図3-12（b）のようになる．サンプリング信号は数学的にはインパルス（δ関数）が時間軸上，一定の周期（サンプリング周期）で並んだものと見なせる．したがって，サンプリング信号のスペクトルもサンプリング周波数 ω_0 の間隔で並ぶインパルス列となる．あたかも，複数のキャリア信号が並

[*1] 染谷勲博士：その後，電気通信研究所次長，日本電気の常務などを歴任，2007年12月に92歳で他界．（朝日新聞2008年1月10日付朝刊，訃報欄から）

サンプリング前

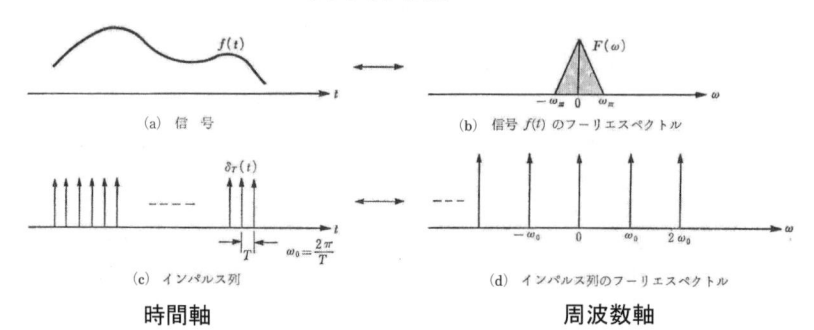

(a) 信号 $f(t)$

(b) 信号 $f(t)$ のフーリエスペクトル $F(\omega)$

(c) インパルス列 $\delta_T(t)$, $\omega_0 = \dfrac{2\pi}{T}$

(d) インパルス列のフーリエスペクトル

時間軸　　　　　　　　　周波数軸

ベースバンド信号をサンプリング

サンプリング定理(1)

サンプリング後

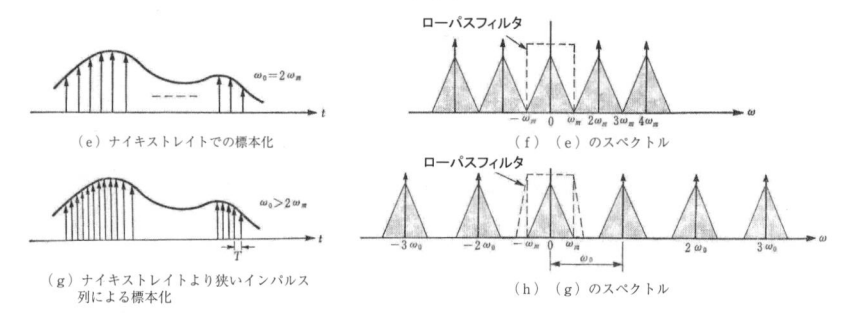

(e) ナイキストレイトでの標本化　$\omega_0 = 2\omega_m$

(f) (e)のスペクトル　ローパスフィルタ

(g) ナイキストレイトより狭いインパルス列による標本化　$\omega_0 > 2\omega_m$

(h) (g)のスペクトル　ローパスフィルタ

ナイキストレイト($2\omega_m$)以上でサンプリングすれば信号を再現できる

サンプリング定理(2)

© 平松啓二「通信方式」コロナ社

図3-12　サンプリング定理 ── シャノン-染谷のサンプリング定理 ──

んでいるように見なせる．サンプリング処理はベースバンド信号とサンプリング信号との乗算と捉えられるので，複数のキャリア信号の回りには，ベースバンド信号のスペクトルがコピーされる．図3-12 (f) にこの様子を示す．ここでは，ベースバンド信号帯域の2倍の周波数でサンプリングされた様子を示している．すなわち，$\omega_0 = 2\omega_m$ の関係が成り立っている．$\omega_0 < 2\omega_m$ には，サンプリング周波数の回りにコピーされたベースバンド信号と本来の信号が重なり合って歪（折返し雑音）を生じる．したがって，正確に信号をサンプリングするためには，$\omega_0 \geq 2\omega_m$ が必須条件となる．これが，サンプリング定理のエッセンスである．

3.6 サンプリングを用いた周波数変換の仕組み

この節ではサンプリング処理をミキサ（周波数変換器）のように使うRF応用を考える．サンプリング処理は，スイッチ（nMOSFETとpMOSFETを並列接続したCMOSスイッチなど）ならびに信号を電荷で保持するホールド容量Cで構成したS/H (Sample & Hold)回路で実現できる（図3-13）．バッファは入力インピーダンスを高くして，保持された電荷のリークを防ぐ．

サンプリング処理はインパルス列（スペクトル上も複数キャリアのようなインパルス列）との乗算（ミキシング）と見なせるので以下の周波数変換処理が可能となる．①【送信機】ベースバンド信号をIF帯又はRF帯へ周波数を「アップコンバージョン」できる．②【受信機】RF信号は帯域制限されているので，折返し雑音を伴わずにベースバンド帯域へ「ダウンコンバージョン」できる．③【受信機】サンプリング周波数がRF信号周波数より低い場合でも，ベースバンド帯域へダウンコンバージョン可能であり，「サブサンプリング」（あるいは「アンダーサンプリング」）と呼ばれる．

図3-14にはアップコンバージョンの様子を周波数領域で示す．例えば，サンプリング周波数 f_s = 200MHzの4倍の近傍の信号をバンドパスフィルタで取り出せば，800MHz帯のRF信号として利用できる．この図では理論なのでインパルスを使っているが，現実的には以下の注意が必要である．すなわち，ホールド時間を短くして高周波成分の減衰を抑えることである．サンプリングクロック周期の途中で出力をゼロ電位に戻すようにして，ホー

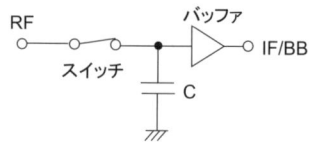

```
         RF       バッファ
          ○─╱ ○──┬──▷──○ IF/BB
           スイッチ │
                  ═╡ C
                   ▽
```

S/H (Sample & Hold)回路

サンプリングはインパルス列とのミキシングとみなせる

★ベースバンド信号は周波数変換され、IF／RF信号成分も出現
　➔アップコンバージョン作用

★帯域制限されたRF信号は折返し成分が無くIFあるいはベース
　バンドに周波数変換される➔ダウンコンバージョン作用

★サンプリング周波数がRF信号周波数より低くても変換可能
　➔サブサンプリング（アンダーサンプリング）

図 3-13　サンプリングによる周波数変換

サンプリングパルスのスペクトルは nf_s にエネルギーを持つインパルス列（δ関数列）となる

　　　　　　fs 2fs 3fs 4fs 5fs Freq.
　　　　　　サンプリングパルス（δ関数列）

　　　　　　Ⓧ　サンプリング

ベースバンド信号との掛け算

　　　　　　fs 2fs 3fs 4fs 5fs Freq.
　　　　　　ベースバンド(BB)信号

　　　　　　＝

一種のマルチキャリアがあることと等価なので、ミキサと同様に、周波数のアップコンバージョンが可能

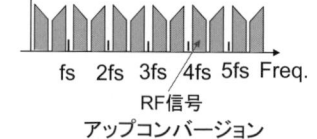

　　　　　　fs 2fs 3fs 4fs 5fs Freq.
　　　　　　　　　RF信号
　　　　　　アップコンバージョン

図 3-14　アップコンバージョン

第3章 イメージ抑圧ミキサとサンプリングによる周波数変換　49

```
    ↑ ↑ ↑ ↑ ↑
    fs 2fs 3fs 4fs 5fs Freq.
    サンプリングパルス
           Ⓧ サンプリング
    白色雑音
         ▂▂▂▂▄
    fs 2fs 3fs 4fs 5fs Freq.
         RF signal
           ‖
    ▲▲▲▲▲▲▲▲▲
    fs 2fs 3fs 4fs 5fs Freq.
  ベースバンド信号
 サブサンプリング（アンダーサンプリング）
```

RFサンプリングへ

・回路等で発生する白色雑音の折返しが緩和される

・ディープサブミクロンCMOSが高速化に適する

白色雑音の折返しが多い

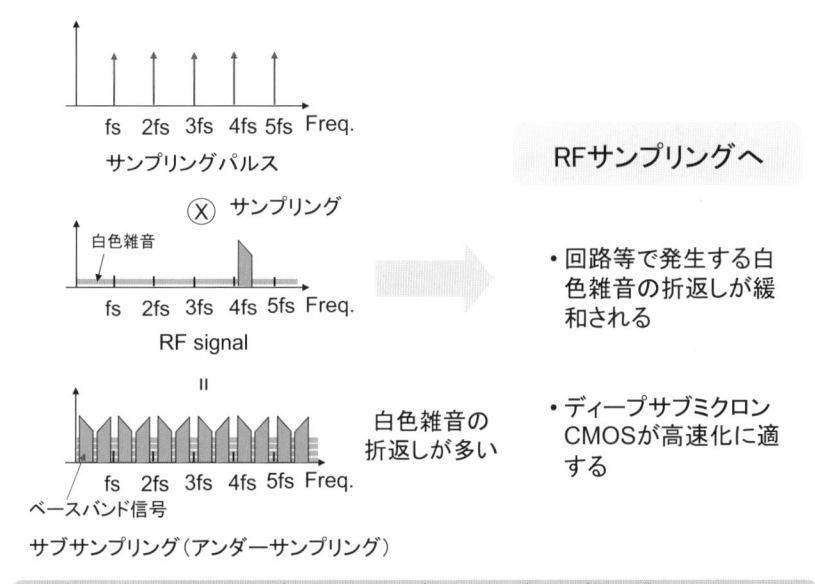

図3-15　ダウンコンバージョン：サブサンプリング

ルド期間を短くしたパルス状にする必要がある．

　図3-15にはサブサンプリングによるダウンコンバージョンの様子を周波数領域で示す．例えば，サンプリング周波数 f_s = 200MHzとしても，200MHzの4倍の近傍の800MHz帯の信号がベースバンド帯域へ変換されるのでローパスフィルタで取り出せる．ここでの問題は，回路等で発生する熱雑音は広いスペクトル成分を持つ白色雑音なので，サンプリングにより折返し雑音が累積されて，SNRの劣化を招く．したがって，IF帯の狭帯域BPFを通過した後にサブサンプリングを行うのが現実的である．

　CMOSデバイスがディープサブミクロン時代に入って，GHz帯のサンプリングが可能となってきたので，RF信号と同程度のサンプリング周波数を用いるRFサンプリングが現実味を帯びてきた．サンプリング周波数が高いので，サンプリング周波数の整数倍の領域の熱雑音はアンテナの直後に置かれるRF帯のBPFで減衰される．したがって，白色雑音の折返し成分はかなり小さくできるので実用的である[5]．図3-16にRFサンプリング時のスペクトルを示す．RFサンプリングの後は，最終的にA/D変換器により

★サンプリング周波数がGHz帯と高い
★A/D変換器の変換速度は100MSps程度

1. サンプリングされた信号は時間軸では離散的であるが，振幅軸上では連続的なアナログ信号．

2. A/D変換器の速度までサンプリング（クロック）レートを下げるデシメーション処理をアナログ的に行う．
 移動平均フィルタ等で，新たな低い周波数のクロック近傍のレベルを抑圧し、折返し雑音を低減．
 （左図の点線の形：1/4のクロック周波数に下げる場合）

*基本アイディアはUCBのグループが90年代にHDドライブで適用[6]

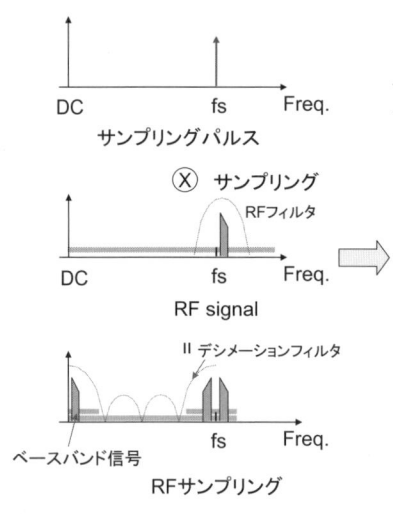

Muhammad (TI), ISSCC'04 [5]

図3-16 RFサンプリングと離散時間アナログ信号処理

ディジタル信号へ変換されるが，A/D変換器の変換速度は100MS/s（Sample per second）程度である．したがって，GHz帯のサンプリングクロック周波数を100MHz程度まで落としていく必要がある．この処理はディジタル信号処理ではポピュラーなデシメーションフィルタである．但し，サンプリングされたアナログ信号が対象なので，「離散時間アナログ処理」が必要となる．クロック周波数を下げる際には，$1/n$ に低下するクロック周波数近傍の信号がベースバンド帯域に折り返さないように，移動平均フィルタ等を通した後に，クロック周波数を $1/n$ に落とす．図3-16では1/4に落とす場合を示している．類似のアイディアは1990年代にHDDのリードチャネル向けの回路で検討され[6]，近年，RFトランシーバに適用されている[5]．

本章では，周波数変換を少し掘り下げて，イメージ抑圧型ミキサやサンプリングミキサの基礎などを解説した．次章では今までの議論を踏まえて，IC化に適したRFトランシーバのアーキテクチャについて解説する．

【参考文献】
[1] B. Razavi（黒田忠広監訳），「RF マイクロエレクトロニクス」，丸善，2002 年．
[2] M. J. Gingell, "Single Sideband Modulation using Sequence Asymmetric Polyphase Network," Electrical Commun., vol. 48, no. 1-2, pp. 21-25, 1973.
[3] 小川英光，「標本化定理と染谷勲」，電子情報通信学会誌，Vol. 89, No. 8, pp. 771-773, 2006.
[4] 例えば，平松啓二，「通信方式」，コロナ社，1985 年など．
[5] K. Muhammad, D. Leipold, and B. Staszewski, Y.-C. Ho, C. M. Hung, K. Maggio, C. Fernando, T. Jung, J. Wallberg, J.-S. Koh, S. John, I. Deng, O. Moreira, R. Staszewski, R. Katz, and O. Friedman, "A Discrete-Time Bluetooth Receiver in a 0.13-μm Digital CMOS Process," 2004 IEEE Int'l Solid-State Circuits Conference, 15.1, pp. 268-269, Feb., 2004.
[6] G. T. Uehara and P. R. Gray, "A 100 MHz Output Rate Analog-to-Digital Interface for PRML Magnetic-Disk Read Channels in 1.2-μm CMOS," 1994 IEEE Int'l Solid-State Circuits Conference, 17.3, pp. 280-281, Feb., 1994.

【コラム B】 サブサンプリングを目で見る実験

　サブサンプリング現象は，映画やビデオの中でしばしば観測できる．映画を見ていると，飛行機のプロペラの回転がゆっくり見えることがあるのだが，だれでも一度は体験したことがあるのではないだろうか．映画の場合，1 秒間に 24 コマの速度で静止画を撮っているので，時間的に連続な実世界の出来事を，周波数 24Hz でサンプリングしていることになる．この現象を図 B-1 のやり方で再現してみよう．準備するものはビデオカメラと扇風機のみである．初めに扇風機のスイッチをオンにしておいて高速で回転させる（回転方向は右側）．その後，スイッチを切ると同時にビデオカメラで扇風機を撮影し始める．回転が止まってから撮影を止め，ビデオを再生する．ビデオの場合は，1 秒間に 30 コマの速度（サンプリング周波数が 30Hz）で撮影しているので，扇風機の回転速度が徐々に下がり，$30n$（回転／秒）より少し遅くなったときに，プロペラが反対方向の左側にゆっくり回転する様子がわかる．ここで n は整数である．映画は，連続時間の実世界の現象を，サンプリングして記録・再生できる離散時間アナログ信号処理の元祖と言える．

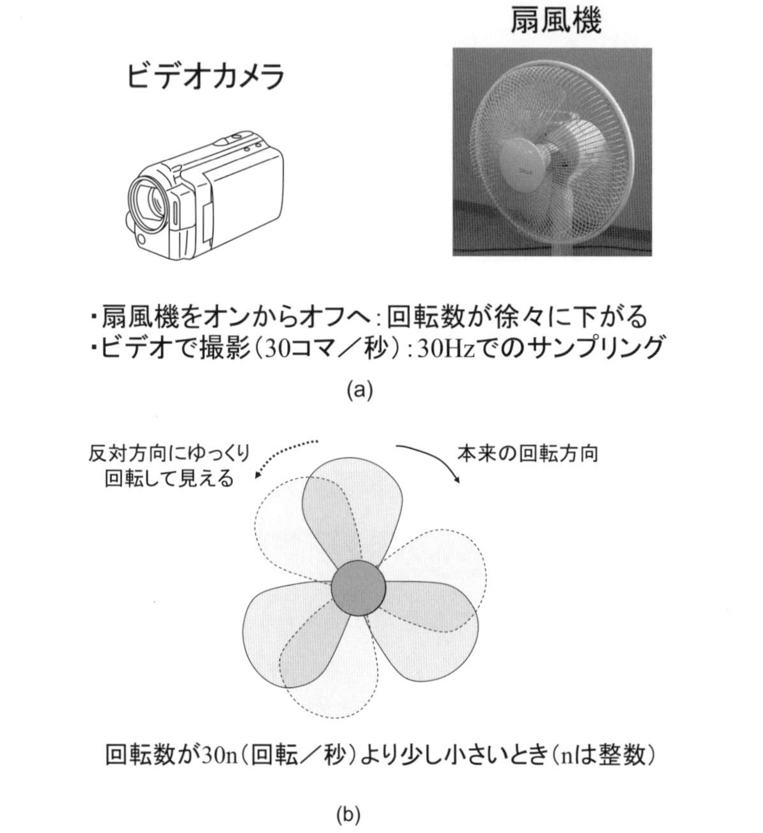

ビデオカメラ　　　扇風機

・扇風機をオンからオフへ：回転数が徐々に下がる
・ビデオで撮影（30コマ／秒）：30Hzでのサンプリング

(a)

反対方向にゆっくり回転して見える　　本来の回転方向

回転数が30n（回転／秒）より少し小さいとき（nは整数）

(b)

図 B-1　サブサンプリングを目で見る実験

● 演 習 問 題 ●

1．(3.12)式から(3.13)の近似式を求めよ．

2．図 ex3–1 に示すハートレー形送信機は，RF 帯への周波数変換に際して，片側のサイドバンドを抑圧した SSB 信号を発生できる．IF 帯の 90°移送器は理想的であり，I/Q ミキサへ入力される IF 信号は理想的な複素信号（正

周波数のみを持つ) $A_{IF}e^{j\omega_{IF}t}$ とする．一方，LO 信号には振幅誤差 δ と位相誤差 ϕ が存在する．こ場合のスペクトルの様子を図示せよ．

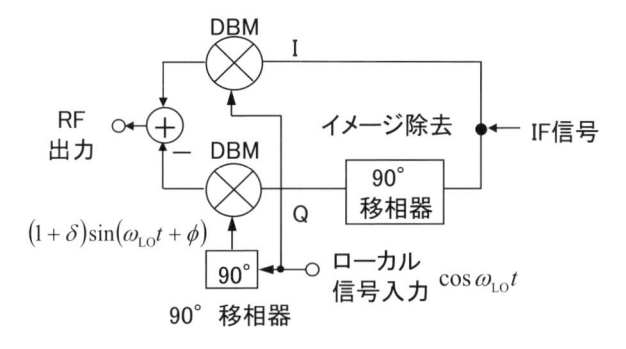

図 ex3-1 ハートレー形送信機

3. サンプリング周波数 f_0 を 10 MHz としたサンプリングシステムで次の問いに答えよ．
   (1) 信号周波数が 2 MHz のときに観測されるスペクトルを，周波数を明記して 0 Hz ～ $f_0/2 = 5$ MHz の周波数範囲に図示せよ．振幅は 3 目盛りとする．

   (2) 信号周波数が $f_0/2 = 5$ MHz を越えると，エイリアスとして折返し雑音が見えてくる．信号周波数が 7MHz のときのスペクトルを，周波数を明記して 0 Hz ～ $f_0/2 = 5$ MHz の周波数範囲に図示せよ．振幅は 2 目盛りとする．

   (3) 信号周波数が 11 MHz のときのスペクトルを，周波数を明記して 0 Hz ～ $f_0/2 = 5$ MHz の周波数範囲に図示せよ．振幅は 2 目盛りとする．

第4章 集積化しやすいRFトランシーバのアーキテクチャ

　前章ではIC化に適したイメージ抑圧型ミキサや，新しい動向としてのサンプリングミキサの基礎を解説し，RF回路に特有の周波数変換処理について理解を深めた．本章では，ワンチップ化に適したさまざまなRFトランシーバのアーキテクチャについて解説していく．信号の流れや各回路ブロックの役割を明確に意識しておくために，この本ではトランシーバアーキテクチャの説明から始めて，トップダウン的に要素回路ブロックに進んでいく方針をとる．

　第2章では，現在までに広く使われているスーパーへテロダイン（superheterodyne）受信方式を解説した．この方式では，IF信号への周波数変換の際にイメージ妨害波が問題となることも説明した．さらに，スーパーへテロダイン受信方式では多くの場合，外付けのイメージ（image）抑圧フィルタによりイメージ妨害波を抑圧するなど，部品点数の削減や小型化には限界があった．そこで，1990年代に入り，シリコンデバイス（バイポーラ，BiCMOS，CMOS）の高速化・高周波化が進展するにつれて，ワンチップ化に適したRFトランシーバの検討が進められた．スーパーへテロダイン方式で用いられていた外付けフィルタの機能をオンチップ化するか，または一部

表4-1　ワンチップ化に適したトランシーバアーキテクチャ

スーパーヘテロダイン方式では外付けであったフィルタ機能を
オンチップ化　➡高集積化、部品点数の低減

- ダイレクトコンバージョン方式：ゼロIFとも，イメージ妨害無し

- 可変IF方式（広帯域IF，スライディングIF構成）：イメージ抑圧必須

- 低IF方式：数MHz以下の低いIF，イメージ抑圧必須
　　　　　　システム規格でイメージ抑圧の緩和が不可欠
　　　　　　⇒Bluetoothで多く用いられている

を省略する構成が検討されてきている．ここでは，①ダイレクトコンバージョン方式，②可変 IF 方式（広帯域 IF 構成とスライディング（Sliding）IF 構成を含む），③低 IF 方式の 3 種類に大きく分類して説明していく．表 4-1 では，各方式のイメージ妨害に関する違いを特に記述している．

4.1 ダイレクトコンバージョン方式

　送信機，受信機共に RF 信号とベースバンド信号間で直接変換を行うので，IF 信号が無いためにイメージ抑圧処理が不要となり構成が最もシンプルとなる．IF 信号が不要なのでゼロ IF 方式とも呼ばれる．受信機のチャネル選択処理はベースバンド帯で行う．汎用性が高く，基本的にはどの無線システムにも適用できる．

　図 4-1 に PHS を想定した代表的なブロック図を示す．この図を基に本方式の特徴と課題を詳しく説明していく．送信系では，QPSK モデム内のナイキスト（Nyquist）フィルタによって帯域制限を受けた I，Q ベースバンド信号が直交変調器（第 2 章参照）に送られて，RF 周波数に相当する 1.9GHz 帯の LO 信号を直接変調する．その後，パワーアンプ（PA）と送受信切り替えスイッチ（T/R SW）を経由してアンテナに供給される．直交変調器で発生す

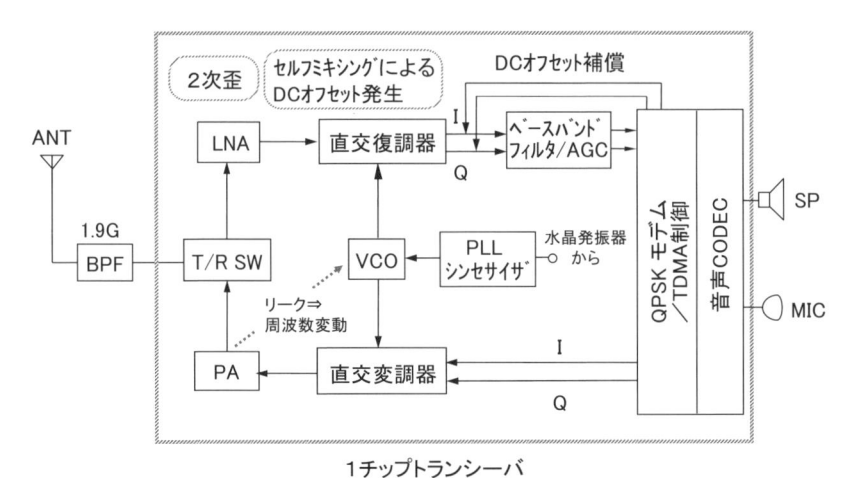

図 4-1　ダイレクトコンバージョン RF トランシーバ

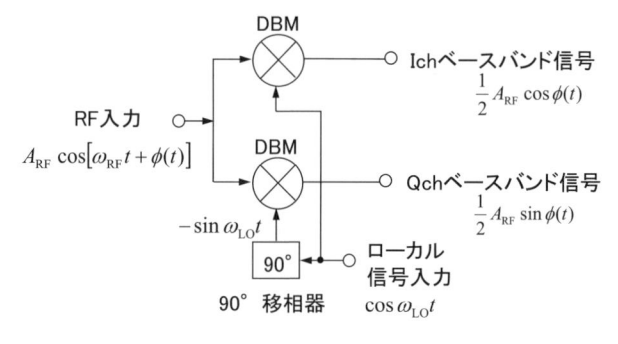

```
            DBM
             ⊗ ──→ ○ Ichベースバンド信号
             ↑         $\frac{1}{2}A_{RF}\cos\phi(t)$
RF入力 ──┬──┤
$A_{RF}\cos[\omega_{RF}t+\phi(t)]$  │
            DBM
             ⊗ ──→ ○ Qchベースバンド信号
             ↑         $\frac{1}{2}A_{RF}\sin\phi(t)$
         $-\sin\omega_{LO}t$
           ┌──┐       ローカル
           │90°│ ←── 信号入力
           └──┘       $\cos\omega_{LO}t$
          90°移相器
```

$\omega_{RF} = \omega_{LO}$ なので

$Ich: A_{RF}\cos[\omega_{LO}t+\phi(t)]\cos\omega_{LO}t = \underline{\frac{1}{2}A_{RF}\cos\phi(t)} + 2\omega_{LO}$の項

$Qch: A_{RF}\cos[\omega_{LO}t+\phi(t)](-\sin\omega_{LO}t) = \underline{\frac{1}{2}A_{RF}\sin\phi(t)} + 2\omega_{LO}$の項

図4-2 直交復調器とその動作

るスプリアス信号は1.9GHzの2倍あるいは3倍の高調波なので，外付けの1.9GHz帯のBPFで抑圧可能である．IF信号がないために，スプリアス信号の抑圧は容易となる．注意すべき点は，PA出力周波数とLOを構成する電圧制御発振器（VCO）の発振周波数が1.9GHz帯で同じ値になることである．シリコン基板を介する信号のクロストークなどで，大振幅のPA出力信号がVCOに影響を及ぼし発振周波数の変動をもたらす可能性がある．したがって，レイアウトには十分注意が必要である．

　受信系では，T/R SWを経由した信号は低雑音アンプ（LNA）によって増幅された後に，「直交復調器」に入力され直交変調とは逆のプロセスでI，Qベースバンド信号に変換される．直交復調器の構成を図4-2に示すが，第3章で述べた直交ミキサと基本的には同じ構造である．前者はベースバンドに変換し，後者では直交するIF信号に変換する．受信機における課題は「直流（DC）オフセット」と「2次歪み」である．RF信号からベースバンド信号へ直接変換することで，新たに生じた課題とも言える．直流オフセットは，同じ周波数の信号同士が直交復調器のミキサ（DBM）で乗算されて生じる．例えば，非常に強い不要波を$A_{UD}\cos\omega_{RF}t$と置く．仮に，シリコン基板内のリー

クなどを介してミキサのLO信号端子へこの不要波が漏れるとすると，(4.1)式のようにミキサで不要波同士の乗算が生じる．

$$A_{\text{UD}} \cdot A_{\text{Leak}} \cos^2 \omega_{\text{RF}} t = \frac{A_{\text{UD}} \cdot A_{\text{Leak}}}{2} + 2\omega_{\text{RF}} \text{ の項} \quad (4.1)$$

ここで，A_{Leak} はリークからLO端子に生じた不要波成分の振幅である．(4.1) 式の第1項が直流オフセットとなり，直交復調器に続くベースバンドフィルタやAGC（Automatic Gain Control）アンプを飽和させてしまう恐れがある．したがって，直流オフセット補償回路やレイアウト上のリーク対策などが必要となる．一方，LO信号振幅は大きいので，チップ内を経由してミキサのRF入力へリークした場合にも，同様に直流オフセットが生じる．直流オフセット補償回路は一種のハイパスフィルタ特性となるので，ベースバンド帯域が小さいと直流近傍のエネルギーが失われるため，不具合が生じる．したがって，ベースバンド帯域の大きいシステム向きなので，無線LANではダイレクトコンバージョン方式が主流になってきた[1]．2次歪みは，回路の伝達特性の2次の非線形性から発生するもので，やはり直流近傍に不要波が変換される．低雑音アンプは一般的に容量を介してミキサへ交流結合されるので，ミキサのRF入力部で発生する2次歪が特に問題となる．2次歪みにより周波数変換された不要波が，ミキサのRF端子からベースバンド出力端子へリークすることで妨害波となる．2次の非線形性の係数をk_2（伝達特性を入力電圧でTaylor展開したときの2次係数），変調された不要波を$A_{\text{UD}}(t)\cos[\omega_{\text{RF}}t + \phi(t)]$ と置く．2次歪により(4.1)式と同様に，(4.2)式の成分が得られる．

$$k_2 A_{\text{UD}}^2(t) \cos^2\left[\omega_{\text{RF}}t + \phi(t)\right] = k_2 \frac{A_{\text{UD}}^2(t)}{2} + 2\omega_{\text{RF}} \text{ の項} \quad (4.2)$$

不要波の振幅はベースバンド周波数で変動するために，(2) 式の第一項はベースバンド帯域全体に変換された不要波となり，希望波を妨害する．対策としては，RF端子からベースバンド出力端子へのリークを大幅に抑えるために，差動回路をベースにしたギルバート（Gilbert）セル・ミキサのようなダブルバランスミキサ（DBM）の採用が有効である．

4.2 可変IF方式

　この方式は，ダイレクトコンバージョンの欠点を補うために，100MHz以上の比較的高い周波数のIF信号に一度変換する．ただし，IF信号はチップ外には取り出さないので，外付けのIFフィルタは不要になる．送信，受信共にイメージ抑圧処理はチップ内で行う．受信機ではRF信号から周波数変換したIF信号を，すぐにベースバンド信号へ変換し，チャネル選択をベースバンド帯で行う．送信機ではベースバンド信号を一度，IF信号へ変換した後に，すぐにRF信号への周波数変換を行う．チャンネル周波数を変えることでIF周波数も変わるので「可変IF」と呼ぶこととする．この柔軟性がLO信号に用いる周波数シンセサイザを作りやすくしている．適用できる無線システムには　特に制約はない．この方式には「広帯域IF構成」と「スライディング (Sliding) IF構成」が提案されている．以下，この2方式について詳しく説明する．

　図4-3には広帯域IF型受信機のブロック図を示す[2]．この方式はも

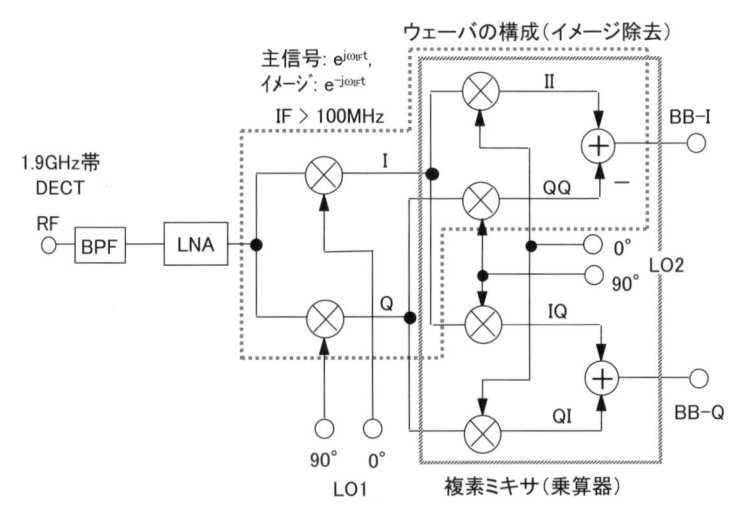

ウェーバ型を応用したイメージ抑圧構成：但しI/Qベースバンドに変換
(Rudell, JSSC, No.12, '97)

© J. C. Rudell

図4-3　広帯域IF型受信機

ともと，ヨーロッパのディジタルコードレス電話であるDECT（Digital Enhanced Cordless Telecommunications）を対象に開発されたものであるが，システム的に限定されるものではない．第1の特徴はイメージ抑圧処理にある．直交ミキサのIF出力を複素ミキサでI, Qベースバンド信号へ変換し，その過程でイメージ信号を抑圧する．第2の特徴は，RF帯のLO1信号の周波数は固定にして，チャネル選択はIF帯のLO2の周波数を変えることで実施する．このように機能を分散させることで，LO1に用いるRF帯VCOの設計において，位相雑音に特化した最適化が可能になる．

第1の特徴であるイメージ抑圧処理について，もう少し詳細に説明する．希望RF信号を

$$D = A_{\text{RF}} \cos\left[\omega_{\text{RF}} t + \phi(t)\right] = A_{\text{RF}} \cos\left[(\omega_{\text{LO1}} + \omega_{\text{IF}})t + \phi(t)\right]$$
$$= A_{\text{RF}} \frac{e^{j\left[(\omega_{\text{LO1}} + \omega_{\text{IF}})t + \phi(t)\right]} + e^{-j\left[(\omega_{\text{LO1}} + \omega_{\text{IF}})t + \phi(t)\right]}}{2}$$

とし，複素LO_1信号を$e^{-j\omega_{\text{LO1}} t}$とおくと，IF信号は(4.3)式で与えられる．

$$D \times LO_1 \equiv IF_{\text{D}} = \frac{A_{\text{RF}}}{2} e^{j\left[\omega_{\text{IF}} t + \phi(t)\right]} = \frac{A_{\text{RF}}}{2} e^{j\left[\omega_{\text{LO2}} t + \phi(t)\right]} \tag{4.3}$$

ここで，$\omega_{\text{IF}} = \omega_{\text{LO2}}$とし，さらに$e^{-j2\omega_{\text{LO1}} t}$の高周波項は省略している．次にイメージ信号を

$$Im = A_{\text{im}} \cos \omega_{\text{im}} t = A_{\text{im}} \cos\left(\omega_{\text{LO1}} - \omega_{\text{IF}}\right) t$$
$$= A_{\text{im}} \frac{e^{j(\omega_{\text{LO1}} - \omega_{\text{IF}})t} + e^{-j(\omega_{\text{LO1}} - \omega_{\text{IF}})t}}{2}$$

とおくと，複素LO_1信号との乗算結果であるIF信号は(4.4)式のようになる．

$$Im \times LO_1 \equiv IF_{\text{im}} = \frac{A_{\text{im}}}{2} e^{-j\omega_{\text{IF}} t} = \frac{A_{\text{im}}}{2} e^{-j\omega_{\text{LO2}} t} \tag{4.4}$$

ここでも，$e^{-j2\omega_{\text{LO1}} t}$の高周波の項は省略している．

(4.3)式と(4.4)式は複素数であるので，複素LO_2信号$e^{-j\omega_{\text{LO2}} t}$との乗算は複素乗算となる．したがって，図4-3に示したように4個の乗算器を用いた複素ミキサ構成が必要となる．これは，

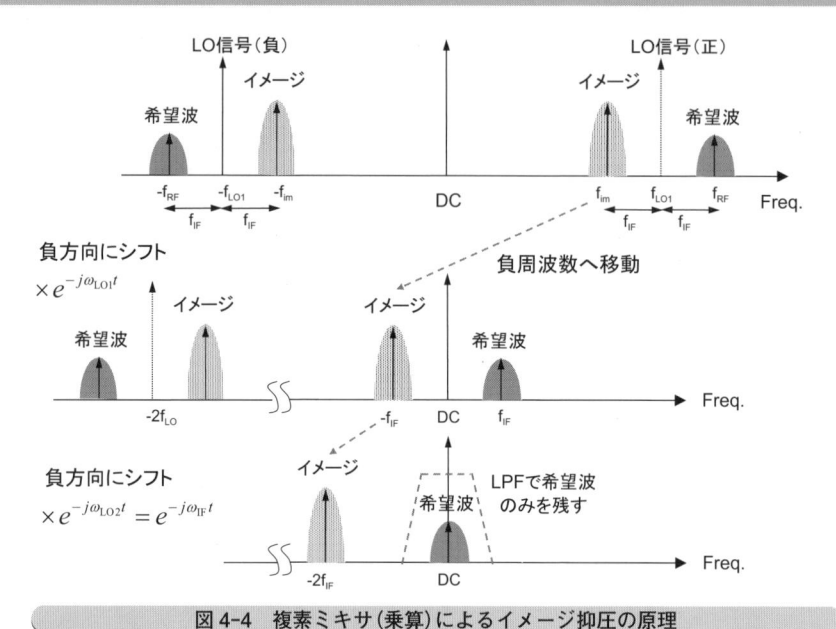

図 4-4 複素ミキサ(乗算)によるイメージ抑圧の原理

$$(IF_\mathrm{I} + jIF_\mathrm{Q}) \cdot (LO_\mathrm{I} + jLO_\mathrm{Q})$$
$$= IF_\mathrm{I} \cdot LO_\mathrm{I} - IF_\mathrm{Q} \cdot LO_\mathrm{Q} + j(IF_\mathrm{I} \cdot LO_\mathrm{Q} + IF_\mathrm{Q} \cdot LO_\mathrm{I})$$

のように複素乗算を直交成分で標記した形式に対応している．(4.3)式，(4.4)式にそれぞれ複素 LO_2 信号 $e^{-j\omega_{LO2}t}$ を乗算すると，希望 IF 信号はベースバンド信号に変換され(4.5)式となる．

$$IF_\mathrm{D} \times LO_2 \equiv BB = \frac{A_\mathrm{RF}}{2} e^{j\phi(t)} \tag{4.5}$$

一方，イメージ波に対応する IF 信号は (4.6) 式のように，LO2 信号周波数(または IF 周波数)の 2 倍の所に周波数変換される．

$$IF_\mathrm{im} \times LO_2 = \frac{A_\mathrm{im}}{2} e^{-j(2\omega_\mathrm{IF}t)} = \frac{A_\mathrm{im}}{2} e^{-j(2\omega_{LO2}t)} \tag{4.6}$$

したがって，図 4-4 に示すように周波数が変換される．次に直交ミキサ出力に対してローパスフィルタ (LPF) を通すことで，IF 周波数の 2 倍の所に周波数変換されたイメージ波は抑圧でき，直流近傍の希望波のみをベー

スバンド信号として取り出すことができる.この方式の基本的な考え方は,ウェーバ(Weaver)が「SSB信号の発生と受信に関する第3の方式[*1]」として1956年に発表している[3].図4-3の破線で囲んだ部分がウェーバ方式に対応する.広帯域IF型ではディジタルベースバンド信号に対応させるために,I,Qベースバンド出力に発展させている.次に,回路の不完全性の影響についてコメントしておく.上記の周波数変換プロセスは理想状態なので,直流近傍のイメージ成分は完全にキャンセルされている.しかし,回路の不完全性(90度移相器の精度,I,Q信号パスの利得アンバランス)が存在すると,第2章で述べたのと同様に,希望波に重なるようにイメージ波が出現してくる.したがって,イメージ抑圧比は40dB程度が現実的な値となる.IF周波数が高いので,イメージ抑圧の不足分はRF帯のバンドパスフィルタ(BPF)で補うことが可能である.

続いて,図4-5に示すスライディングIF型トランシーバについて説明する[4].この方式は5GHz帯の無線LAN(IEEE802.11a)向けにAtheros社が開発したものであるが,こちらもシステム的に限定されるものではない.第1の特徴は送信機のイメージ(不要サイドバンド)抑圧処理にある.図4-3の受信機の考え方を送信機へ適用した形となっている.I,Qベースバンド信号に複素ミキサで複素LO_2信号を乗算した後に,さらに,RF帯複素ミキサの片側を持って,複素IF信号に複素LO_1信号を乗算する.この結果,希望するサイドバンド(例えばUSBとする)のみがRF信号帯に周波数変換される.この構成により,実信号同士の乗算では発生していた不要なサイドバンド(ここではLSB成分)としてのイメージ信号を抑圧できる.複素信号処理を徹底して,常に正周波数方向に周波数シフトをしていることがポイントである.図4-6には,周波数変換による信号スペクトルの変化の様子を示す.このメカニズムをもう少し定量的に見ていく.ベースバンド信号を$BB = A_{BB}e^{j\phi(t)}$とし,IF帯の複素LO_2信号を$e^{j\omega_{LO2}t}$とおくと,IF信号は(4.7)

[*1] 「第1の方式」は,ダブルバランスミキサを用いてキャリアを抑圧したDSB(Double Sideband)変調を行い,その後,急峻なバンドパスフィルタによって希望サイドバンドのみを抽出する.アマチュア無線では一般的な手法である.「第2の方式」は第3章で述べたハートレー(Hartley)法を指す.

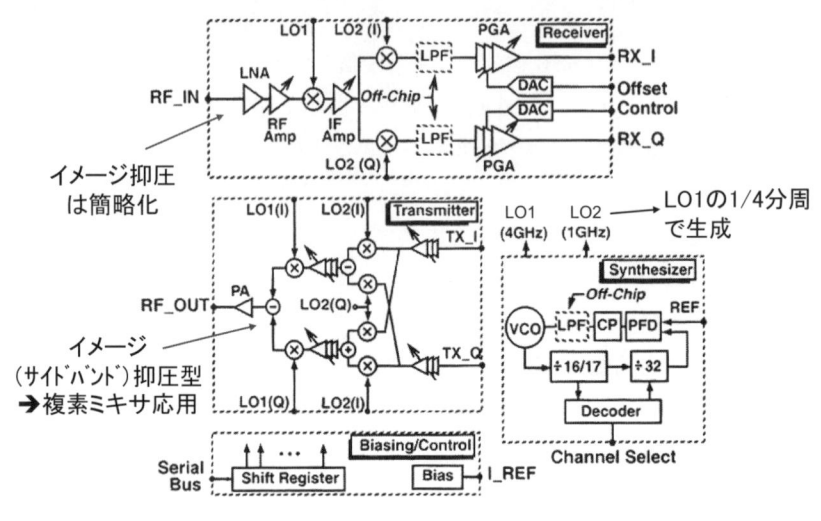

$f_{RF}=f_{LO1}+f_{LO2}=(5/4)f_{LO1}=$ 4GHz帯 +1GHz帯　　　(D. Su, ISSCC2002)

© D. Su

図 4-5　スライディング IF 型 5GHz 帯トランシーバ

ベースバンド信号　希望波

正方向にシフト
$\times e^{j\omega_{LO2}t}=e^{j\omega_{IF}t}$

負周波数のイメージは無し　　正周波数へ移動　希望波

正方向にシフト
$\times e^{j\omega_{LO1}t}$

⇓

シングルサイドバンド信号の生成

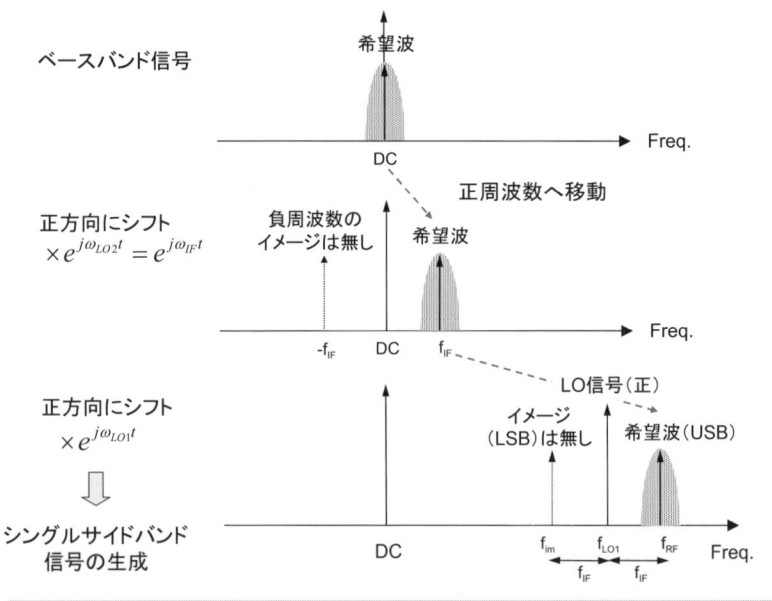

LO信号（正）
イメージ（LSB）は無し　希望波（USB）

図 4-6　複素ミキサを用いた送信機における周波数変換

式で与えられる.

$$BB \times LO_2 \equiv IF = A_{BB}e^{j[\omega_{IF}t+\phi(t)]} = A_{BB}e^{j[\omega_{LO2}t+\phi(t)]} \tag{4.7}$$

続いて，IF 信号と複素 LO_1 信号 $e^{j\omega_{LO1}t}$ とを複素乗算する．RF 帯複素ミキサの片側を持っていることは，出力が実部のみであることを意味するので，最終出力は(4.8)式で与えられる．

$$\begin{aligned} RF &= \text{Re}\left(IF \times LO_1\right) = \text{Re}\left\{A_{BB}e^{j[\omega_{LO1}t+\omega_{LO2}t+\phi(t)]}\right\} \\ &= \text{Re}\left\{A_{BB}e^{j[(\omega_{LO1}+\omega_{LO2})t+\phi(t)]}\right\} \\ &= \text{Re}\left\{A_{BB}e^{j[\omega_{RF}t+\phi(t)]}\right\} = A_{BB}\cos\left[\omega_{RF}t+\phi(t)\right] \end{aligned} \tag{4.8}$$

このように，LO_1 と LO_2 の周波数の和成分のみが得られ，差成分である不要サイドバンド(イメージ成分)は原理的にキャンセルできる．但し，この場合も回路の不完全性(90度移相器の精度，I, Q 信号パスの利得アンバランス)が存在すると，不要サイドバンドが発生してくる．本方式でも IF 周波数が 1GHz 帯と高いので，イメージ抑圧の不足分は RF 帯のバンドパスフィルタ(BPF)で補うことが可能である．

スライディング IF 型に使用されている送信機の構成は，簡略化して一般的には図 4-7 のように描ける．この構成は広帯域 IF 型を含む可変 IF 型送信機へ，広く適用可能である．周波数変換には，(4.7)式と(4.8)式を基にした複素ミキサ（あるいは複素乗算器）を用いている．ベースバンド信号 (BB_I, BB_Q) から直交する IF 信号 (IF_I, IF_Q) への変換は，完全な複素乗算で実施されるので，次式となる．

$$\begin{aligned} IF &= (IF_I,\ IF_Q) = (BB_I + jBB_Q)\cdot(LO_{2I} + jLO_{2Q}) \\ &= BB_I \cdot LO_{2I} - BB_Q \cdot LO_{2Q} + j(BB_I \cdot LO_{2Q} + BB_Q \cdot LO_{2I}) \end{aligned} \tag{4.9}$$

次に IF 信号から RF 信号への変換も同様に複素乗算で実施されるが，通信では実部信号のみで十分なので，(4.10)式の実部の演算を回路へ展開して図 4-7 の構成としている．

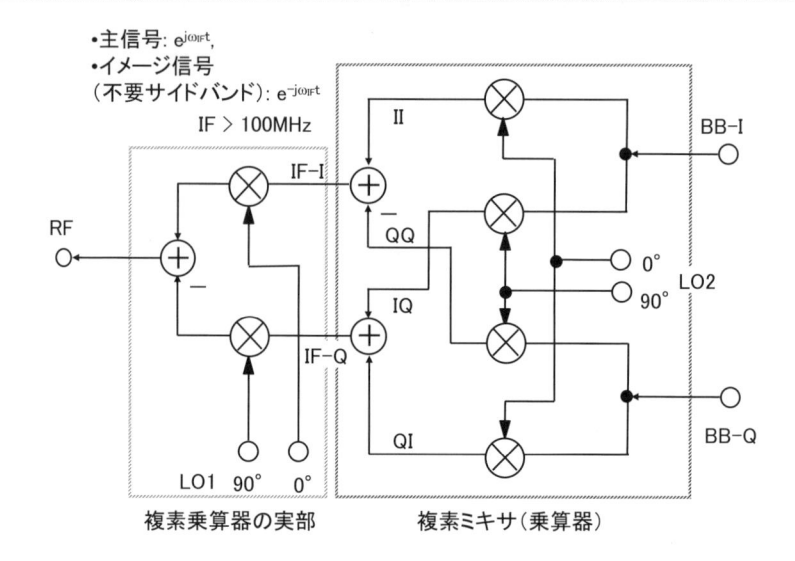

☆スライディングIF型や広帯域IF型に適用可

図 4-7 可変 IF 型送信機の構成

$$\begin{aligned}
RF = (RF_\mathrm{I}, RF_\mathrm{Q}) &= (IF_\mathrm{I} + jIF_\mathrm{Q}) \cdot (LO_\mathrm{1I} + jLO_\mathrm{1Q}) \\
&= \underline{IF_\mathrm{I} \cdot LO_\mathrm{1I} - IF_\mathrm{Q} \cdot LO_\mathrm{1Q}} + j\underline{(IF_\mathrm{I} \cdot LO_\mathrm{1Q} + IF_\mathrm{Q} \cdot LO_\mathrm{1I})}
\end{aligned} \quad (4.10)$$

この演算を回路へ

　受信機では図4-3のようなイメージ抑圧構成とはしていない．この理由は，IF 周波数が高いので，RF 帯のBPFと低雑音アンプのバンドパス特性でイメージ波を十分抑圧可能というAtheros社の設計思想による．しかし，この条件はケース・バイ・ケースであり，一般的には図4-3と同様な構成が望ましい．

　第2の特徴は，LO信号発生用のPLLシンセサイザにある．RF 帯のLO_1信号用に4GHz帯シンセサイザを用い，さらに，LO_1信号を1/4分周することで IF 帯の直交（あるいは複素）LO_2信号を得ている．したがって，PLLシンセサイザが1個となり簡素化できる．チャネル選択はLO_1周波数を可

変して行うので，$f_{RF} = f_{LO1} + f_{LO2} = \frac{5}{4} f_{LO1} =$ 4GHz 帯 + 1GHz 帯となり，LO_2 すなわち IF 周波数が LO_1 に追随していく．スライディング IF の名称はこの動作から来ている．

4.3 低 IF 方式

送信機に用いた場合は，不要サイドバンド信号の放射を抑えるための条件（無線機一般に規定される「自システム内のスプリアス信号放射の条件」に該当する）が厳しくなるので，主に受信機で利用される構成である．RF 信号は数 MHz から十 MHz 以下の低い周波数の IF 信号に一度変換する一種のスーパーヘテロダイン方式である．ただし，IF 信号はチップ外には取り出さずにイメージ抑圧処理やチャネル選択処理を IF 帯で行う．イメージ妨害波は自システムの他の信号となるので，無線システム設計においてイメージ抑圧規格を緩和する考慮が不可欠である．この方式は Bluetooth でよく使われている．

低 IF 方式について 2 つの例を示して詳しく説明する．図 4-8 は学会発表レベルのプロトタイプではあるが，GSM の 1800MHz 版である DCS1800 を想定した受信機の構成である[5]．直交ミキサとローパスフィルタ（LPF）まではアナログ回路で構成して，図 4-3 と同様な IF 帯の複素ミキサは A/D 変換後にディジタル回路で実現している．IF 周波数を 100kHz と低くしたためにこのようなディジタル処理が可能となっている．一方，イメージ妨害波は同じ DCS1800 システム内の信号に相当する．図 4-9 に示すのは，希望 RF 信号の近傍においてシステム的に許される隣接および次隣接信号の相対電力強度である．希望信号から低い方に 200kHz 離れた信号がイメージ妨害波となるが，強度的には希望信号より 9dB 大きいだけである．したがって，複素ミキサによりイメージ抑圧を十分行えるレベルである．実チップのイメージ抑圧比が 32.2dB であるので，イメージ波を −23.2dB まで抑圧できる．このように，システム的に近傍信号強度が明確に規定されていれば，低 IF 方式が適用可能である．

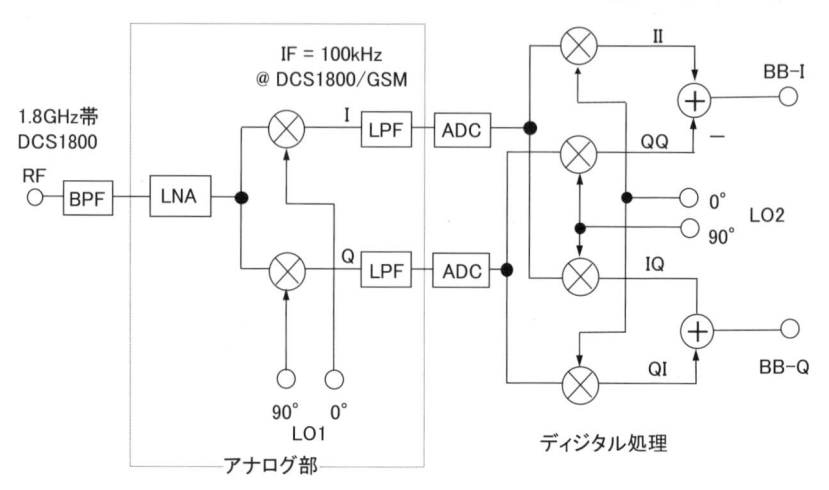

VCO/シンセサイザ内蔵の受信アナログ部＋ダイレクトコンバージョン送信機: Steyaert, ISSCC 2000
総合NF=8.2dB（熱雑音：5.6dB, 1/f雑音：4.7dB）, イメージ抑圧：32.2dB

© M. Steyaert

図 4-8　低 IF 型受信機

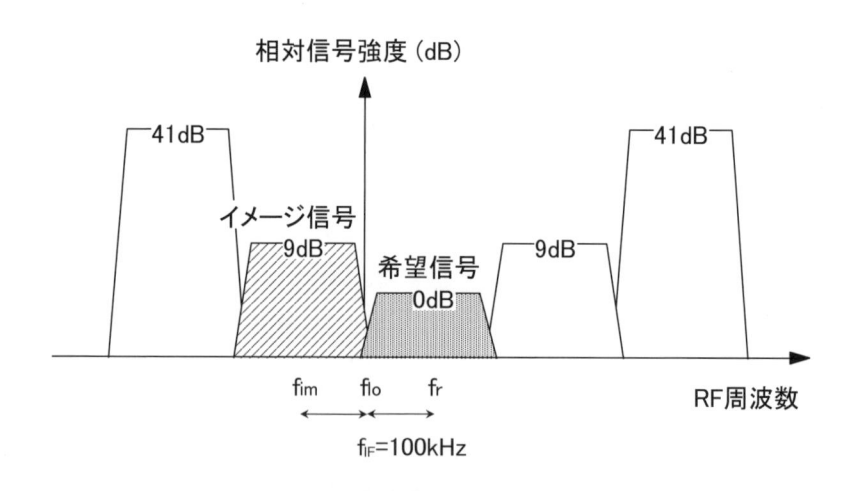

図 4-9　低 IF 受信時のイメージ信号（GSM/DCS1800 の場合）

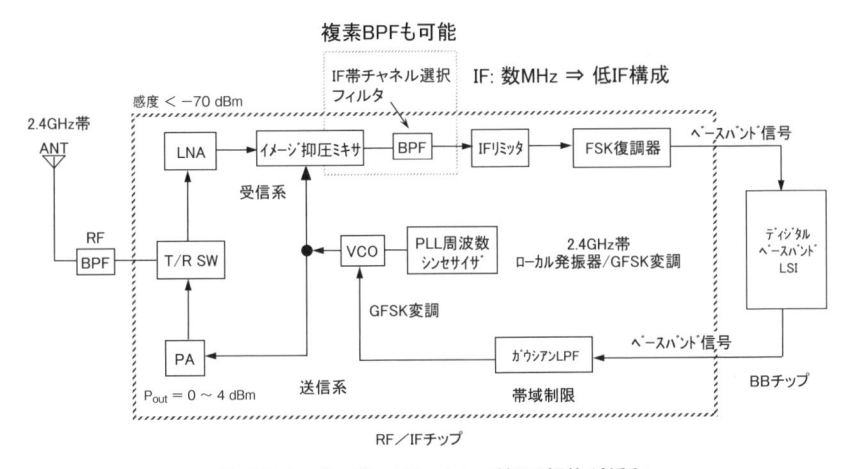

図 4-10 Bluetooth 用低 IF 型 RF トランシーバの構成例

・周波数ホッピングにより，イメージ抑圧規格が緩和
・CMOSトランシーバ：ISSCC2001以降，発表が活発化

　図 4-10 には Bluetooth 用の低 IF 型 RF トランシーバの例を示す．受信機が低 IF 構成であり，送信機は GFSK 変調のため，RF 帯の VCO を直接変調する構成となっている．IF 周波数は 1MHz から 2MHz に選ばれる．Bluetooth の場合には，チャネル周波数を定期的に変えていく周波数ホッピングによるスペクトラム拡散方式を採用しているので，イメージ抑圧の規格が緩く設定されている．すなわち，この場合もイメージ妨害波は Bluetooth の他の信号になるが，周波数ホッピングによって，同じチャネル周波数に滞在する時間が短いために，イメージ妨害の確率を減らすことが可能であるためと考えられる．イメージ抑圧には第 3 章で述べたポリフェーズフィルタ方式や複素バンドパスフィルタ方式がよく使われる．もちろん，図 4-8 の方式も適用可能である．

　本章では，IC 化に適した RF トランシーバのアーキテクチャについて解説した．次章では，回路設計者にとって重要になってきている無線システムの回線設計に解説する．

【参考文献】

[1] A. Behzad, L. Lin, Z. Shi, S. Anand, K. Carter, M. Kappes, E. Lin, T. Nguyen, D. Yaun, S. Wu, Y.C. Wong, V. Fong, and A. Rofougaran, "Direct-Conversion CMOS Transceiver with Automatic Frequency Control for 802.11a Wireless LANs," *2003 IEEE Int'l Solid-State Circuits Conference*, 20.4, pp. 356-357, Feb., 2003.

[2] J. C. Rudell, J.-J. Ou, T. B. Cho, G. Chien, F. Brianti, J. A. Weldon, and P. Gray, "A 1.9-GHz Wide-Band IF Double Conversion CMOS Receiver for Cordless Telephone Applications," *IEEE J. Solid-State Circuits*, vol. 32, no. 12, pp. 2071-2088, Dec, 1997.

[3] D. K. Weaver, "A Third Method of Generation and Detection of Single-Sideband Signals," *Proceedings of IRE*, vol. 44, pp.1703-1705, Dec., 1956.

[4] D. Su, M. Zargari, P. Yue, S. Rabii, D. Weber, B. Kaczynski, S. Mehta, K. Singh, S. Mendis, and B. Wooley, "A 5-GHz CMOS Transceiver for IEEE 802.11a Wireless LAN," *2002 IEEE Int'l Solid-State Circuits Conference*, 5.4, pp. 92-93, Feb., 2002.

[5] M. Steyaert, J. Janssens, B. De Muer, M. Borremans, and N. Itoh, "A 2V CMOS Cellular Transceiver Front-End," *2000 IEEE Int'l Solid-State Circuits Conference*, 8.3, pp. 142-143, Feb., 2000.

● 演 習 問 題 ●

1. ダイレクトコンバージョン方式に関する(4.1)式を導出せよ．

2. ダイレクトコンバージョン方式に関する(4.2)式を導出せよ．

3. 図4-3の可変IF型受信機で，LO_1信号に振幅誤差δと位相誤差ϕが存在する場合のスペクトルの様子を図示せよ．

4. 図4-7の可変IF型送信機で，LO_2信号に振幅誤差δと位相誤差ϕが存在する場合のスペクトルの様子を図示せよ．

第5章 回路設計者にとっての無線システムの回線設計

前章までにワンチップ化に適したさまざまなRFトランシーバのアーキテクチャについて解説した．本章では，インピーダンス整合や熱雑音を復習した後，無線システムの物理的なスペック（通信距離，伝送速度，送信電力，受信機の雑音特性など）を決めるプロセスとして重要な「回線設計」について，近距離無線を例にとり簡単に説明する．

5.1 熱雑音の扱い

この章では，Bluetoothに代表される近距離無線システムを例にとって，回線設計の基本的な考え方を解説する．回線設計とは無線通信の方式設計上のことばで，英語では「link budget analysis」にほぼ対応している[1]．無線通信を正確につなげるために，送信電力，通信距離，空間の伝搬ロスなどを考慮して受信機の最小受信電力（感度），雑音指数（NF：Noise Figure）などの無線システムのスペックを決めていく．主としてシステム設計者の仕事になるが，SoC（System on a Chip）の時代にあっては，回路設計者も回線設計のエッセンスを理解できる必要がある．特に近距離無線システムの場合には，ICとしての作りやすさも考慮して，無線システムのスペックを決めていく動きもあるので，回路設計者にとっても人ごとではなくなってきた．

この節ではまず，最大電力を負荷に供給するためのインピーダンス整合について復習しておく．図5-1に示す回路では，信号源インピーダンス（$R+jX$）と負荷インピーダンス（R_L+jX_L）が共には抵抗とリアクタンスを含む複素インピーダンスとしている．このとき負荷抵抗R_Lで消費される電力は，複素電力VI^*の実部で表現できる．

$$P = \text{Re}(VI^*) = \frac{R_L}{(R+R_L)^2 + (X+X_L)^2} E^2 \quad (5.1)$$

ここで，Vは負荷抵抗にかかる電圧で，I^*は負荷抵抗を流れる電流Iの複素共役をとった値である．負荷抵抗R_Lを固定して考えるとき，リアクタ

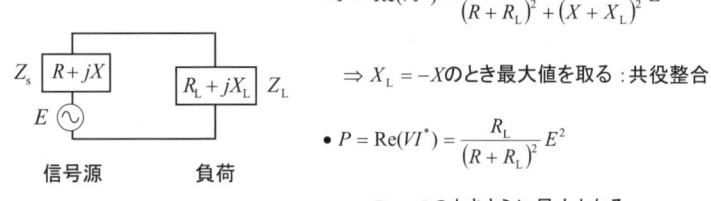

Z_s $R+jX$　R_L+jX_L Z_L
E
信号源　　　負荷
共役整合（conjugate matching）

- $P = \mathrm{Re}(VI^*) = \dfrac{R_L}{(R+R_L)^2+(X+X_L)^2}E^2$

⇒ $X_L = -X$ のとき最大値を取る：共役整合

- $P = \mathrm{Re}(VI^*) = \dfrac{R_L}{(R+R_L)^2}E^2$

⇒ $R_L = R$ のときさらに最大となる

- $P = \mathrm{Re}(VI^*) = \dfrac{E^2}{4R}$　：有能電力（available power）

図 5-1　インピーダンス整合

ンス成分は正負が存在するので，$X_L = -X$ のとき電力 P は最大となる．これは，リアクタンス成分同士の大きさは同じで，逆符号を持つことを意味する．具体的には，負荷側が容量性のリアクタンスのときは，信号源では誘導性のリアクタンスすなわちインダクタンスを接続して，特定の周波数で大きさを同じくすることで容易に実現できる．この条件を「共役整合」と呼び，電力 P は次式となる．

$$P = \mathrm{Re}(VI^*) = \frac{R_L}{(R+R_L)^2}E^2 \tag{5.2}$$

さらに，負荷抵抗 R_L を変化させて，電力の最大条件を求めると $R_L = R$ となり，そのときの電力 P は次式で与えられる．

$$P = \mathrm{Re}(VI^*) = \frac{E^2}{4R} \tag{5.3}$$

(5.3) 式で与えられる電力は，「有能電力（available power）」と呼ばれ，次の雑音の式でも重要になる．以上をまとめると，「負荷の抵抗成分は信号源と等しくし，負荷のリアクタンス成分は，信号源と大きさは同じで逆符号とする」という共役整合を考慮したインピーダンス整合条件が得られた．

次に，微弱な受信信号の SNR を劣化させる熱雑音の考え方について整理しておく．図 5-2 はインピーダンス整合された伝送線路を示している．すなわち信号源インピーダンス Z_s，伝送線路の特性インピーダンスならびに負荷インピーダンス Z_l の値が純抵抗 R に等しい状態である．ただし，信号は

第5章 回路設計者にとっての無線システムの回線設計

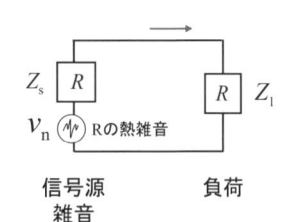

インピーダンス整合時に伝わる最大の雑音電力

- $\overline{v_n^2} = 4kTRB$ （ナイキストの熱雑音定理）
- 有能雑音電力： $P_{av} = \dfrac{\overline{v_n^2}}{4R} = kTB$ （Bは帯域）
- 電力密度： $\dfrac{\overline{v_n^2}}{4RB} = kT$ ：常温で-174dBm/Hz

図 5-2　有能雑音電力

無く，信号源インピーダンスの抵抗 R が発生する熱雑音 v_n が負荷に伝搬する状態になっている．ナイキスト（Nyquist）によれば，熱雑音電圧 v_n の自乗平均値は，$\overline{v_n^2} = 4kTRB$ で与えられる．ここで，k はボルツマン（Boltzmann）定数(1.38×10^{-23} J/K)，T は絶対温度，R は信号源の抵抗値，B は帯域幅(Hz)である．この熱雑音は抵抗が開放状態にあるときに抵抗の両端に現われる値であり，電流がゼロでも発生している．この定理は「ナイキストの熱雑音定理」とも呼ばれる[2,3]．証明の詳細は【コラム C】を参考にしていただきたい．この系ではインピーダンス整合がとれているので，負荷抵抗に供給される熱雑音電力は最大値をとり，(5.4) 式で与えられる．この値を「有能雑音電力」P_{av} と呼ぶ．

$$P_{av} = \dfrac{\overline{v_n^2}}{4R} = kTB \qquad (5.4)$$

抵抗値 R が式から消えており，有能雑音電力は抵抗値によらないことがわかる．両辺を帯域 B で割ると，1Hz あたりの雑音電力である「電力密度」kT となる．(5.4) 式の kTB と kT は回線設計ではノイズフロアを決めるので重要な雑音量である．常温における電力密度 kT は，dBm 値に換算して慣例的に，-174dBm/Hz としばしば書くことがある．ここで，dBm は電力を表す対数量であり，1mW を基準にしている．すなわち，P を mW で表した電力値とすると，$10\log(P/1\mathrm{mW})$ で計算する．例えば，-20dBm は 0.01mW を表す．

図 5-2 では抵抗体をベースにした雑音を示したので，信号源と負荷が伝送線路でつながっている系では理解しやすい．次に無線通信のように空間を

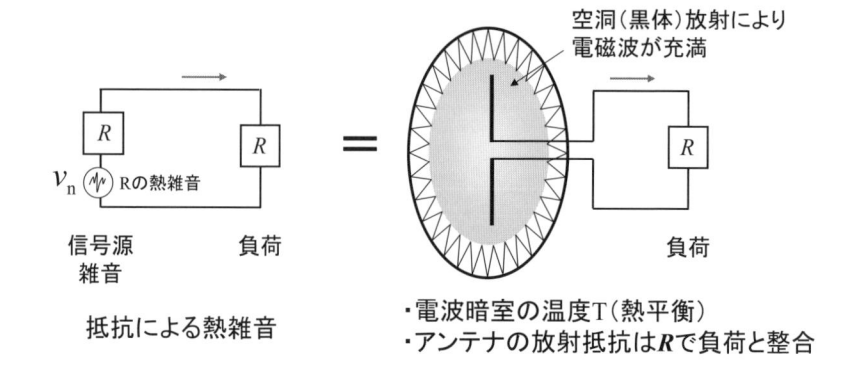

・電波暗室の温度 T（熱平衡）
・アンテナの放射抵抗は R で負荷と整合

両者は等価な雑音電力，電圧を与える

$$P_{av} = \frac{\overline{v_n^2}}{4R} = kTB$$

$$P_{av} = kTB$$

図 5-3　アンテナの受信雑音電力

伝わる場合を考えてみる．図 5-3 の右側に示したように，アンテナが温度 T の電波暗室に置かれており，アンテナ出力は伝送線路によって負荷抵抗 R へ接続さている状況を考える．ここでも，アンテナの「放射抵抗」[*1]，伝送線路のインピーダンスならびに負荷抵抗は R に等しく，インピーダンス整合が取れているとする．温度 T の電波暗室内は空洞（黒体）放射により，ランダムに放射，吸収される電磁波（いわば電磁波雑音）で充満され平衡状態になっている．この電磁波雑音がアンテナによりキャッチされ，雑音電力として負荷抵抗に供給される．しかも，負荷抵抗に供給される雑音電力の最大値は，抵抗体と同様に，kTB で与えられる．抵抗体による有能雑音電力が抵抗値によらないことの意味は，熱雑音が空洞(黒体)放射と深くかかわっていることに起因していた．ナイキストの定理の証明では，図 5-2 のモデルが

---

*1　アンテナの放射抵抗とは，電波としてエネルギーが空間に放射，散逸する現象を，等価抵抗で表現した値であり，通常の意味の抵抗とは異なる．また，アンテナは送信と受信で同じ特性（可逆性）を持つので，受信アンテナの解析にも放射抵抗の考え方が使える．

使われているが，物理的に言えば1次元的な空洞放射の考え方を用いている．すなわち，伝送線路の間の空間に存在し，左右に伝搬するランダムな電磁界のエネルギーを求めることからスタートして，最終的に (5.4) 式を導いている．今までの議論は，古典論近似の範囲にあった．一般的には，量子論を考慮したプランク (Plank) の分布則から，有能雑音電力は

$$P_{av} = \frac{hfB}{\exp(hf/kT) - 1}$$

で与えられる．ここで，h はプランク定数である．古典論近似が成り立つ範囲は，$\frac{hf}{kT} \ll 1$ であり，これは，常温では周波数 f が 1THz より小さいときである．このときは，既に説明した kTB で近似でき周波数依存性の無い白色雑音となる．したがって，ミリ波領域の無線通信までは古典論近似を用いても差し支えない．

5.2 近距離システムを例にした回線設計

熱雑音の考え方が整理されたので，ここからは，回線設計の本題に入っていく．例として Bluetooth に代表される近距離無線システムをベースに説明する．図 5-4 にはシステムのモデルを示す．簡単のために送信と受信アンテナの利得は 0dB とする．近距離で見通しがきく場合には，伝搬ロス Loss として，(5.5) 式に示す Friis の式が使える．

$$Loss = 10 \log \left(\frac{4\pi d}{\lambda} \right)^2 = 20 \log \frac{4\pi fd}{300} \quad \text{(dB)} \tag{5.5}$$

ここで，d (m) はアンテナ間の距離，λ (m) は電波の波長，f (MHz) は電波の周波数であり，最終式では $\lambda = 300/f$ (m) の関係式を用いた．もともとは自由空間内で球面波状に放射された電波の減衰特性を示している．球の表面積に反比例して受信電力が小さくなるので，伝搬ロスは距離 d の自乗に比例する．Bluetooth を想定して，$f = 2.4$GHz とし，距離 d を 10m とすると，伝搬ロス Loss は 60dB となる．すなわち，10m の距離でも電力で 6 桁も減衰することになる．Class 3 では送信電力が 1mW = 0dBm なので，受信電力は −60dBm となる．実際の環境では，壁などの反射により受信電力が増減するので，マージン 10dB を考慮して −70dBm を受信規格としている．このときのビット誤り率 (BER) は 0.1% = 10^{-3} である．ディジタル通信

Friisの式

$$\text{Loss} = 10 \log (4\pi d/\lambda)^2 = 20 \log \frac{4\pi fd}{300} \text{ (dB)}$$

ANT 利得=0dB
Pt 送信パワー
Loss 自由空間ロス
Pr 受信パワー
d (m)

Loss (dB) = -27.6 + 20 log (f·d)
　　f: MHz, d: mの単位

例. Bluetooth　f = 2.4 GHz, Pt = 0 dBm = 1 mW @ Class 3規格

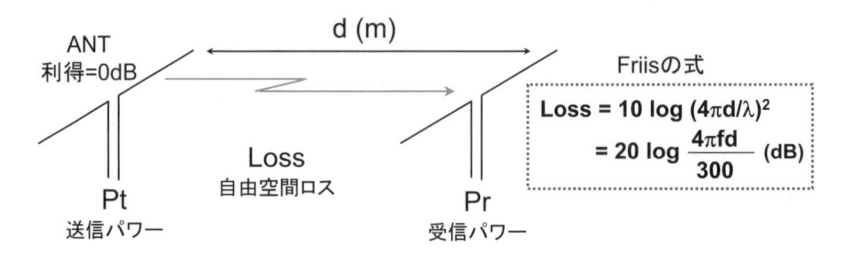

Loss = 60 dB @ d = 10 m
Pr = -60 dBm

感度規格：-70 dBm @ BER = 10^{-3} （10dBのマージン）

図 5-4　送受信パワーの考え方(近距離無線システムの場合)

あるビット誤り率（BER）を満たすSNRを求める

＜Gauss型白色ノイズの3σが接するとき＞

$$\begin{cases} S = \dfrac{\sqrt{2}}{\sqrt{2}} = 1 & \text{(キャリア振幅の実効値)} \\ N = \sigma = \dfrac{1}{3} & \text{(振幅の実効値)} \end{cases}$$

$$S/N(\text{パワー比}) = 10\log \frac{1^2}{\left(\dfrac{1}{3}\right)^2}$$

$$= 10 \log 9$$
$$= 9.54 \text{ (dB)}$$

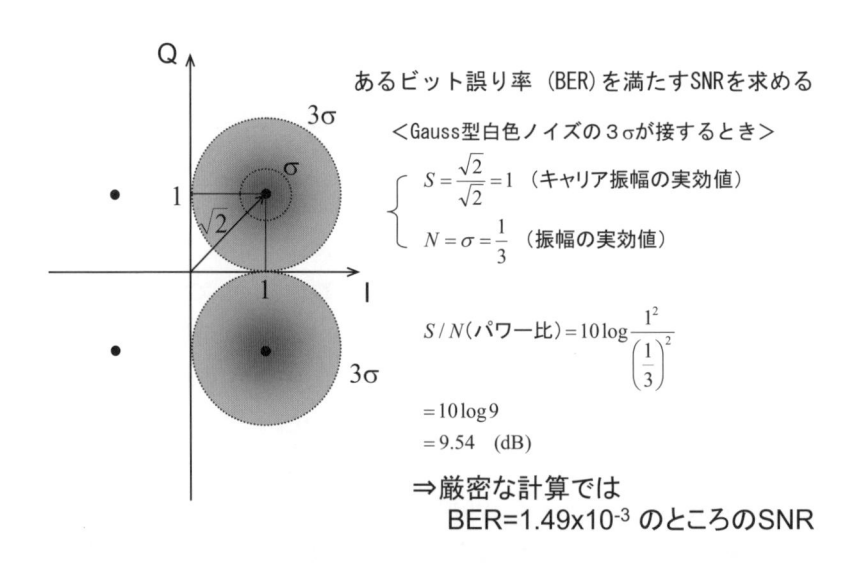

⇒ 厳密な計算では
　BER=1.49x10^{-3} のところのSNR

図 5-5　QPSK の所要 SNR のイメージ

```
感度 (dBm) ＝積分雑音＋所要SNR
         ＝-174 dBm/Hz＋NF＋10 logB＋所要SNR

例 Bluetooth: B=1 MHz, 感度=-70 dBm
 SNR = 20 dBと仮定すると,
 NF = 24 dB: PHS, PDC等と比較するとかなり緩い.
```

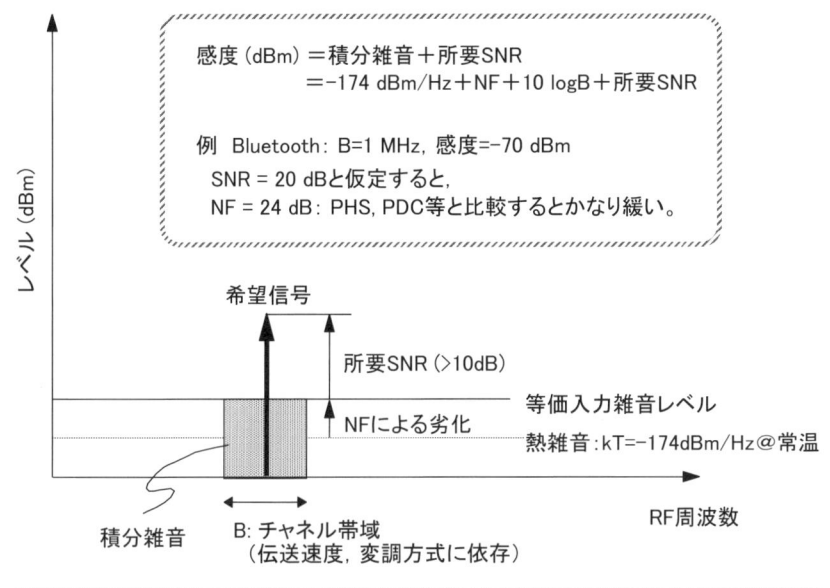

図 5-6　受信感度と雑音指数

では，"1"または"0"が情報として伝送されるので，ビット誤り率（BER）により伝送品質を規定している．

　ここで，熱雑音と変調信号との関係を見てみる．図5-5には熱雑音が加わったときのQPSKの信号点配置図を示す．熱雑音によって4個の信号点はそれぞれ図のようにぼけてしまう．熱雑音の振幅はガウス（Gauss）分布に従うので，仮に雑音振幅の3σ同士が接している場合のSNRを考える．信号のI，Q座標をそれぞれ1としているので，各信号点の振幅の実効値（キャリア振幅の実効値）は$\sqrt{2}/\sqrt{2}=1$であり，雑音の振幅の実効値はσとなる．さらに，雑音振幅の3σ同士が接していることを考慮すると，$σ=1/3$と置ける．したがって，この場合のSNRは9.54dBとなる．このときのビット誤り率は，厳密な計算によれば$1.49×10^{-3}$である．このように，信号点はかなりぼけて見えるが，意外にも低めのビット誤り率で通信できることが分かる．システムとして必要なビット誤り率を満足するSNRを所要SNRと呼ぶ．

　次に，受信機のスペックに関わる受信感度の考え方を見ていく．図5-6にはRF周波数帯の希望信号と雑音レベルを示している．希望信号について

は，キャリア信号で代表しているが，実際の変調信号のスペクトルは帯域 B の間に広がっている．一方，熱雑音は本節の最初に説明したように，常温で $-174\mathrm{dBm/Hz}$ のノイズフロアを形成している．この雑音レベルは物理的に不可避なレベルである．受信機出力では回路雑音に起因する雑音指数（NF）によって，SNR が劣化してしまう．この劣化の度合いが NF と呼ばれ，入力と出力とでの SNR の比で定義する．通常は対数をとり dB 値で表現する．受信機の入力に換算すると，等価的にノイズフロアは NF の分増加したことになる．dB 値で表現すると NF の値がノイズフロアに加算される．ここでの NF は受信機を構成する全てのブロックの雑音を考慮した値で「総合 NF」とも呼ばれる．新たにできたノイズフロアレベルは入力換算雑音レベルと呼ぶことができる．受信信号がぎりぎりのレベルで再生できるのは，所要 SNR を満たすときである．すなわち，入力換算雑音レベルに所要 SNR の値を dB 値で加算した信号レベルが受信感度となる．このとき，雑音は帯域 B にわたって積分した値となる．dB 値の計算では $10\log B$ を加算すればよい．以上をまとめると，受信感度は(5.6)式で与えられる．

$$\begin{aligned}\text{感度(dBm)} &= \text{積分雑音} + \text{所要 SNR} \\ &= -174\,\mathrm{dBm/Hz} + \mathrm{NF} + 10\log B + \text{所要 SNR}\end{aligned} \quad (5.6)$$

この式から逆に受信機の総合 NF を求めることができる．例えば，Bluetooth の場合，感度が $-70\mathrm{dBm}$，帯域 B が 1MHz であるので，GFSK の所要 SNR を 20dB とすれば，総合 NF は 24dB となる．この値は携帯電話や PHS と比べてかなり緩い値である．携帯電話などでは受信機チップとして 10dB 以下が要求される．したがって，近距離無線システムでは CMOS による RF 回路のワンチップ化を加速することができた．

【参考文献】
[1] 例えば，L. W. Couch, II, "Digital and Analog Communication Systems," Pearson International Edition, 7th Edition, Chapter 8, 2007（New Jersey）．
[2] H. Nyquist, "Thermal Agitation of Electric Charge in Conductors," Physical Review, vol. 32, pp. 110-113, July, 1928.
[3] C. キッテル（山下次郎，福地充共訳）:「第 2 版　熱物理学」，丸善，第 4 章，1983 年．

【コラム C】 ナイキスト(Nyquist)の熱雑音定理の証明

このコラムではナイキストが1928年に発表した熱雑音定理[2]について，伝送線路モデルによる証明を紹介する．この手法は，ナイキストが自身の論文でも用いている．非常に古い論文ではあるが，American Physical Society の Physical Review Online Archive から PDF ファイルの形で閲覧できるので，興味のある読者は一度，ご覧頂きたい．内容が整理された手頃な教科書としては文献3をお勧めする．

まず，伝送線路とインピーダンス整合が取れた抵抗 R が伝送線路の左端と右端に接続されている．系の温度は T とする．左側の抵抗で発生した熱雑音は，伝送路を電磁波として右側に伝搬していき右端の抵抗により完全に吸収される．同様に，右側の抵抗で発生した熱雑音は，伝送路を電磁波として左側に伝搬していき左端の抵抗により完全に吸収される．周波数幅 B 当たりの，各抵抗の有能雑音電力(負荷抵抗に供給される最大の熱雑音電力) を P_av とする．線路内に存在する雑音の平均エネルギー $\overline{E_\mathrm{tot}}$ は，雑音が伝搬している時間 $\frac{L}{c_0}$ を P_av に掛け，左右の抵抗を考慮して，それを2倍した(C.1)式となる．ここで，L は線路長，c_0 は電磁波の速度である．

$$\overline{E_\mathrm{tot}} = 2P_\mathrm{av}\frac{L}{c_0} \tag{C.1}$$

さて，ここで，図 C-1 の下図のように線路の両端が短絡（ショート）されれば定在波が立って，エネルギー $\overline{E_\mathrm{tot}}$ は，周波数幅 B 内に存在する，線路上のいくつかの定在波の振動モードへ分配される．最小の周波数は，線路長 L が半周期で，両端が節になるときなので，$\frac{c_0}{2L}$ となる．したがって，定在波の固有周波数は，その整数倍の $n\frac{c_0}{2L}$（$n=1,2,\cdots$）である．周波数幅 B 内に存在する固有周波数の数は，B を最小周波数

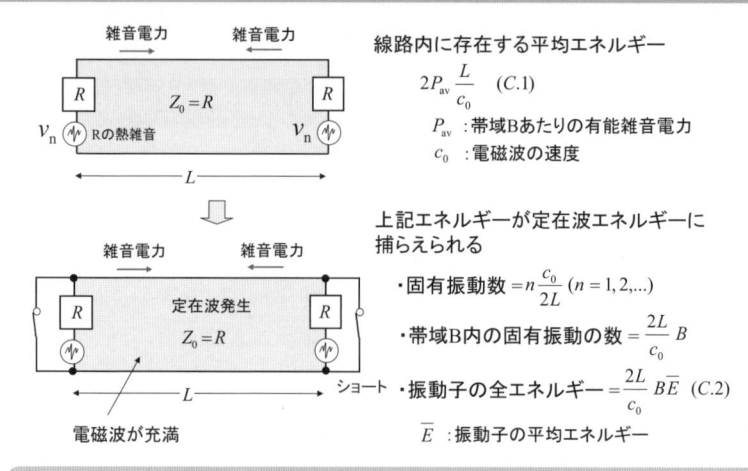

```
         雑音電力    雑音電力        線路内に存在する平均エネルギー
       ┌──→──────←──┐
       │            │             $2P_{av}\dfrac{L}{c_0}$   (C.1)
    ┌──┤R    Z_0=R  R├──┐
    │  │            │  │             $P_{av}$：帯域Bあたりの有能雑音電力
    v_n │Rの熱雑音       │ v_n           $c_0$：電磁波の速度
       └────── L ───────┘

                    ⇩

         雑音電力    雑音電力        上記エネルギーが定在波エネルギーに
                                  捕らえられる
       ┌──→──────←──┐
    ┌──┤R 定在波発生  R├──┐          ・固有振動数 $=n\dfrac{c_0}{2L}$ $(n=1,2,...)$
    │  │  Z_0=R      │  │
    │  │            │  │          ・帯域B内の固有振動の数 $=\dfrac{2L}{c_0}B$
       └────── L ──────ショート
              ↑                    ・振動子の全エネルギー $=\dfrac{2L}{c_0}B\overline{E}$ (C.2)
           電磁波が充満
                                    $\overline{E}$：振動子の平均エネルギー
```

図 C-1　熱雑音導出のための伝送線路モデル

$\dfrac{c_0}{2L}$ で割った，$\dfrac{c_0}{2L}B$ で与えられる．$\overline{E}$ を各定在波モードの平均エネルギーとすると，定在波全体のエネルギー $\overline{E_{\text{stnd}}}$ は，次式となる．

$$\overline{E_{\text{stnd}}} = \dfrac{2L}{c_0} B\overline{E} \qquad (C.2)$$

ここで，(C.1)式を(C.2)式と等しく置いて，

$$P_{av} = \overline{E}B \qquad (C.3)$$

を得る．古典論では，1自由度あたりに $kT/2$ のエネルギーが分配される．伝送路内の電磁波の場合，進行方向に対して互いに直交する電界 E と磁界 H の成分が存在し，エネルギー密度は $\dfrac{\varepsilon_0}{2}E^2 + \dfrac{\mu_0}{2}H^2$ と書ける．そこで，電界と磁界には，平均的に $kT/2$ のエネルギーが等分配されるので，定在波の各モードには，kT のエネルギーが捕らえられ，

$$P_{av} = kTB \qquad (C.4)$$

となる．これは，本文の (5.4) 式に一致する．さらに，$P_{av} = \dfrac{\overline{v_n^2}}{4R}$ を用いると，自乗平均雑音電圧 $\overline{v_n^2}$ に関して，良く知られた次の公式が得られる．

- (C.1)式=(C.2)式とおいて、$2P_{av}\dfrac{L}{c_0} = \dfrac{2L}{c_0}B\overline{E}$

$$P_{av} = \overline{E}B \quad (C.3)$$
$$P_{av} = kTB \quad (C.4)$$

さらに $P_{av} = \dfrac{\overline{v_n^2}}{4R}$ から

$$\overline{v_n^2} = P_{av}4R = 4kTRB \quad (C.5)$$

☆以上は古典論の扱い： $\dfrac{hf}{kT} \ll 1$ が成立つのは周波数 f<1THz

・例えば、f=1THzのとき、$\dfrac{hf}{kT} = 0.16$ （hはPlank定数）

ミリ波までは古典論で扱うことが可能

- 量子論の扱い
  Plankの分布則から $\overline{E} = \dfrac{hf}{\exp(hf/kT)-1} \Rightarrow P_{av} = \dfrac{hfB}{\exp(hf/kT)-1}$

図 C-2 熱雑音の導出

$$\overline{v_n^2} = P_{av} \cdot 4R = 4kTRB \quad (C.5)$$

　以上の議論は古典論をベースにしているが，一般的には量子論の知見が必要である．量子論では，プランク（Plank）の分布則より，定在波の平均エネルギー $\overline{E}$ は以下のように変更される．

$$\overline{E} = \dfrac{hf}{\exp(hf/kT)-1} \quad (C.6)$$

したがって，有能雑音電力は次式で与えられる．

$$P_{av} = \dfrac{hfB}{\exp(hf/kT)-1} \quad (C.7)$$

ここで，h はプランク定数 $(6.62 \times 10^{-34} \mathrm{J \cdot s})$ である．(C.7) 式は，$\dfrac{hf}{kT} \ll 1$ のとき簡単化されて，$P_{av} = kTB$ となり古典論の (C.4) 式と一致する．具体的な数値を考えると，室温では $f = 1\mathrm{THz}$ のとき，$\dfrac{hf}{kT} = 0.16$ なので，1THz程度のミリ波までは，古典論で扱っても良いことになる．(C.7)式は，1THz以下の領域では一定値 kT を示し，高周波の極限 $(f \to \infty)$ ではゼロに漸近する．

● 演 習 問 題 ●

1. (5.3)式を導出せよ．

2. 抵抗 R_1 と R_2 が直列接続されたときの熱雑音電圧を求めよ．

3. 抵抗 R_1 と R_2 が並列接続されたときの熱雑音電圧を求めよ．（ヒント：熱雑音を抵抗に並列な雑音電流源で考える）

4. 抵抗 R と容量 C からなるローパスフィルタの出力雑音を直流から無限大の周波数まで積分して，全雑音電圧を求めよ．（ヒント：雑音源は抵抗 R のみ）

第6章 高周波信号の振舞い
── アナログ設計とRF設計の感覚の違い

　次の第7章からは具体的なRF回路設計の内容に入っていくが，本章では低周波アナログ回路の設計者にとってなじみの薄かった高周波信号の振舞いについて物理的に見直してみる．ここで，明らかになるのは，観測する次元を増やすことで，直流や低周波信号についても統一的に考えて良いということである．

6.1　インピーダンス整合と信号の反射〜直流現象にも反射あり

　この節では，インピーダンスの不整合がある場合には，交流のみならず直流でも信号の反射は起きることを理解する．もう少し厳密に言えば，直流現象は電源を投入するという，ステップ応答で発生する進行波と無数の反射波が重なった結果の極限値(収束値)であることが分かる．

　本題に入る前に次の問題を考えてみよう．図6-1のように伝送線路の途中に電球が直列につながっている系を想定する．左端にあるスイッチをオンして直流電源(電池)を印加したときに，電球のつく順序は選択肢のどれになるであろうか．

　実際，分布定数回路を学習していない学生に聞いてみると，小学校以来，親しんでいる電流の向きなので①が最も多い．②も現実的な場面を想像して選択するものがいる．高校では電子の移動が電流の実態であることを学ぶので，少数派であるが③を選択することがある．正解は④であるが，正解する学生はほとんどいない．図6-2のように解説しても，初めは腑に落ちない様子であるが，仮に直流電源がヨーロッパにあり，電球Cが日本にある極端な場合を想定してみなさいというと，納得感が出てくる．図6-2も電流が途中で切れてしまいループを形成しないので納得感が出ない一因となる．この点は後ほど，変位電流を考慮することで解決する．

　このように，分布定数回路は大学のしかも電気・電子系学部でしか教えないので，理工系の学生であっても，小学校以来，慣れ親しんでいる直流電流

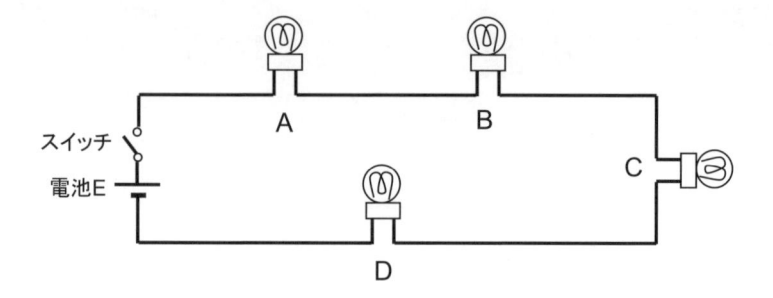

問題 スイッチを閉じて電流を流すとき、電球のつく順序はどうなる。記号で答えよ。

【解答の選択肢】
① A-B-C-D（電流の流れる方向）
② 全部同時につく
③ D-C-B-A（電子の流れる方向）
④ A-D-B-C（電源に近い方からつく）

図 6-1 導入問題

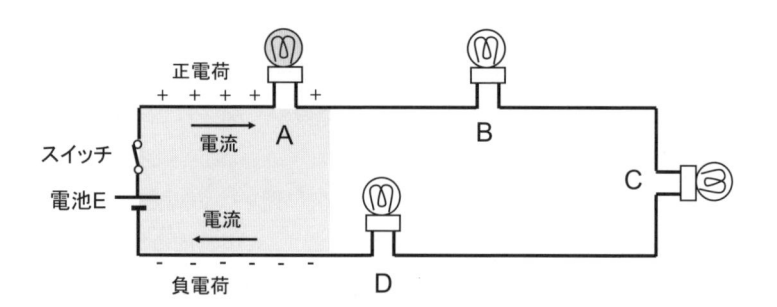

答え　電池に近い方からA, D, B, Cの順でつく。

∴ 光（電磁波）の速度　$c_0 = \dfrac{1}{\sqrt{LC}} = \dfrac{1}{\sqrt{\varepsilon_0 \mu_0}} = 3.0 \times 10^8 \ m/s$ で伝搬する。

[L, Cは単位長さ当りインダクタ, 容量の値]

図 6-2 導入問題の解説

のイメージが抜け切らないまま卒業し，技術者・研究者になることが多い．このような問題で混乱する原因は，日頃から直流電流に親しみすぎているために，伝送線間に存在する電磁波が有限の速度で伝わるという物理的な本質を，忘れているためである．この点は次節でより明確にしていく．

次に本題に入って，インピーダンス整合と反射について考えてみる．インピーダンス整合が伝達する電力を最大にする条件であることは，第5章で説明した．ここでは，直流電源を用いた過渡応答を扱い，信号の反射という観点から見ていく．この現象は直流現象と反射を結びつける上で非常に示唆的である．なお，交流信号の反射については6.3節で扱う．図6-3 (a) には反射が1回しか生じない回路の例を示す．信号源抵抗 R と伝送線路の特性インピーダンス Z_0（次節で物理的な意味合いを検証する）は等しいので，送信端での反射は生じない．一方，受信端は短絡（ショート）状態なので，全反射が起きる．境界条件である電圧0Vを反映して電圧波は，振幅は同じで符号が反転した反射となる．電流波は，振幅が同じで，符号が同相の反射となる．これは，反射下の伝送線を右側に流れてきた電子が，ショート端を経由して上の伝送線を左側に流れるようになるので，電流としてみれば2倍になることを意味する．送信端は伝送線路とインピーダンス整合が取れているので，到着した反射波は全て信号源抵抗 R に吸収されて熱となる．したがって，この回路では1回の反射しか起こらない．反射前と反射後の電圧波と電流波の様子を図6-3 (b) に示す．スイッチをオンしたとき，インピーダンスとしては信号源抵抗と伝送線路の特性インピーダンス Z_0 が見えるので，進行する電圧波の振幅は，$V_i = E \dfrac{Z_0}{R + Z_0} = \dfrac{E}{2}$ となり，進行する電流波は，$I_i = \dfrac{E}{R + Z_0} = \dfrac{E}{2R}$ となる．受信端で反射するまでこれらの振幅で進行する．受信端では電圧波が逆相となるので，進行波と反射波が加算されることで，合成された電圧は $V = V_i + V_r = \dfrac{E}{2} - \dfrac{E}{2} = 0V$ となり，反射波が送信端に到着するときには，伝送線路全体に0Vが広がっている．一方，電流波は同相で反射するので合成された電流は，$I \equiv I_i + I_r = 2I_t = \dfrac{E}{R}$ となる．反射波が

(a)

信号源抵抗 R、スイッチ、電池E、$Z_0 = R$、ショート端、進行波、反射波、長さ L

(b)

☆反射前

$V_i = E \dfrac{Z_0}{R+Z_0} = \dfrac{E}{2}$ 　進行波

$I_i = \dfrac{E}{R+Z_0} = \dfrac{E}{2R}$ 　進行波

☆ショート端での反射後

$V_i = \dfrac{E}{2}$ 　進行波　0V　反射波　$V_r = -\dfrac{E}{2}$

$I = \dfrac{E}{R}$

$I_i = \dfrac{E}{2R}$ 　反射波　進行波　$I_r = \dfrac{E}{2R}$

反射波は信号源抵抗Rで全て吸収される

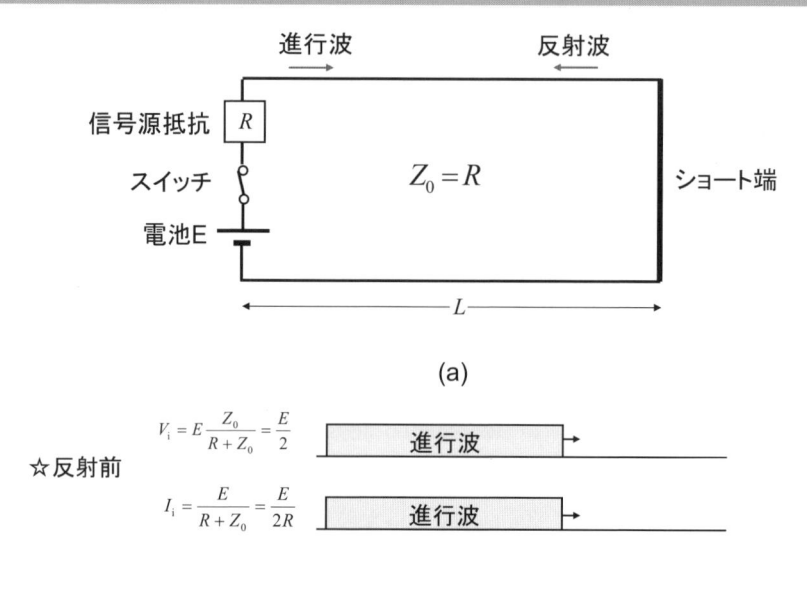

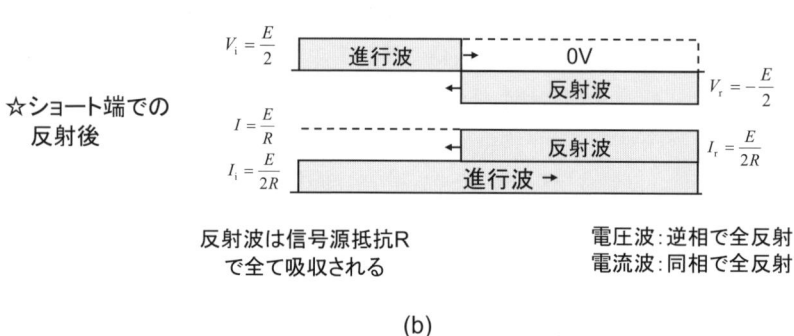

電圧波：逆相で全反射
電流波：同相で全反射

図6-3　反射が1回しか生じない回路と電圧・電流波形

送信端に到着するときには，伝送線路全体に電流 $I = \dfrac{E}{R}$ が流れている．ここでお気づきと思われるが，反射が送信端に到着した以降は，直流のオーム (Ohm) の法則から得られる電流，$I = \dfrac{E}{R}$ が流れ続けることになる．伝送線路ならびに受信端は直流抵抗が無いので電圧降下は0Vであり，これも上記の結果と一致する．

第6章 高周波信号の振舞い －アナログ設計とRF設計の感覚の違い 85

　従って，日常体験する直流現象は，非常に短時間で起こっている過渡応答（ステップ応答）が落ち着いた先の状態を見ていることになる．しかし，ここで注意すべき点は，進行波と反射波が無くなったのではなく，常に存在しており，見かけ上の電圧が0Vになっているのである．エネルギーの伝搬の観点からは，進行波に伴うポインティング（Poynting[*1]）・ベクトルが送信端から受信端に向かっており，反射波では同じ大きさのポインティング・ベクトルが送信端に向かっている．エネルギーは受信端で完全反射された後，信号源抵抗で熱エネルギーに変換される．直流というと静的なイメージがあるが，実際は背後にダイナミックな現象が常時起きている．

　図6-4（a）に示す次の例は反射が無限に生じる回路である．直流現象の場合，実際はこちらのケースの方が一般的である．入力の信号源抵抗は0Ωとし，伝送線路の特性インピーダンスZ_0と負荷抵抗R_Lは等しくないとする．このとき，負荷抵抗では反射係数$r = \dfrac{R_L - Z_0}{R_L + Z_0}$で反射が起きる．$R_L > Z$のとき，電圧波は同相，電流波は逆相で反射され，極限状態（$r = 1$）は受信端の開放（オープン）である．$R_L < Z$のときは，電圧波は逆相，電流波は同相で反射され，極限状態（$r = -1$）は受信端の短絡（ショート）である．送信端に戻ってきた反射波はショート端により全反射（$r = -1$）を受け，再度受信端へ向かう．この全反射では，電圧波は逆相になり，電流波は同相となる．以上の反射現象が無限に続くことになる．ただし，反射波の振幅は等比数列で小さくなっていくので，ある点へ向かって収束していく．図6-4（b）には電圧波と電流波の反射の様子を模式的に示す．ただし，反射係数rは正としている．電圧波の合成値Vは，進行波と無限に続く反射波の合成になるが，(6.1)式に示すように同じ振幅の反射波が，正負で出現するので最終的にはEに収束する．この値は負荷抵抗にかかる直流電圧と一致する．

$$V = V_i + V_{r1} + V_{r2} + V_{r3} + V_{r4} + \cdots \\
= E + rE - rE + r^2 E - r^2 E + \cdots \Rightarrow E \text{に収束} \tag{6.1}$$

　一方，電流波の合成値Iは(6.2)式のような無限級数となる．

[*1] Poyntingは英国の物理学者の名前．単語pointingと混同しないこと．

(a)

進行波 → ← 反射波

信号源抵抗=0Ω
スイッチ
電池E

$Z_0 \neq R_L$

R_L 負荷抵抗

全反射 ← L → 反射係数：$r = \dfrac{R_L - Z_0}{R_L + Z_0}$

(b)

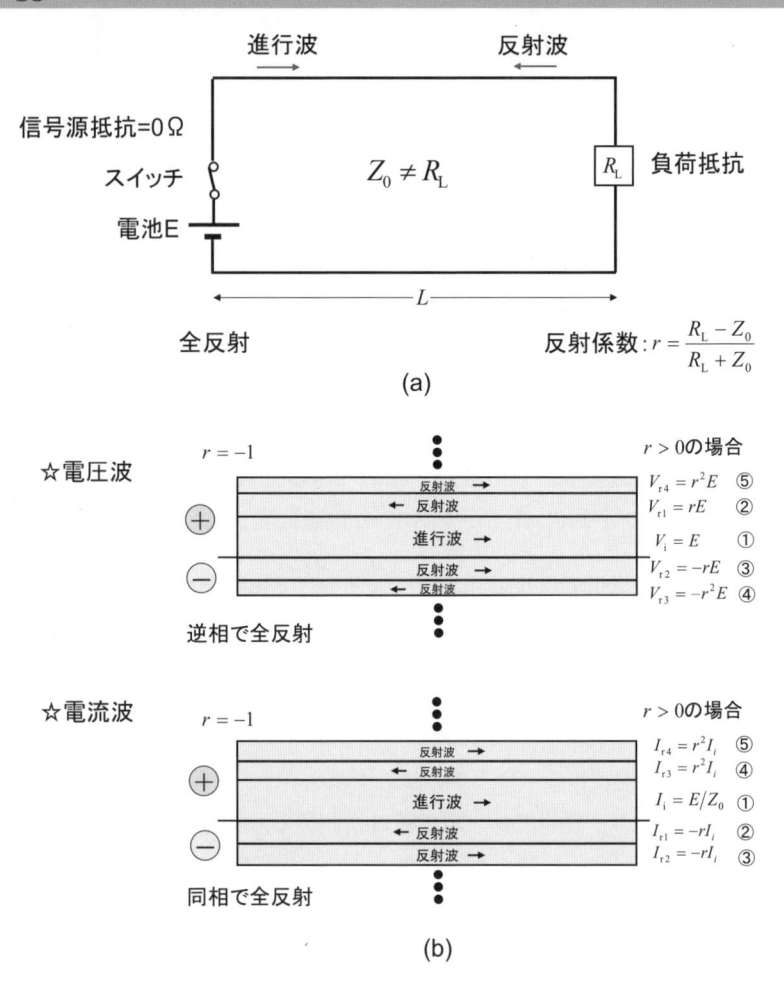

☆電圧波

$r = -1$ / $r > 0$の場合

- 反射波 → $V_{r4} = r^2 E$ ⑤
- ← 反射波 $V_{r1} = rE$ ②
- 進行波 → $V_i = E$ ①
- 反射波 → $V_{r2} = -rE$ ③
- ← 反射波 $V_{r3} = -r^2 E$ ④

逆相で全反射

☆電流波

$r = -1$ / $r > 0$の場合

- 反射波 → $I_{r4} = r^2 I_i$ ⑤
- ← 反射波 $I_{r3} = r^2 I_i$ ④
- 進行波 → $I_i = E/Z_0$ ①
- 反射波 → $I_{r1} = -rI_i$ ②
- ← 反射波 $I_{r2} = -rI_i$ ③

同相で全反射

図6-4 反射が無限に生じる回路と電圧・電流波形

$$I = I_i + I_{r1} + I_{r2} + I_{r3} + I_{r4} + \cdots = I_i - rI_i - rI_i + r^2 I_i + r^2 I_i + \cdots$$
$$= \left\{ 1 - 2\sum_{n=1}^{\infty} (-1)^{n-1} r^n \right\} I_i \tag{6.2}$$

$|r| < 1$ のときかっこ内の無限級数は収束し，$\sum_{n=1}^{\infty} (-1)^{n-1} r^n = \dfrac{r}{1+r}$ となる[1]．したがって，合成電流は次の値に収束する．

$$I = \left(1 - \frac{2r}{1+r}\right)I_i = \frac{1-r}{1+r} \cdot I_i \tag{6.3}$$

次に，反射係数の定義式 $r = \dfrac{R_L - Z_0}{R_L + Z_0}$ から Z_0 について解き返すと，$Z_0 = \dfrac{1-r}{1+r} R_L$ となる．さらに，$I_i = \dfrac{E}{Z_0}$ の関係式を用いて合成電流 I を計算すると次式となる．

$$I = \frac{1-r}{1+r} \cdot I_i = \frac{1-r}{1+r} \cdot \frac{1+r}{1-r} \cdot \frac{E}{R_L} = \frac{E}{R_L} \tag{6.4}$$

この電流は，負荷抵抗を流れる直流電流に一致する．

以上述べたように，直流電圧・電流は，電源を投入するというステップ応答で発生する進行波と，無数の反射波が重なったときの収束値であることが分かり，反射という現象を統一的にとらえることができた．なおこの節で述べたような議論は，過渡現象論の教科書，例えば文献 2 では，「分布定数回路の過渡現象」という章で厳密に展開されている．

6.2　電流・電圧と電磁場〜主役はどちら？

この節では電磁気学の知見を用いて，伝送線路内を信号がどのように伝送していくのかを，定性的に見ていく．そこで明らかになるのは，「主役」は電磁場（電界と磁界）であって，電圧と電流波あくまで「補助者」であることが分かってくる．なお，電磁気学に関しては，参考文献 [3] や [4] などの成書を参考にさせていただいた．また，電磁気の基本法則を整理して「コラム D」にまとめておくので参考にしていただきたい．

電磁気学からは，「少なくとも 2 つ以上の独立した導体からなる伝送系では，電磁場は TEM 波の形で伝送できる」ことが分かっている．ここで，TEM 波とは，Transverse Electro-Magnetic Wave のことで，電界および磁界が伝送方向に対して垂直な成分しか存在しない電磁波のモードである．空間を伝わる電磁波（電波など）や，いままで述べてきたような 2 本の伝送線によって形成された伝送線路を伝わる電磁波である．一方，導波管にように 1 つの導体で囲まれた伝送路内では TEM 波は存在しない．本章では，2 本の導体によって形成された伝送線路を前提に議論を進める．

『2種類の導体が存在すると，行き／帰りの電流を伴ってTEM波が伝わる』

進行波

・電磁誘導（ベクトル積）
$$E = -v \times \mu H$$

・"磁電誘導"
　－変位電流項による
　　アンペールの法則－
$$H = v \times \varepsilon E$$

反射波

（右ネジ則）

・エネルギーは空間を伝搬（主役）
　電流は補助者（脇役）
　－電磁場は光速で移動
　－電子のドリフト速度は
　　1mm/s 程度!!

・ポインティング（Poynting）
　ベクトル P：エネルギーの流れ
$$P = E \times H$$

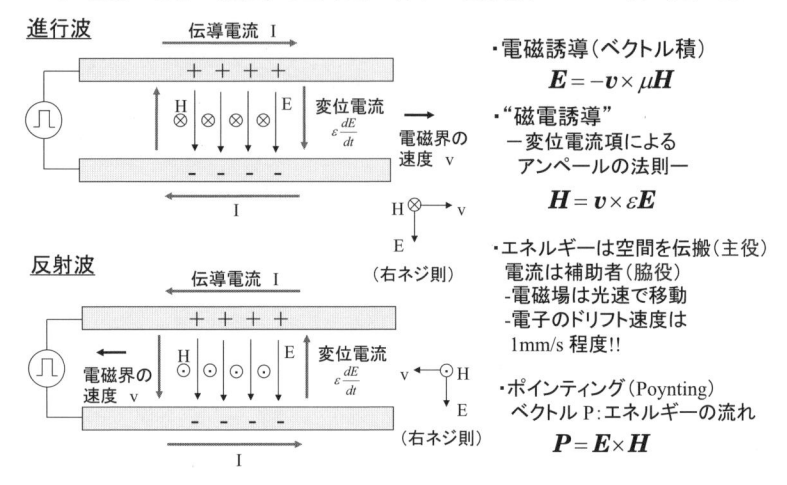

図 6-5　伝送線路伝搬の物理イメージ

　図 6-5 には，伝送線路にそって伝播する電磁波（電磁場），すなわち TEM 波の様子を模式的に描いている．信号源は正方向の方形パルスとする．正パルスが印加されると，導体中には自由電子による伝導電流が流れる．上側の導体中では，信号源の正極に自由電子が吸込まれることで，実効的に正の電荷が右側に移動する右向きの電流が発生する．一方，信号源の負極から自由電子が供給されることで，下側の導体中では，電子が右方向へ移動することで左向きのリターン電流が発生する．2つの導体間の距離が小さい場合，電界と磁界は導体間にほぼ集中する．理想的な構造は，同軸ケーブルであり，電磁界を導体間に完全に閉じ込めることができる．電界 E は正の電荷を帯びた上側の導体から負の電荷を帯びた下側の導体へ向かうベクトルとなる．磁界 H は伝導電流にアンペールの法則（右ねじの法則）を適用することで，紙面の表側から裏側に向かうベクトルとなることが分かる．電界 E と磁界 H は直交しており，導体間に TEM 波を形成して右側へ速度 v で伝搬する．速度 v は光速度 c_0（導体間に誘電体が無ければ 30 万 km/s）に等しい．このとき，エネルギーは伝送線路間の電磁場（空間）によって伝搬される．また，電磁誘導則は，ベクトル積で $E = -v \times \mu H$ と書ける[3]．ここで，μ は伝送

線路間の媒体の透磁率であり，磁性体が無ければ，真空の透磁率 μ_0 にほぼ等しい．一方，変位電流によるアンペア (Ampere) の法則である「磁電誘導則」は，$\boldsymbol{H} = -\boldsymbol{v} \times \varepsilon \boldsymbol{E}$ と書ける[3]．ここで，ε は伝送線路間の媒体の誘電率であり，誘電体が無ければ，真空の誘電率 ε_0 にほぼ等しい．この電磁誘導と「磁電誘導」は同時に起こり，電磁波が伝搬している．電磁エネルギーを表すポインティング・ベクトル P は，ベクトル積 $\boldsymbol{P} = \boldsymbol{E} \times \boldsymbol{H}$ で表現できる．ベクトルの向きは電界と磁界に垂直であり，電磁波の伝搬方向と一致する．

一方，伝導電流を担う電子のドリフト速度はどのくらいになるか，計算してみよう．伝導電流を I，電子の電荷量を $q = -1.6 \times 10^{-19}\mathrm{C}$，電子密度を n，電子のドリフト速度を v_d，導体の断面積を S と置くと次式が成り立つ．

$$I = -qnSv_\mathrm{d} \tag{6.5}$$

例題として断面積 $S = 1\mathrm{mm}^2$ の銅線に $I = 8.5\mathrm{A}$ の電流が流れる場合を考える．銅の体積 $1\mathrm{mm}^3$ に含まれる自由電子の数 (n) は約 8.5×10^{19} 個/mm^3 であるので，(6.5) 式からドリフト速度を計算すると，$v_\mathrm{d} = 0.63\mathrm{mm/s}$ という非常に小さい値となる．これは，自由電子の数が非常に多いという事に起因する．

以上の考察から，伝送線路の信号(エネルギー)伝搬における，主役は空間伝搬と同様に電磁場(電磁波)であり，伝導電流はあくまで，伝送線路にエネルギーを閉じ込めて道案内をする脇役であることが分かる．さらに，伝導電流そのものについても，電子が動いたという情報(出来事)としての「こと」が本質なのであって，電子という「もの」そのものが光速度で伝搬しているわけではない．ここで，宿題になっていた変位電流と伝送電流の関係について考察しておく．図 6-5 中の上の図で，伝送パルスの先端部を考えると，ここでは電界がゼロから新たに発生しようとしている．したがって，変位電流は $\varepsilon \dfrac{dE}{dt}$ と時間微分で書けるので，電界 E の方向を向き，図示した矢印のように流れる．ここで初めて伝導電流とつながりができて，いわゆる「電流」は下側の導体に向かうと見なすことができる．一方，伝送パルスの終端部では，電界 E が消滅しゼロになろうとしているので，変位電流は電界 E とは逆向き

```
                 変位電流
    + + + + + + +Δq
             伝導電流 I →
                        ↓     → c₀ = 1/√LC  :先端の移動
 E             t   t+Δt                        速度
             伝導電流 I ←
    - - - - - - - -Δq
                    ←——→
                    Δt·c₀    :微小領域
```

- $\Delta q = C \cdot \Delta t \cdot c_0 \cdot V$
- $\Delta q = I \cdot \Delta t$

$\Rightarrow C \cdot \Delta t \cdot c_0 \cdot V = I \cdot \Delta t$

$\therefore Z_0 = \dfrac{V}{I} = \dfrac{1}{Cc_0} = \dfrac{\sqrt{LC}}{C} = \sqrt{\dfrac{L}{C}}$:特性インピーダンス（電荷が吸込まれる）

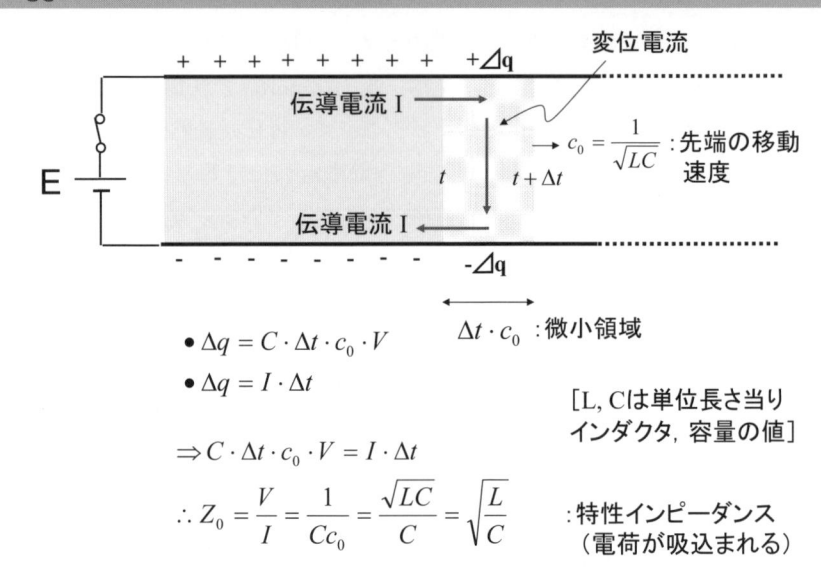

[L, Cは単位長さ当りインダクタ，容量の値]

図 6-6　線路の特性インピーダンスの意味合い

となり，上側の導体に向かう．このように，変位電流の動きまで考慮することで，いわゆる「電流」はループを形成することになり，電気回路の感覚とつながり易くなる．図 6-5 中の下の図は，電圧波が同相，電流波が逆相で反射してきた様子を示す．導体中の電荷の極性，電界の向きは同じであるが，移動方向が反転している．これに伴い電流と磁界の方向も反転している．

　次に，6.1 節で出てきた特性インピーダンス Z_0 の物理的な意味を考えてみる．図 6-6 では，スイッチを閉じ直流電源 E が印加されてから，しばらく時間が経過したときの様子を示している．線路の微小領域（長さ）$\Delta t \cdot c_0$ を考え，ここに蓄えられる電荷量 Δq を計算する．C を単位長当りの伝送線路の容量(F/m)とし，微小領域に印加される電圧を V とすると次式が成立つ．

$$\Delta q = C \cdot \Delta t \cdot c_0 \cdot V \tag{6.6}$$

　一方，伝導電流 I を用いると，時間 Δt の間に蓄積される電荷量 Δq は次式となる

$$\Delta q = I \cdot \Delta t \tag{6.7}$$

(6.6)式と(6.7)式を等しくおくことで，$C \cdot \Delta t \cdot c_0 \cdot V = I \cdot \Delta t$ が得られ，電

圧と電流の比が特性インピーダンス Z_0 であるので，よく知られた次の公式が得られる．

$$Z_0 = \frac{V}{I} = \frac{1}{Cc_0} = \frac{\sqrt{LC}}{C} = \sqrt{\frac{L}{C}} \quad (6.8)$$

ここで，伝送線路内での信号（電磁波）の伝搬速度の式，$c_0 = \dfrac{1}{\sqrt{LC}}$ を用いた．また，L は単位長当たりの伝送線路のインダクタンス（H/m）である．このように，特性インピーダンスとは，無限に続く伝送線路へ電荷が吸収されていく様子を，入力端の電圧と電流の比で表現したものであり，あたかも抵抗 $R = Z_0$ が電源につながっているように振舞う．無限に続く伝送線路へ吸収されていった電源のエネルギーは戻ってこないので，エネルギーが損失したことと等価になるからである．したがって，有限の伝送線路を抵抗 $R = Z_0$ で終端しても同じ効果が得られ，反射波は生じないことになる．

6.3 集中定数と分布定数は観測する次元の違い

最終節では交流信号の伝搬について考えてみたい．まず，進行波や定在波の物理的なイメージを明らかにする．次に分布定数回路と集中定数回路の違いは，観測する次元の違いで生じるが，集中定数回路の解は分布定数回路の解に含まれていて連続であることも示す．

正弦波が進行波として伝送路を伝わるときのイメージを図 6-7 に示す．負荷インピーダンス Z_1 は特性インピーダンスに等しく反射波が存在しない状態である．図 6-7 中の上側の図には伝送線路と帯電した電荷の極性と電流の向きを示し，下側の図にはそのときの電圧波と電流波のイメージを示す．両者の位相は同相であり，いずれも右側に伝搬している．電圧と電流がゼロの点では，左右から電流が流れ込み，線路間の変位電流に切替わる．一方，電流が左右へ流れ出る点では，変位電流が伝導電流に切替わる．電流が流れ込んでいる点では，正電荷が蓄積しつつあり，時間と共に次の正の電圧ピークを形成していく．反対に電流が流れ出している点では，負電荷が蓄積しつつあり，次の負の電圧ピークを形成していく．正弦波の電圧が上昇する局面では，電界が増加するので，変位電流は下向きになり，電圧が下降す

プラスの電荷が集まってきて　　マイナスの電荷が集まってきて
次の正側電圧のピークとなる　　次の負側電圧のピークとなる

信号源　　　　　伝導電流

・波のピークが右側に移動
・変位電流を含めると電流ループができる
・電荷は左右に振動

$c_0 = \dfrac{1}{\sqrt{LC}}$

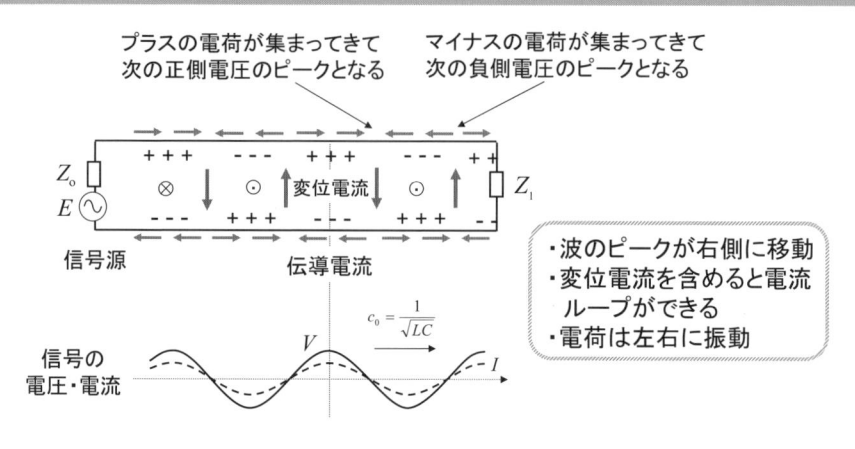

信号の電圧・電流

図6-7　伝送路を進行する正弦波(進行波)の物理イメージ

る局面では，電界が減少するので，変位電流は上向きになる．伝導電流と変位電流を併せて考えると，正弦波の半周期毎の電流ループができ，1ターン・コイルのようになっている．当然ながら隣の電流ループの電流と磁界の向きは，逆向きとなる．半周期毎に電流は左右に向きを変えるので，自由電子は左右に振動しながら電磁波を誘導している．ポインティング・ベクトル $\boldsymbol{P} = \boldsymbol{E} \times \boldsymbol{H}$ の観点から，エネルギーの流れを見ると，電流の向きが右側の半周期では，電界は下向きで，磁界は紙面の表から裏に向かうので，ポインティング・ベクトルは右側を向く．反対に電流の向きが左側の半周期では，電界は上向きで，磁界は紙面の裏から表に向かうので，ポインティング・ベクトルは同様に右側を向く．すなわち，インピーダンス整合がとれている伝送線路では電磁エネルギーは負荷に向かって進行する成分のみとなり，全て負荷抵抗で消費される．

　次は負荷が開放端になっているときの定在波のイメージを図6-8に示す．伝送線路の伝搬といっても，主役は電磁波であるので，インピーダンスの不連続点があれば，反射波が生じて定在波ができる．定在波の電圧と電流には90°の位相ずれを生じ，腹と節の位置は互いに1/4波長ずれる．すなわち，電圧の腹では伝導電流は常時ゼロ(節)となるが変位電流は最大となり，電流の腹では伝導電流が最大となり電圧は常時ゼロ(節)となる．ここでも，変位

第6章 高周波信号の振舞い－アナログ設計とRF設計の感覚の違い

```
電圧の腹   電流の腹   電圧の腹
```

信号源　伝導電流

変位電流を含めると電流ループができる

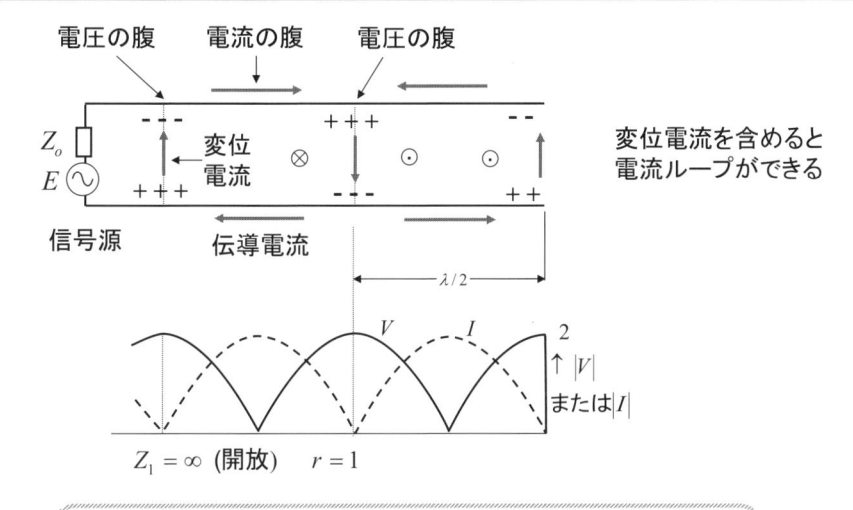

$Z_l = \infty$（開放）　$r = 1$

- 電磁界が主役なので、不連続面があると波の性質上反射する
- 電圧と電流の位相は90°、腹（節）は$\lambda/4$ずれる（正弦波）
- 電荷は左右に振動

図6-8　定在波の物理イメージ

電流を含めて電流ループが半周期毎に形成される．時間と共に腹の大きさは正と負の領域を行き来するが，節は常にゼロを保つ．図6-8の下側では電流と電圧の絶対値を示し，かつ最大値をとるタイミングで描いている．ポインティング・ベクトル $\boldsymbol{P} = \boldsymbol{E} \times \boldsymbol{H}$ の観点から見ると，電圧が正で，電流も正の1/4周期では，電界は下向きで，磁界は紙面の表から裏に向かうので，ポインティング・ベクトルは右側を向く．一方，電圧が正で，電流が負の1/4周期では，電界は下向きで，磁界は紙面の裏から表に向かうので，ポインティング・ベクトルは反対の左側を向く．すなわち，負荷側へ進行していった電磁エネルギーは，開放端で完全に反射して戻ってくるので，差引き負荷での電力消費はゼロとなることがわかる．

本章の最後に，電子回路や低周波アナログ回路設計でなじみの深い電圧・電流と，伝送線路上の反射波や定在波との関係を明らかにしていく．負荷条件を変えた場合の，伝送線路上の電圧・電流の波形（整合時以外は定在波）を図6-9に示す．信号源抵抗は特性インピーダンス Z_0 に等しいとする．負荷

インピーダンスの条件は，(a) 開放状態，(b) $Z_1 = 3Z_0$（純抵抗），(c) 整合状態，(d) $Z_1 = Z_0/3$（純抵抗），(e) 短絡状態，(f) $Z_1 = j\omega L\,(\omega L = Z_0)$（インダクタンス負荷），(g) $Z_1 = 1/j\omega C\,(1/\omega C = Z_0)$（容量性負荷）の7条件である．

まず，整合の取れた条件 (c) について考える．伝送線路内の電圧は一定であり，負荷端の電圧も $V_1 = \dfrac{E}{2}$ となる．一方，伝送路を無視してオームの法則を適用すると，負荷端の電圧は，信号源抵抗 Z_0 と負荷抵抗 Z_0 により電源電圧 E が分圧された値となる．すなわち，

$$V_1 = E\frac{Z_0}{Z_0 + Z_0} = \frac{E}{2} \tag{6.9}$$

となって，分布定数回路で計算した値と一致する．

次に，反射波が存在し定在波が発生する2例について考える．最初の例は条件(b)であるが，負荷抵抗が特性インピーダンス Z_0 の3倍の大きさを持つ場合である．電圧や電流の最大値と最小値の比である定在波比は3倍となる．電圧比の場合は特に，VSWR (Voltage Standing Wave Ratio) と呼ばれ良く用いられる指標であるが，反射係数 r を用いて，$VSWR = \dfrac{1+|r|}{1-|r|}$ と定義する．負荷端では整合状態の電圧（(6.9) 式）の 1.5 倍となるので，$V_1 = 1.5\cdot\dfrac{E}{2}$ となる．一方，信号源と負荷抵抗の距離が 1/4 波長より十分小さいときは，オームの法則を適用できて，負荷端の電圧は電源電圧 E の分圧で求まる．

$$V_1 = E\frac{3Z_0}{Z_0 + 3Z_0} = E\frac{3Z_0}{4Z_0} = 1.5\cdot\frac{E}{2} \tag{6.10}$$

電流についても同様のことが言える．したがって，分布定数回路の負荷端での電圧と電流はオームの法則で求めた集中定数回路の値と一致することがわかる．逆に集中定数回路で求める電圧と電流は，進行波と反射波が合成された定在波について，負荷端の値を見ていたことになる．

2番目の例は，インダクタを用いた条件 (f) のリアクタンス負荷の場合で

第6章 高周波信号の振舞い－アナログ設計とRF設計の感覚の違い　95

波動 ⇒sパラメータ　　　　　　　　　　　　　　　振動

$Z_0 = \sqrt{\dfrac{L}{C}}$

アナログ設計では，
進行波と反射波を意識しない
⇒それらの加算値を見ている

信号源　　dの増加の方向

集中定数的な負荷電圧
信号源と負荷の距離が十分近
いとき($\ll \lambda/4$)：オームの法則

(a) $Z_1 = \infty$ (開放)　$r = 1$

(b) $Z_1 = 3Z_0$　$r = 0.5$

$V_1 = E\dfrac{3Z_0}{4Z_0} = 1.5\dfrac{E}{2}$

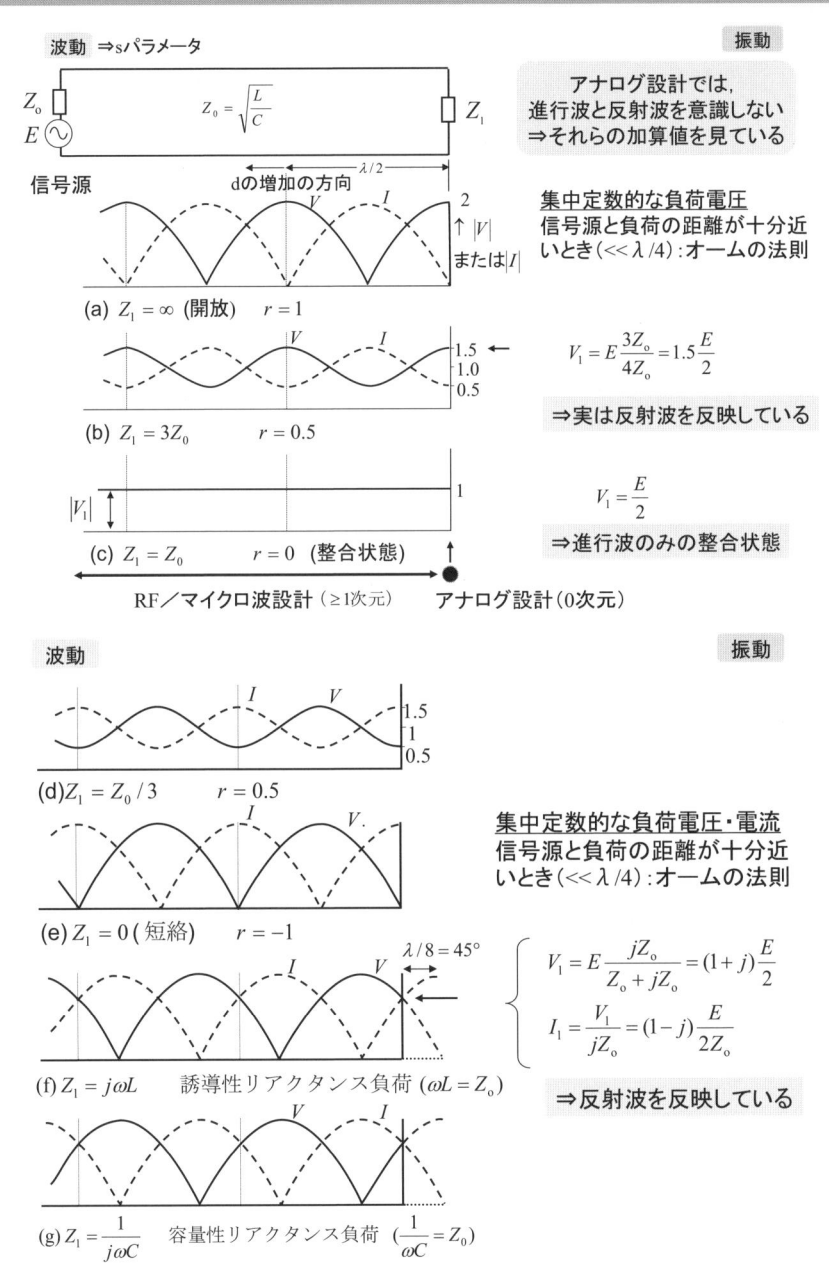

⇒実は反射波を反映している

(c) $Z_1 = Z_0$　$r = 0$　(整合状態)

$V_1 = \dfrac{E}{2}$

⇒進行波のみの整合状態

RF／マイクロ波設計（≥1次元）　　アナログ設計（0次元）

波動　　　　　　　　　　　　　　　　　　　　　振動

(d) $Z_1 = Z_0/3$　$r = 0.5$

集中定数的な負荷電圧・電流
信号源と負荷の距離が十分近
いとき($\ll \lambda/4$)：オームの法則

(e) $Z_1 = 0$ (短絡)　$r = -1$

$\lambda/8 = 45°$

$\begin{cases} V_1 = E\dfrac{jZ_0}{Z_0 + jZ_0} = (1+j)\dfrac{E}{2} \\ I_1 = \dfrac{V_1}{jZ_0} = (1-j)\dfrac{E}{2Z_0} \end{cases}$

(f) $Z_1 = j\omega L$　誘導性リアクタンス負荷 ($\omega L = Z_0$)

⇒反射波を反映している

(g) $Z_1 = \dfrac{1}{j\omega C}$　容量性リアクタンス負荷 ($\dfrac{1}{\omega C} = Z_0$)

図6-9　伝送線路と電圧／電流

ある．純リアクタンス負荷では，エネルギーを消費しないので，全反射となるが負荷端での位相は開放端や短絡（ショート）端と比較して 1/8 波長（45°）ずれる．具体的な反射係数は $r = j$ の純虚数となるので，絶対値は 1 である．開放端の場合，負荷端の電圧は，整合状態の 2 倍の E となる．したがって，条件 (f) の場合は開放端電圧 E の $1/\sqrt{2}$ になるので，絶対値を考えると $|V_1| = \dfrac{E}{\sqrt{2}} = \sqrt{2}\dfrac{E}{2}$ となる．ここで，前例と同様に，信号源と負荷抵抗の距離が 1/4 波長より十分小さいときは，オームの法則を適用できて，負荷端の電圧は電源電圧 E の分圧で求まる．

$$V_1 = E\frac{jZ_0}{Z_0 + jZ_0} = (1+j)\frac{E}{2} \tag{6.11}$$

(6.11)式の絶対値をとると，

$$|V_1| = \sqrt{2}\frac{E}{2} \tag{6.22}$$

となり，分布定数回路の解と一致する．この場合も電流についても同様のことが言える．

以上をまとめると，集中定数回路で求める電圧と電流は，進行波と反射波が合成された定在波について，負荷端の値を見ていたことになる．したがって，集中定数回路でも反射波の影響は入っていたことになる．波長が長く，信号源と負荷抵抗の距離が 1/4 波長より十分小さい低周波の設計では，定在波の影響が見えにくい，いわば 0 次元の世界にいるだけである．そこで，分布定数回路という 1 次元の世界へ次元を高めて観測することで，集中定数回路の解が負荷端での出来事であるという本質が見えてくる．集中定数回路の解析では y, z, h パラメータなどを使うが，これらは，進行波と反射波が重なり合った定在波状態の電圧と電流の応答を見ている．交流的には，回路の大きさの概念がない「振動現象」を扱う．一方，s パラメータ (scattering parameter) のみが，進行波と反射波を区別して回路応答を見ているので，高周波回路に良く用いられる．交流的には，回路の大きさの概念を考慮した「波動現象」を扱う．

【参考文献】
[1] 森口繁一，宇田川銈久，一松信，「岩波　数学公式 II」，岩波書店，p.53，1987 年．
[2] 大野克郎，「現代　過渡現象論」，オーム社，1994 年．
[3] 中村正敏，「電磁気学」，裳華房，1986 年．
[4] 後藤尚久，「なっとくする電磁気学」，講談社，1993 年．

【コラム D】 電磁気の基本法則

　このコラムでは，電気回路の基礎となっている電磁気学の基本法則を簡単にまとめておく．特に，電磁波ならびに伝送線路の信号伝搬で本質的な役割をする電磁誘導則と「磁電誘導則」については，若干，補足する説明を述べる．

　図 D-1 に電磁気の基本法則の定性的な説明を示す．①から④がマクスウェル（Maxwell）の方程式と呼ばれる 4 法則である．この 4 法則以外に，電磁気現象を考える上で重要な法則は⑤と⑥である．①は磁界の時間変動が電界を生むというファラデー（Faraday）の電磁誘導則である．②は拡張されたアンペールの法則で，アンペール－マクスウェルの法則とも呼ばれる．第 1 項は電流が磁界を生むという従来のアンペールの法則で，第 2 項が電界の時間変化が磁界を生むという電磁誘導の対となる法則であり，「磁電誘導則」とも言うことができる．この第 2 項はマクスウェルによって追加された項で，これにより電界と磁界の立場は対等となった．③は電荷とそれが作る電界に関するガウス（Gauss）の法則であり，高校で習う電荷間に働く力の法則であるクーロン（Coulomb）の法則と等価である．③に対比して，④は磁荷とそれが作る磁界に関するガウスの法則であり，高校で習う磁荷間に働く力の法則であるクーロン（Coulomb）の法則と等価である．ただし，単一磁荷は存在しないので，ガウス積分は常にゼロとなる点が，電荷とは異なる．⑤は荷電粒子が磁場中で受けるローレンツ（Lorentz）力に関する法則であり，電流の場合は中学でも習うフレミング（Fleming）の左手の法則となる．⑥はオームの法則とその拡張であるキルヒホッフ（Kirchhoff）の法則である．

　次に，①と②について若干，補足説明を行う．図 D-2 が電磁誘導を

① 磁界の時間変化は，電界を作る（電磁誘導）

② 「電流は磁界を作る」（アンペールの法則）＋
　「電界の時間変化は，磁界を作る」（"磁電誘導"）

③ ・閉曲面にそった電束密度の積分値は電荷量になる
　　（電荷はプラスとマイナスが独立に存在する）
　・力は距離の2乗に反比例
　　→ ガウスの法則＝クーロンの法則

④ ・閉曲面にそった磁束密度の積分値は常にゼロ
　　（磁荷はN極とS極を分離できない）
　・力は距離の2乗に反比例
　　→ ガウスの法則＝クーロンの法則

⑤ ローレンツ力（フレミングの左手の法則）：
　電流，運動する電荷は磁界から力を受ける

⑥ オームの法則，キルヒホッフの法則

1〜4がマクスウェルの方程式

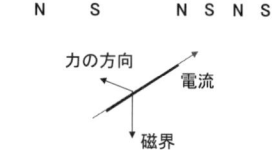

図 D-1　電磁気の基本法則

説明する図であるが，初期にはコイルを貫く磁界の変動が誘導電流を生むという認識から始まった．しかし，さらに考察を進めると，磁界の変動する「空間」に電界が発生し，その電界によってコイル内の電子が動かされて誘導電流につながる，という「場の概念」に至っている．

図 D-3 が「磁電誘導」を説明する図である．マクスウェルは容量電極間の「空間」に着目して，アンペールの法則との連続性から，「変位電流」を導入することで第2項を追加した．ただし，変位電流には，伝導電流のように電子のようなキャリアがあるわけではなく，電界の変動する「空間」に磁界が発生する，という「場の概念」をアンペールの法則になぞらえた名称である．この第2項により初めて電磁界が波動方程式を満足することが明らかとなり，電磁波の存在を予言したことは偉大な功績である．さらに，当時測定されていた光速度と電磁波の伝搬速度の類似性から，光が電磁波であることも予言したことは画期的なことである．

最後に無線通信において，搬送波（キャリア）信号に正弦波が用いられる理由を，マクスウェル方程式との関わりで考えてみよう．マクスウェル方程式の中で，電磁誘導則とアンペール−マクスウェルの法則には，

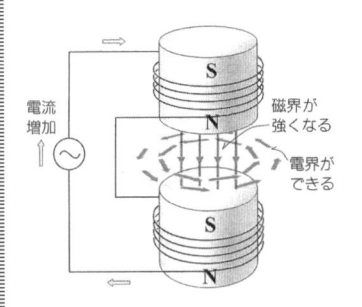

・初期には，
「コイルを貫く磁界の変動で，電流が流れる」と認識。

・さらに考察すると，
「磁界の変動する空間に電界が発生し，その電界で電流が流れる」との考えに至った。

電磁誘導　$\oint_C E ds = -\dfrac{d\Phi}{dt}$　Φは磁束

図 D-2　磁界の変化は電界をつくる ── 電磁誘導 ──

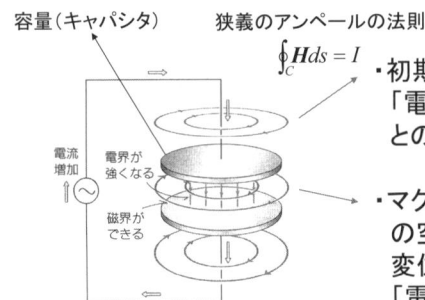

狭義のアンペールの法則
$\oint_C H ds = I$

・初期には，
「電流の回りには磁界が生じる」とのみ認識。

・マクスウェルは容量（コンデンサ）の空間について考察することで，変位電流の概念を導入して，「電界の変動する空間に磁界が発生する」と考えた。

"磁電誘導"　$\oint_C H ds = \dfrac{d\Psi}{dt}$　Ψは電束

図 D-3　電界の変化は磁界をつくる ── 磁電誘導 ──

マクスウェルの方程式の重要な2式には時間の微分が入る

① 電磁誘導 $\oint_C E ds = -\dfrac{d\Phi}{dt}$ Φ は磁束

② アンペール・マクスウェル
の法則(磁電誘導) $\oint_C H ds = I + \dfrac{d\Psi}{dt}$ Ψ は電束

$\begin{cases} \dfrac{d(\sin \omega t)}{dt} = \omega \cos \omega t \\[6pt] \dfrac{d(\cos \omega t)}{dt} = -\omega \sin \omega t \\[6pt] \omega = 2\pi f : \text{角周波数}(rad/s) \end{cases}$

➔ 正弦波の時間微分がまた正弦波になることが大きな特色。
　他の関数の場合、別の形に変わってしまう。(指数関数は例外)

図 D-4　なぜ正弦波がキャリアに選ばれるか

時間微分の項が入っており，これらの項が電磁波発生の本質であった．正弦波(sin, cosin 波)は，図 D-4 に示すように，位相・振幅を別として，時間微分により形が変化せず相似形である．すなわち，送信機で発生したキャリア信号と同じ周波数，帯域幅の電波が空間を伝搬できる．このことは複数のユーザ，放送局にチャンネル周波数を割り当てることで，多重化が可能なことを意味する．仮に方形波をキャリア信号に使うと，微分回路を通過した波形になり，極端な場合には，正負のインパルスが交互に繰り返す波形となり，方形波と大きく異なってくる．

● 演 習 問 題 ●

1. 図 6-7 でポインティング・ベクトル P を図示せよ．

2. 図 6-9 の条件(d)の場合について，原点における電圧のオームの法則を解いて，定在波と比較せよ．

第7章 Si基板の高周波での振舞いとオンチップ・インダクタ

次の第8章から，CMOSプロセスを用いたRF要素回路を設計する場合のポイントと設計事例を解説していく．そこで本章では回路設計の基礎として，RF回路の省電力化の考え方ならびに，Si基板の高周波での振舞いとその回路特性への影響を整理した後に，オンチップインダクタについて試作例を含めて解説する．

7.1 RF回路の省電力化の考え方

ここでは，RF回路における省電力化の考え方をまず整理しておく．RF回路はアナログ回路なので，ディジタル回路とは異なり，電源電圧の2乗に消費電力は比例しない．RF特性を維持するためには一定以上のバイアス電流が必要であるので，むしろ電源電圧に比例して消費電力が変化する．したがって，図7-1のRF回路ブロック内のハッチで示した小信号動作回路については，電源電圧を下げることで省電力化が図れる．しかし，パワーアン

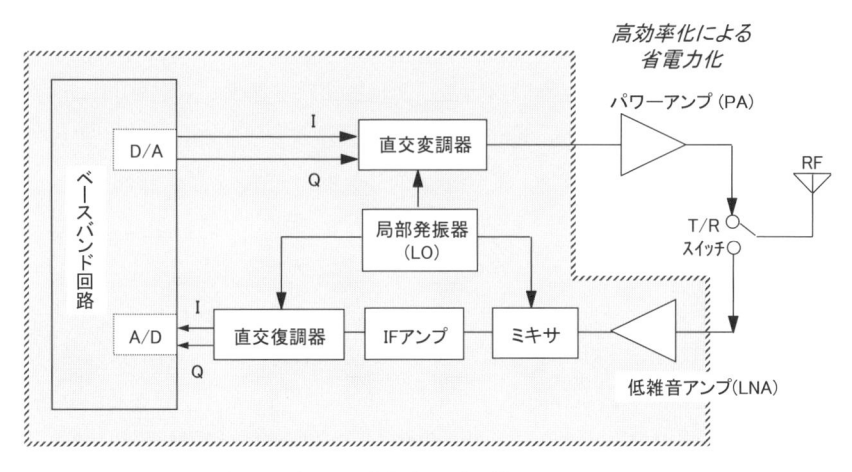

低電圧動作による省電力化が可能

図7-1 RF回路における省電力化手法

RF周波数は高いが，ベースバンド周波数は低いので，基本的に狭帯域で良い
⇒LC同調（タンク）回路が負荷回路の基本
　LCタンク回路は共振周波数では高インピーダンス：Q大ほど大
　より低いg_m（低電流）で同一の利得特性（$g_m z_0$）が可能

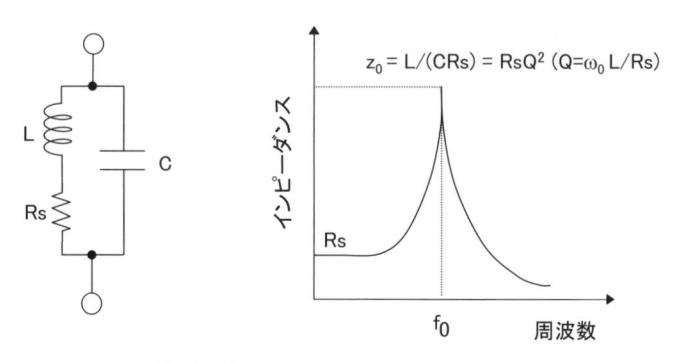

(a) LCタンク回路の等価回路　　(b) インピーダンス特性

図7-2　消費電力から見たRF回路の特長

プは電池からの直流電力を所望のRF信号電力へ変換する「電力変換回路」なので，「高効率化」が重要である．仮に電源電圧を下げても，所望のRF信号電力は一定なので，消費電流が増えることになる．この状態では寄生抵抗による影響が増大するので，効率は下がるおそれがあり得策ではない．

　RF信号を扱う，パワーアンプ，低雑音アンプ，ミキサ，局部発振器などでは，LC同調回路（タンク回路，並列共振回路）が負荷などに利用される．等価回路を図7-2（a）に示す．ここで，R_s はインダクタの持つ寄生直列抵抗であり，LCタンク回路のQ値を決める．インピーダンス特性は図7-2（b）に示すように，共振周波数 $\omega_0 = 1/\sqrt{LC}$ においてピーク値 z_0 をとる．ピーク値 z_0 は純抵抗になり，$z_0 \cong R_s Q^2$ で与えられる大きな値となる．増幅器の利得は，トランジスタの相互コンダクタンスを g_m として $g_m z_0$ により与えられるので，同じ g_m であればQ値が大きいほど利得を大きくできるのが特長である．または，利得が一定という条件であれば，g_m を下げることができ，省電流化（省電力化）が図れる．このように，RF回路では受動素子，特にインダクタの高Q化が省電力化にも大きく寄与してくる．

7.2 Si 基板の高周波での振舞い

シリコン(Si)基板は電気伝導性があり，半絶縁性を持つ GaAs 基板とは異なるので，高周波における振舞いと回路特性への影響を考察しておくことが重要になる．インダクタ，容量などの受動素子から寄生素子を介して Si 基板内に注入された信号が，Si 基板の抵抗成分によりジュール熱となって消費され，信号のロスを生じる．更に，高周波信号用の入出力パッドにおいても，容量性結合を介して基板内へ一部の信号が注入されて信号ロスを生じる．例えば，パワーアンプの場合，0.5dB の信号電力ロスが 10% もの効率減少につながる．

本節では，シリコン基板上のパッドモデルを通して，基板抵抗が信号ロスへ与える影響を考察する．その前に，抵抗率 ρ と誘電率 ε を持つ物質としての Si 基板を考える（図 7-3）．半絶縁性基板の抵抗率 ρ は非常に大きく影響を無視できるが，Si 基板では考慮する必要がある．図 7-3 の直方体を流れる全電流は，伝導電流と変位電流に分けることができる．伝導電流は抵抗率 ρ に基づく抵抗性電流でモデル化され，変位電流は誘電率 ε（真空の

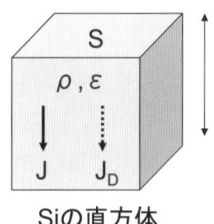

伝導電流 J
$$JS = \rho^{-1}ES = (S/l\,\rho)El = (\rho\, l/S)^{-1}V = V/R : 抵抗性$$

変位電流 J_D
$$J_D S = \varepsilon\, dE/dt\, S = (\varepsilon S/l)\, d(El)/dt = C\, dV/dt : 容量性$$

Si の直方体

$E = E_0 \sin \omega t$ のとき，J と J_D の絶対値が等しい条件：
$$\omega \tau = \omega \rho \varepsilon = 1$$

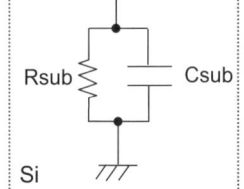

等価回路との関係：
$$\tau = \rho \varepsilon = R_{sub} C_{sub}$$

等価回路

図 7-3 物質中の伝導電流と変位電流

シリコン基板の抵抗率，10～30Ωcmは GHz 帯 RF 信号にとってロスにつながる．
・NF，電力効率，Q値に悪影響．
・抵抗ゼロか無限大抵抗が理想．
・前者はパッドのメタルシールド，後者は高抵抗基板で模擬できる．

(a) パッドの等価回路

$\tau = R_{sub} \cdot C_{sub} = \rho\varepsilon$

(b) 信号ロス特性の模式図

ピーク値

$$\frac{1}{2}\frac{C_{ox}^2}{(C_{ox}+C_{sub})^2 R_{sub,p}}|v_i|^2 \ @ \ \omega(C_{ox}+C_{sub})R_{sub,p}=1$$

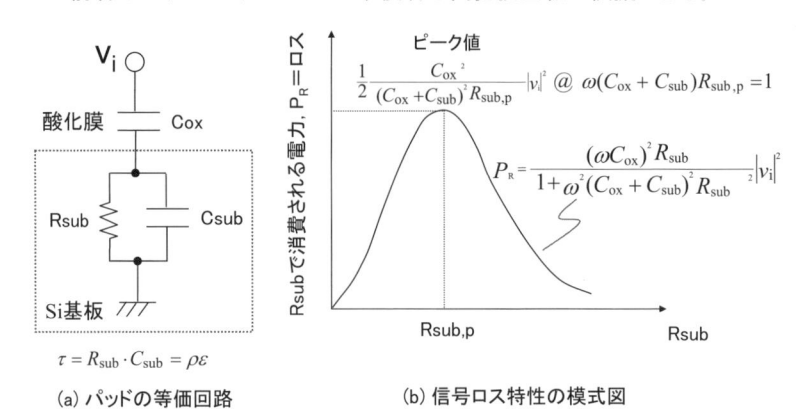

$$P_R = \frac{(\omega C_{ox})^2 R_{sub}}{1+\omega^2(C_{ox}+C_{sub})^2 R_{sub}^2}|v_i|^2$$

図7-4　Si 基板による信号ロス

誘電率にシリコンの比誘電率をかけたもの）に基づく容量性電流としてモデル化できる．したがって，基板抵抗 R_{sub} と基板容量 C_{sub} の並列回路により，集中定数的に Si 基板をモデル化できる．基板抵抗と基板容量の値は，$R_{sub} \cdot C_{sub} = \rho \cdot \varepsilon \equiv \tau$ を介して物理定数と関連付けることができる．ここで，τ はマックスウェル（Maxwell）の緩和時間と呼ばれ，キャリア分布の過渡応答，周波数応答を特徴付ける重要なパラメータである[1]．$\omega\tau = 1$ のときには，伝導電流と変位電流が等しくなる．すなわち，等価回路で言えば抵抗 R_{sub} を流れる電流と容量 C_{sub} を流れる電流の大きさが等しくなる．低周波では Si 基板は抵抗的に見えるが，$\omega\tau = 1$ を境にしてより高周波では，容量性が強まり誘電体的になってくることを意味している．このように，Si 基板は抵抗率と周波数により振舞いが大きく異なってくるので取扱いに注意が必要である．次に LSI と外部とで信号をやりとりするパッドについて特性への影響を考察する．

図7-4（a）にはパッドの集中定数モデルを示す．パッド容量は C_{ox} で表現され，シリコン基板は抵抗 R_{sub} と容量 C_{sub} の並列回路でモデル化している．パッドに注入された RF 信号の一部は抵抗 R_{sub} で消費されジュール熱にな

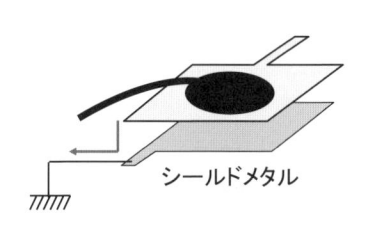

第7章 Si基板の高周波での振舞いと オンチップ・インダクタ　105

シールドメタル

信号のもれ成分はグランドへ

⇒抵抗成分がないのでロスがゼロ
　寄生容量(C_{ox}')は，共役整合でキャンセル

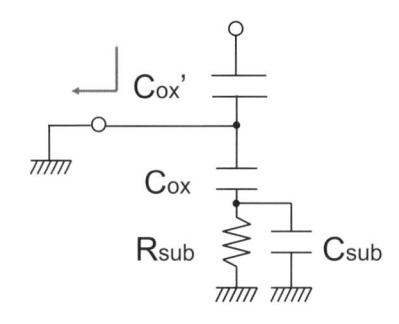

パッドの構造

パッドモデル

図7-5　シールド付きパッド

り信号ロスになる．いわば，「覆水盆に返らず」の状態である．図7-4 (a) の等価回路を基に抵抗成分で消費される電力すなわち信号ロスを計算すると，基板抵抗に対応する R_{sub} の依存性が，図7-4 (b) のようにピーク値を持つ．動作周波数 ω が与えられると，$\omega(C_{ox}+C_{sub})R_{sub,p} = 1$ からピーク時の $R_{sub,p}$ が求まる．通常用いられるシリコン基板の抵抗率 $10 \sim 30 \Omega \text{cm}$ では，損失の大きい領域に入る．パッドモデルとは異なるが，文献2ではシリコン基板上のコプレーナ線路(信号線がグランド面ではさまれている分布線路)の信号ロスについて，電磁界シミュレーションを用いてより定量的に求めている．周波数が5.8GHzの場合，基板抵抗率が $5\Omega\text{cm}$ のときに信号ロスがピーク値を持つ結果が得られている．図7-4 (b) からパッドに関しては，理想的にはゼロ Ωcm に近い基板抵抗を用いるか，無限大の基板抵抗を用いればロスを小さくできることがわかる．前者を模擬する手法としては，パッドの下にグランド電位の低抵抗層を敷き，電気的にシールドする手法が実用的である．低抵抗層にはメタル層[3]あるいは低抵抗化したシリコン表面[4]が用いられている．図7-5には第1層メタルをシールド層にした場合の模式図を示す．パッドに流れ込んだRF信号はSi基板には行かずほとんどがシールド層を経由してグランドに逃げる．したがって，パッドの等価回路は純容量性 C_{ox}' になり，抵抗によるロスはなくなる．容量値はシールド前より大きくなるが，

インダクタによるマッチング(共役整合)などで影響をキャンセルできる．しかし，インダクタの下に低抵抗層のシールドを用いる手法は，電磁誘導によって低抵抗層に渦電流が流れ，インダクタンスを減少させる方向の磁界が生じるので好ましくない．一方，無限大の基板抵抗に近づけるためには，高抵抗基板の利用が実用的である．この場合は，パッド，インダクタ共に信号ロスを低減可能である．次節では，SOI基板を用いた場合の高抵抗基板のインダクタに対する効果も紹介する．

7.3 オンチップ化したインダクタの特性と高抵抗基板の効果

前述したようにSi基板上のインダクタはRF回路の重要かつ特徴的な受動素子である．ここでは，実際のオンチップインダクタの特性を紹介していく．用いたプロセスは0.2μmルールのCMOS/SOI (Silicon on Insulator) プロセスである．図7-6にトランジスタの断面構造を示す．トランジスタが形成される表面シリコン層は50nmと薄く，完全空乏型(ソースとドレイン間のシリコン層が空乏化している)である．完全空乏型SOIデバイスは，基板バイアス効果が小さいなど低電圧動作に適し，カットオフ周波数f_Tは

RF応用の観点から見た特徴
- 低電圧でgm/Idが高い
- ノンドープ(デプレッション)FETの作製が容易
- 高抵抗基板の使用が容易
- 基板バイアス効果が小さい

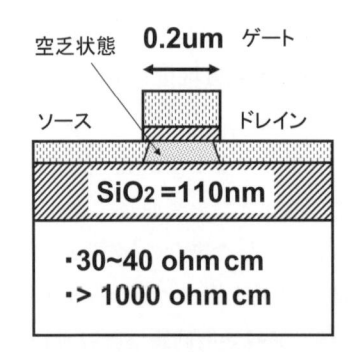

ゲート酸化膜：	5 nm
表面シリコン厚：	50 nm
配線：	5層アルミ
f_T :	40 GHz (V_{DS}= 1V)

SiO$_2$ =110nm
・30~40 ohm cm
・> 1000 ohm cm

図7-6　CMOS/SOI技術

- 低抵抗化のために
  アルミ配線をスタックで利用

  →2/3/4/5層スタック

- 基板ロスの低減

  → 上層利用 (2/3/4/5)
  → SOI高抵抗基板 (>1 kΩ)

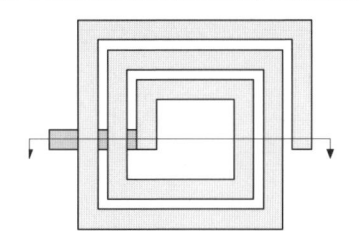

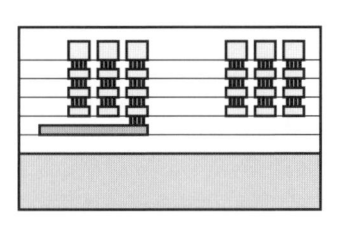

図7-7　オンチップインダクタの構造

1V 電圧時に 40GHz である．SOI 構造の場合，支持する Si 基板は酸化膜 (110nm) により絶縁されているので，高抵抗基板の利用が容易である．配線はアルミ 5 層により形成され，最上層は厚めになっている．

インダクタは，図 7-7 に示すようにアルミ配線をスパイラル状に巻いて形成している．配線抵抗が Q 値を決めるので，多層配線をスタック状に構成するのが標準的である．ここでは，2 層から 4 層を同じ形でスタックしており，アルミの合計膜厚は約 4μm である．1 層目は信号取出しに用いている．回路シミュレーションへインダクタを導入するためには，種々の寄生効果をモデル化する必要がある．図 7-8 には Si 基板の影響も考慮した π 型モデルを示す．ここで，R_s はインダクタの寄生直列抵抗であり低周波での値（一定値）である．寄生並列容量 C_p はインダクタの自己共振を模擬するための容量であり，アルミ配線間の容量などに起因する．図 7-4 と同様に Si 基板は抵抗と容量との並列回路で表現している．

次に実測したインダクタ特性について考察する．実測した s パラメータを y パラメータに変換することで，インダクタをインピーダンス（アドミッタンスの逆数）で表現できる．図 7-9 のように周波数依存性のある抵抗 r_s とインダクタ L の直列等価回路で表現すると，インダクタの Q 値は (7.1) 式で与えられる．グラフ上の Q 値も (7.1) 式で求めている．r_s は種々の寄生効果

シリコン上インダクタの寄生素子

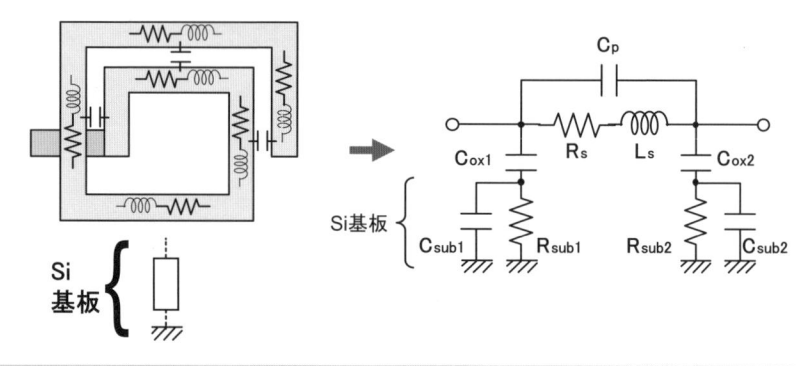

図7-8 集中定数モデル(回路シミュレーション用)

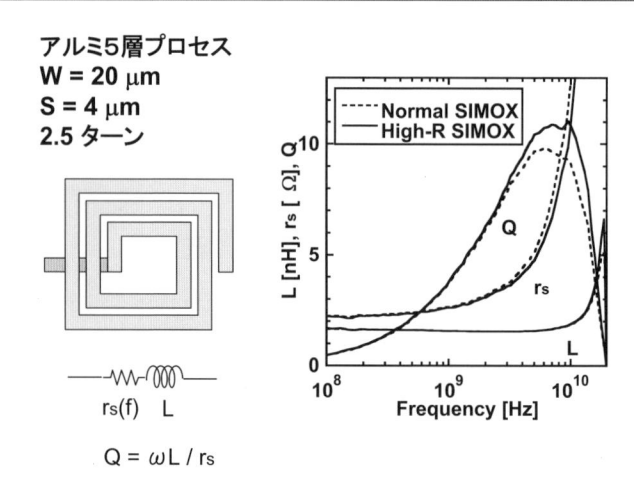

アルミ5層プロセス
W = 20 μm
S = 4 μm
2.5 ターン

$Q = \omega L / r_s$

表皮効果,基板ロスが$r_s(f)$に繰り込まれている

図7-9 インダクタの特性

を反映した値であり,アルミ配線の直流抵抗R_sと「表皮効果」による増加分,ならびにSi基板内での信号ロスを抵抗値に見立てた成分などが含まれる.この信号ロスは,容量性結合によってインダクタからSi基板へ信号が注入されて生じるロスと,電磁誘導によりSi基板内に発生した渦電流損などに起因する.なお,表皮効果の定性的な考え方は図7-10のところで説明する.

第 7 章　Si 基板の高周波での振舞いと オンチップ・インダクタ　109

- 導線の全電流 i
- 電流密度分布 J

- 電流 i が増加するとき、
  長方形 abcd を貫く磁束（表から裏へ）が増加．
  → 矢印の向きに逆起電力（渦電流）が生じる．
  （磁束が裏から表に向かうように）
  導線の表面では電流の向きと同じで
  あるが中心部では電流と反対の向き．
  → 表面では電界は強くなり，中心部では
  弱くなる電流分布が生じる．

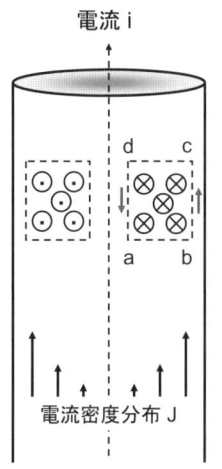

図 7-10　表皮効果の定性的な考え方

さらに，定量的な扱いについては，「コラム E」を参照していただきたい．

$$Q = \frac{\omega L}{r_s} \tag{7.1}$$

(7.1) 式からわかるように，アルミ配線の厚膜化と高抵抗基板の利用は r_s を下げ，Q 値の増加に有効である．実測した Q のピーク値は周波数が 5〜6GHz の領域で見られ，通常抵抗基板（抵抗率 30〜40Ωcm：Normal）の場合は 9.5，高抵抗基板（抵抗率 1kΩcm 以上：High-R）では 11 なので，高抵抗化の効果はある程度見られる．高抵抗基板での改善度が小さいのは，LSI 製造プロセスの中で支持基板（SIMOX 基板）の抵抗率の制御が十分ではなかったためと判断している．なお，SIMOX とは Separation by IMplanted Oxygen の略称で，酸素イオン注入による SOI 基板の作製手法を意味する．周波数が 10GHz 近傍になると，アルミ配線の表皮効果や Si 基板内でのロスが大きくなり r_s を増大させて Q 値が下がり始める．さらに 20GHz 近傍では，図 7-8 の等価回路で言えば並列容量 C_p などが効いてくるために自己共振に近づき，インダクタとしての機能はもはや果たさない状態にある．

最後に，導線内に生じる表皮効果の定性的な考え方を，図 7-10 を用いて簡単に述べておく．円柱状の導線を電流が上向きに流れているとする．次に，

中心線を通る断面内で，長方形 abcd を考える．磁界の向きは，この長方形の表から裏に向かう．今，電流が増加する局面を考えると，電磁誘導により矢印の方向に逆起電力が生じ，渦電流が発生する．この渦電流は磁界の増加を妨げる方向に流れる（レンツ（Lenz）の法則）．したがって，導線の表面付近では，渦電流と本来の電流の向きは同じであるので加算されるが，中心部では，渦電流が本来の電流を打ち消す方向に流れようとする．このようなメカニズムで，中心部に行くほど電流密度が小さくなるという表皮効果を生じる．

本章では，Si を用いるときの留意点を明確にするために，高周波での Si 基板の振舞いと回路特性への影響を考察した後に，オンチップインダクタの実例を中心に解説した．

【参考文献】
[1] 例えば，中山正敏著,「電磁気学」, 裳華房, 2001 年.
[2] M. Ono, N. Suematsu, S. Kubo, K. Nakajima, Y. Iyama, T. Takagi, and O. Ishida, "Si Substrate Resistivity Design for On-Chip Matching Circuit Based on Electro-Magnetic Simulation," *IEICE Trans. Electron.*, vol.E-84-C, no. 7, pp. 923-930, July, 2001.
[3] A. Rofougaran, J. Y.-C. Chang, M. Rofougaran, and A. A. Abidi, "A 1 GHz CMOS Front-End IC for a Direct-Conversion Wireless Receiver," *IEEE J. Solid-State Circuits*, vol. 31, no. 7, pp. 880-889, July, 1996.
[4] G. Hayashi, H. Kimura, H. Simomura, and A. Matsuzawa, "A 9mW 900MHz CMOS LNA with Mesh Arrayed MOSFETs," *1998 Symposium on VLSI Circuits*, 8.2, pp. 84-85, June, 1998.
[5] 例えば，中山正敏著,「基礎演習シリーズ 電磁気学」, 裳華房, 2001 年.

【コラム E】 金属やシリコンの表皮効果

金属やシリコン内の電磁波の振舞いを考察する．金属配線の表皮効果は，周波数が高くなるほど電流分布が配線断面の周辺に集中することで，実効的な電気抵抗が高くなる現象として知られている．
ここでは，図 E-1 に示すように半無限物質内への電磁波の進入という形でモデル化する．半無限物質は誘電率 ε，抵抗率 ρ を持つ一様な媒体で，金属やシリコンをモデル化している．垂直方向に電磁波が進行する場合，物質内では電磁波が減衰するという解がマクスウェルの方程式により得られる[5]．定性的に言えば，物質の持つ有限の抵抗率のために電流が流れることでジュール損が発生して，電磁波のエネルギーが進行と共に失われる現象が起きる．

電界／磁界の振幅の減衰を表す項は，$\exp\left(-\dfrac{\omega k}{c_0} z\right) = \exp\left(-\dfrac{z}{d}\right)$ で与

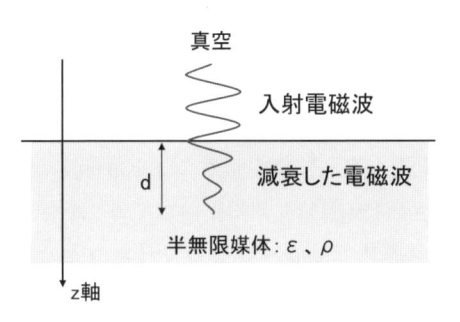

ε と ρ を持つ半無限媒体中で z 方向の電磁波は減衰：$\exp\left(-\dfrac{\omega k}{c_0} z\right) = \exp\left(-\dfrac{z}{d}\right)$

- 表皮厚　$d = \dfrac{c_0}{\omega k}$
- $k^2 = \dfrac{1}{2} \varepsilon_r \mu_r \left(\sqrt{1 + \dfrac{1}{\omega^2 \tau^2}} - 1 \right)$
- $\tau = \varepsilon \rho = \varepsilon_r \varepsilon_0 \rho$：マクスウェルの緩和時間．伝導電流＝変位電流のとき，$\omega \tau = 1$

c_0：光速度
ε_r：比誘電率
μ_r：比透磁率（≒1）
$\mu = \mu_r \mu_0, \quad \varepsilon = \varepsilon_r \varepsilon_0$

図 E-1　表皮効果の計算モデル

Case1: $\omega\tau \ll 1$
通常の良導体に対応:金属, 低抵抗Si基板

$$d \cong \sqrt{\frac{2\rho}{\omega\mu}}$$

金属
・例:f=1GHz, 銅:d=2.1μm, アルミ: d=2.7μm
　　　（銅の ρ =1.72 x 10^{-6} Ωcm）

完全導体: ρ=0→d=0
　　（完全導体中には電磁波が存在しない）

シリコン
・例1:f=1GHz, ρ=10Ωcm Si ⇒ d=5.04mm
・例2:f=1GHz, ρ=0.1Ωcm Si ⇒ d=504μm

Case2: $\omega\tau \gg 1$
誘電体的に振舞う:高抵抗Si基板

$$d \cong 2\sqrt{\frac{\varepsilon}{\mu}\rho} \quad \text{（周波数依存なし）}$$

・例:f=1GHz, ρ=1kΩcm Si ⇒ d=18.4cm

図 E-2　金属，シリコンの表皮効果

えられる．ここで，$d = \dfrac{c_0}{\omega k}$ を表皮厚と呼び，電磁波の進入度合いを表している．初めに，金属のように抵抗率が低い場合（図 E-2 の Case 1）を考える．定量的には $\omega\tau \ll 1$ とおけるので，図 E-1 に示した k を展開することで表皮厚の近似解が，$d \cong \sqrt{\dfrac{2\rho}{\omega\mu}}$ と求まる．周波数が高いほど表皮厚は小さくなり，電流も表面に集中することを意味する．周波数が 1GHz の場合，銅で $d = 2.1 \mu m$，アルミで $d = 2.7 \mu m$ と小さく LSI の配線厚み程度となる．完全導体では $\rho = 0$ なので $d = 0$ となり，電磁波が進入できないことが表皮効果からもわかる．低抵抗 Si 基板の場合にも条件（抵抗率と周波数）によっては，この近似式が使える．周波数が 1GHz の場合，Si 基板の抵抗率が 0.1 Ω cm と小さいときには，表皮厚は $504 \mu m$ と Si 基板の厚みほどになる．

次に抵抗率が高い，$\omega\tau \gg 1$ の場合（図 E-2 の Case 2）を考える．具体的には高抵抗 Si 基板などがこの条件に対応する．やはり，k を展開することで表皮厚の近似解が，$d \cong \sqrt{\dfrac{\varepsilon}{\mu}\rho}$ と求まる．特徴的なことは周

波数依存性がなくなることである．この近似において，物質は損失のある誘電体のように振舞う．例えば Si 基板の抵抗率が $1\mathrm{k}\Omega\,\mathrm{cm}$ と大きくなると，表皮厚は 18.4cm と大きく，表皮厚と呼ぶにはふさわしくない厚みになる．

● 演 習 問 題 ●

1．図 7-2 (a) の並列共振回路において，共振周波数ではインピーダンスが $Q^2 R_\mathrm{S}$ と近似できることを証明せよ．

2．図 7-2 (a) の並列共振回路において，寄生抵抗 R_S の熱雑音は共振時にはどのように現れるか．

3．図 7-4 に示すパッドモデルにおいて，抵抗成分での消費電力と最大条件を計算せよ．

第8章 RF 要素回路の設計手法

前章では，RF 回路の省電力化の考え方ならびに，Si 基板の高周波での振舞いとその回路特性への影響を整理した後に，オンチップインダクタの実例を解説した．本章からは，具体的な CMOS RF 回路の設計手法について基本的な考え方を述べていく．

8.1 雑音指数と相互変調歪

低雑音アンプ（LNA）やミキサなど受信系の重要な評価尺度は，雑音指数と歪特性である．雑音指数は，入力における信号対雑音比 S_{in}/N_{in} を出力における信号対雑音比 S_{out}/N_{out} で割った量であり，次の2種類の式で定義される．真値で表現するのが Noise Factor（F）であり，対数値（dB）での表現が Noise Figure（NF）である．多段化されたシステムの NF を求めるには真値の F で計算していくが，最終的な値は NF（dB）で表現することが多い．

$$\text{Noise Factor} = \frac{S_{in}/N_{in}}{S_{out}/N_{out}} \tag{8.1}$$

$$\text{NF(dB)} = 10 \log \frac{S_{in}/N_{in}}{S_{out}/N_{out}} \tag{8.2}$$

無線システムにおける歪特性は，奇数次の歪，とくに3次歪の影響が重要になる．3次歪が回路に存在するときに，図8-1の左図に示したように，周波数間隔が Δf にある2つの同レベルの信号が入力されると，左右に Δf 離れた周波数に相互変調歪成分 IM3 が生じる．これは，数学的に見ると，$x = \cos \omega_1 t, y = \cos \omega_2 t$ とおいたときに，$(x+y)^3 = x^3 + \underline{3x^2 y} + \underline{3xy^2} + y^3$ の展開式で第2項および第3項が相互変調歪に関係している．実際の通信では，周波数間隔が Δf にある2つの同レベルの信号を隣接チャネルならびに次隣接チャネル信号に対応させると，相互変調歪成分が受信したい希望信号に重なり妨害波となり得る．したがって，無線通信では3次歪の影響が最も大きい．IM3 を定量的に表現する場合は IP3（3rd-order Intercept Point,

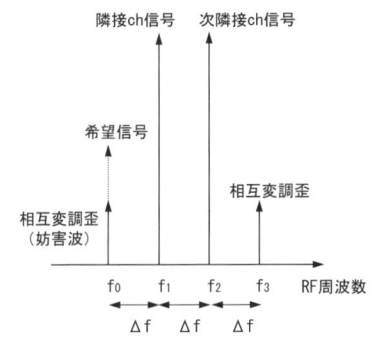

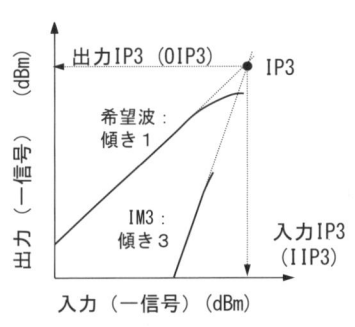

図 8-1　相互変調歪(奇数次)

由来：$(x+y)^3 = x^3 + 3x^2y + 3xy^2 + y^3$

3次インターセプトポイント)を用いる．周波数間隔が Δf にある2つの信号を同じレベルに保ちつつ，パワーを増加していくと，図 8-1 の右図に示したような曲線が得られる．入力信号(ここでは希望波と表記)は傾きが 1 で増加し，IM3 成分は 3 次歪成分なので，傾き 3 で増加する．IP3 はこれらを直線で外挿したときの仮想的な交点と定義する．入力から見るときは IIP3 (Input IP3) で，出力から見るときは OIP3 (Output IP3) と区別して表記する．

8.2　送受切替えスイッチ

Bluetooth など，送受信が時間軸上で交互に実行される TDD (Time Division Duplex) 方式では，送受切替えスイッチ (T/R SW) がアンテナと RF トランシーバ間に必要になる．MOS FET はゲート電圧の制御により，ソース・ドレイン間のオン／オフを容易に切替えられるので，T/R SW 応用に適している．更に，SOI 構造の場合，基板とトランジスタ間の寄生容量が小さいので，高周波領域においてポート間のアイソレーションを高くできる可能性を持つ．

図 8-2 には，SOI 上の NMOS を用いた SPDT (Single-Pole Double-

Throw）型の T/R SW の回路図を示す．アンテナ端子を送信機または受信機へ切替える役割を持つ．ゲート端子のインピーダンスが低いと信号が漏れるので，抵抗を直列に入れてインピーダンスを高くしている．制御用のゲート電圧は 0V と 1V でる．図 8-3 にはオン／オフ時の伝達特性の実測値を示す．SOI デバイスは 0.35μm ルールであり，比較のために 0.18μm バルク CMOS の測定例も同時に示す[1]．2GHz 付近における SOI のアイソレーション特性は，バルクと比較して 6dB ほど向上して，30dB 以上得られている．更に，4GHz 以上の領域ではオン時の挿入損失も SOI の方が数 dB 程度良好である．

次に 2 信号を用いた相互変調特性（IM）を図 8-4 に示す．これは 0.2μm ルール SOI デバイスを用いた 2.4GHz における実測値である．ゲート制御電圧は 1V と小さいレベルではあるが，T/R SW の 3 次歪みによる 3 次インターセプトポイントは，入力レベルで 10dBm 以上が得られている．T/R SW の場合，相互変調歪は送信，受信ともに妨害波の発生につながるので，注意が必要である．以上，実測によっても，T/R SW 実現における SOI デバイスの優位性が確認された．

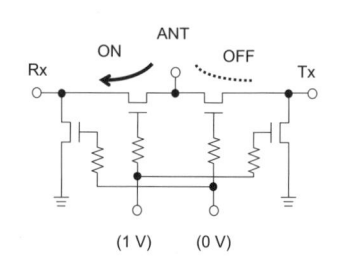

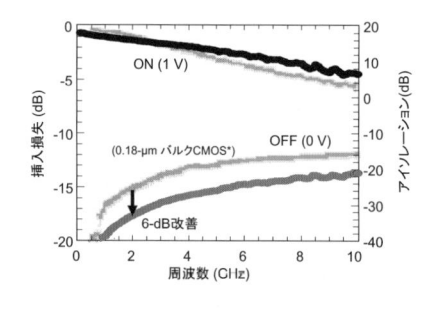

図 8-2　SPDT 型の T/R SW

K. Yamamoto et al., IEEE JSSC, Aug. 2001

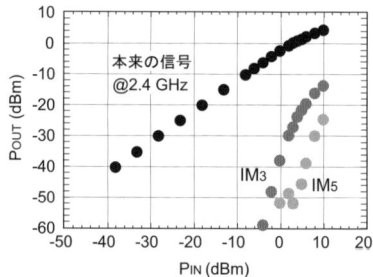

図 8-3　T/R SW の伝達特性

図 8-4　T/R SW の歪み特性

8.3 送信用パワーアンプ

まず，パワーアンプに要求される性能について図8-5の模式図をもとに整理していく．図の横軸はパワーアンプの入力電力を示し，左の軸には出力電力と電力付加効率を示す．ここで，電力付加効率とは，電源からの直流電力が正味のRF電力(出力から入力を引いた量)に変換される割合を表す最も一般的な効率の定義である．一方，ドレイン効率ではRF出力電力しか考慮しないので，パワーアンプの利得が低いときには，公平な指標とはならない．右側の軸には低パワー入力時を基準とした位相の相対変動(位相偏差)を示している．低入力パワー時には線形領域にあり，出力パワーは入力に比例する．このとき位相偏差もほぼゼロである．一方，入力パワーが大きくなり出力が比例しない領域に入ると波形が歪み始める(第2章でも説明したAM-AM変換)．このときエネルギーが歪み成分へ奪われるので，出力レベルの増加が小さくなり出力飽和領域に入っていく．この領域では，一般に位相偏差も増大する現象が見られる(AM-PM変換)．効率に関しては飽和領域に入った当りでピークとなり，省電力化が可能であるが，第2章で述べたように非線形現象のために変調精度の劣化(EVMの増加)や隣のチャネルへの妨害とな

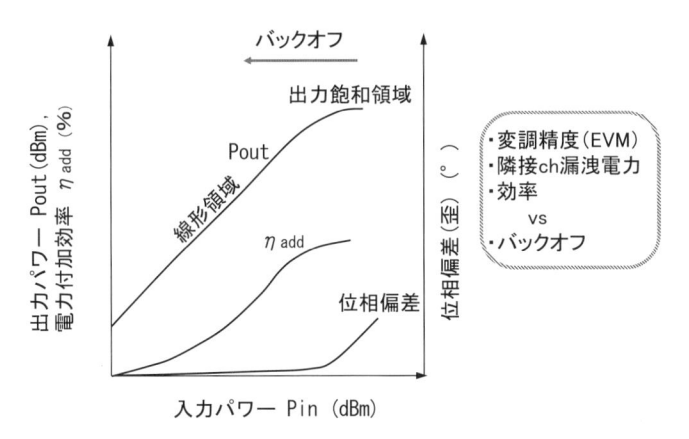

- 電力付加効率： $\eta_{add} = (P_{out} - P_{in})/P_{dc} * 100$ (%)
- ドレイン効率： $\eta_d = P_{out}/P_{dc} * 100$ (%)

図8-5 パワーアンプ入出力特性の模式図

```
   Vout
    ～
   ─── Vdd
   ─── GND
```

出力電圧はVddを中心に変動

2段構成パワーアンプの特性
Pout (peak) = 23.5 dBm
PAE (peak) = η_{add} = 45 %
Pd = 497 mW（推定値）
プロセス：0.18 μm CMOS

最終段の構成

自己バイアス法：
M1とM2の耐圧確保

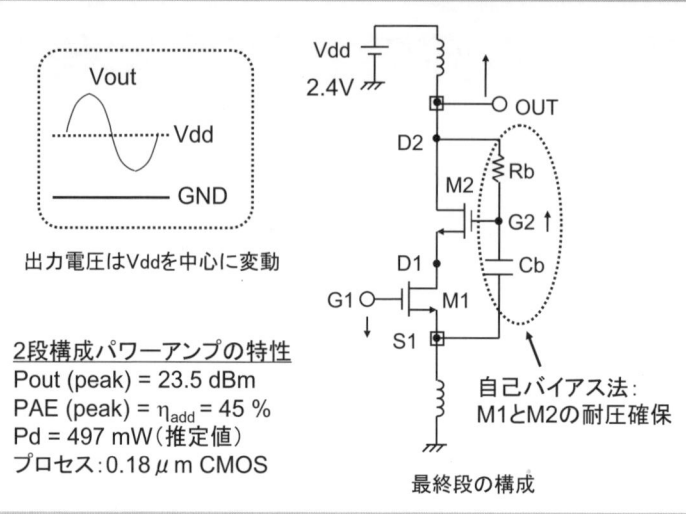

図8-6　2.4GHz帯カスコード型パワーアンプ

る隣接チャネル漏洩電力の増加を招く．したがって，BPSK，QPSKなど包絡線変動を伴う変調方式の場合には，適切なバックオフ点に入力レベルを設定する必要がある．

　次にBluetoothを例に取り，CMOSプロセスによるパワーアンプの設計事例を述べていく．BluetoothのClass 1では100mWの送信電力を要求し，100m程度の通信距離を保証する．完全空乏形CMOS/SOIでは耐圧がバルク素子より低くなるので，100mW級のパワーアンプには適していない．一方，バルクCMOSの微細化により，2.4GHz帯のパワーアンプも実現可能になってきた．PhilipsのグループがISSCC 2002で発表した2.4GHz帯NMOSパワーアンプの基本構成（1段分）を図8-6に示す[2]．挿入図に示すようにパワーアンプでは電源電圧を越えて出力が変化する．更に，0.18μmの標準CMOSプロセスを用いているのでトランジスタの耐圧が低下してきている．そこで，特にドレイン・ゲート間の耐圧低下をカバーするように，新たな自己バイアス手法をカスコードアンプに適用している．出力振幅のある割合に応じてM2のゲート電圧も変化させることで，ゲート・ドレイン間への高電圧印加によるブレークダウンを防いでいる．実際のICは2段構成で，電源電圧が2.4Vのとき23.5dBm（約224mW）のピーク出力を持ち，その

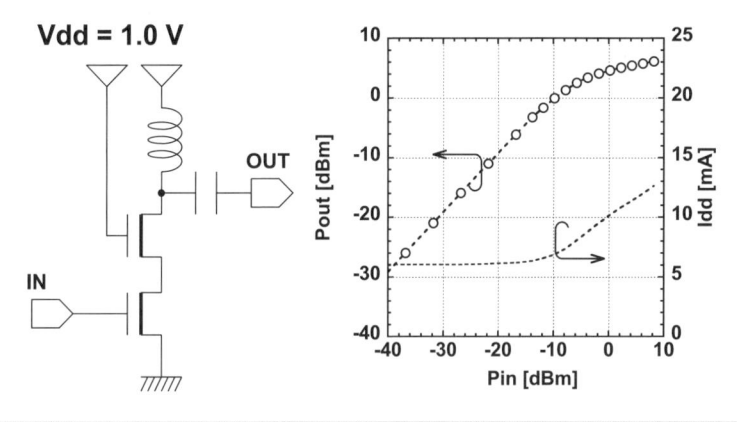

図8-7　1V 動作 CMOS/SOI パワーアンプ

ときの電力付加効率は 45% である．

　次に述べるのは，完全空乏型 0.2μm CMOS/SOI での試作結果に基づく Bluetooth Class 3 向けの 1V 動作 NMOS パワーアンプの事例である．図8-7 に回路図と入出力特性の実測値を示す．右の軸は消費電流に対応している．NMOS トランジスタ 2 個を縦積みにしたカスコード構成である．入力が 0dBm（1mW）のとき，出力はほぼ飽和しており約 5dBm（約 3.2mW）となるので，電力付加効率は約 22% となる（消費電力は 10mW）．Bluetooth では包絡線変動のない GFSK 変調を用いるので，パワーアンプは飽和領域で使用できる．したがって，上記の出力と電力付加効率で動作させることが可能である．

　今まで述べてきた例は，定包絡線変調向けであった．帯域制限された QPSK や QAM 方式では，バックオフを設けて線形増幅器とする必要がある．しかし，効率が下がるので，線形性を維持しつつ高効率化を実現するための線形化技術が古くから検討されてきている[5, 6]．最近では，CMOS RF 回路やディジタル回路の進展が後押しとなって，これらの技術が再度，見直されてきている．【コラム F】では，EER（Envelope Elimination and Restoration）[7]，ポーラ変調（Polar modulation）[8]，LINC（Linear Amplification with Nonlinear Components）[9] の概要を紹介する．共通する基本的な思想は，変調波 $RF(t) = A(t)\cos[\omega_c t + \phi(t)]$ を，振幅変動成分

（ベースバンド帯域）$A(t)$ と位相変調を含む RF キャリア成分 $\cos[\omega_c t + \phi(t)]$ に分けた後に，増幅・合成して変調波とする考え方である．このようにすると RF キャリア成分は一定の包絡線となるので，非線形増幅器を適用できて，高効率化を図ることが可能である．

8.4 受信用低雑音アンプ

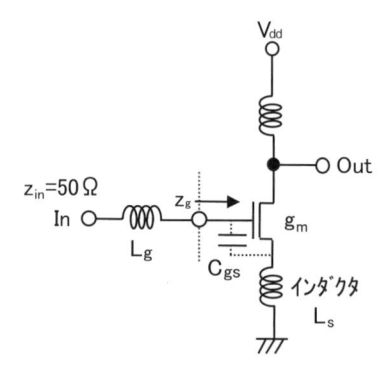

電力利得を最大にするためには，入力ならびに出力インピーダンスの整合をとる必要がある．アンテナからチップにいたる伝送線路では通常 50 Ω の特性インピーダンスが選ばれるので，LNA の入力も 50 Ω になるように整合回路を付加する必要がある．しかし，MOS トランジスタの構造上，ゲートから見た寄生素子はゲート容量が支配的であるので，インピーダンスの実部が本来存在しない．例えば直流信号に対しては無限大の容量性インピーダンスになる．そこで，図 8-8 に示すような，ソースインダクタ L_s をトランジスタのソースとグランド間に付加した構成が良く用いられる．ソースインダクタは直列帰還パスに入っており，(8.3) 式の第1項で示される実部インピーダンス（すなわち抵抗性成分）を発生させることができる．

Tr の雑音源（入力換算電圧の2乗）
・ゲート抵抗：$4kTR_gB$
・チャネル雑音：$4kT\gamma(1/g_m)B$
　古典モデル ⇒ $\gamma = 2/3$
　微細MOS ⇒ $\gamma > 2/3$
・ソース抵抗：$4kTR_sB$

$z_g = \underline{L_s g_m / C_{gs}} + j\omega L_s + 1/j\omega C_{gs}$

⇒ 新たな実部 = $L_s g_m / C_{gs}$ は <u>50 Ω</u> に設定し，
　容量性リアクタンス = $j(\omega L_s - 1/\omega C_{gs}) < 0$ は $j\omega L_g$ でキャンセル：共役整合
⇒ L_s によるノイズ発生はほぼゼロ。線形範囲の拡大にも有効．

図 8-8　ソースインダクタによる入力インピーダンス整合

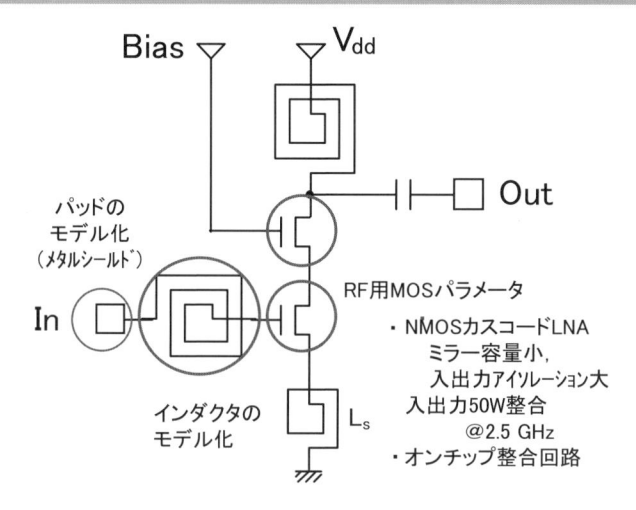

図 8-9　入力整合回路を内蔵したカスコード LNA

$$z_\mathrm{g} = L_\mathrm{s} g_\mathrm{m} / C_\mathrm{gs} + j\omega L_\mathrm{s} + 1/(j\omega C_\mathrm{gs}) \qquad (8.3)$$

ここで，z_g はゲート直近から見たトランジスタの入力インピーダンスである．次はこの第 1 項を 50 Ω になるように設計すればよい．2.4GHz 帯での L_s の大きさは 1nH 程度である．不要となる第 2，第 3 項は，加算すると容量性となるので，ゲートインダクタ L_g を付加することでキャンセルできる (共役整合)．ソースインダクタ L_s は理想的には熱雑音を発生しないので，好ましい帰還素子である．加えて直列帰還なので線形範囲の拡大にも役立っている．トランジスタの熱雑音源にはゲート抵抗，チャネル抵抗 (チャネル雑音)，ソース抵抗などがあり，適切なモデル化が不可欠である．特に，古典的なモデルによるとチャネル雑音のパラメータ γ は 2/3 で与えられるが，微細化したトランジスタでは 1 より大きいのが普通である．これは，ホットエレクトロンの効果と言われている．次に完全空乏型 0.2μm CMOS/SOI での試作結果に基づく 1V で動作する LNA の事例を述べていく．

図 8-9 はトランジスタを 2 段縦積みにして高周波特性を向上したカスコードタイプの LNA である．カスコード構成では，入出力間のアイソレーションが大きいことやミラー (Miller) 容量 (ゲート・ドレイン間の容量値がアン

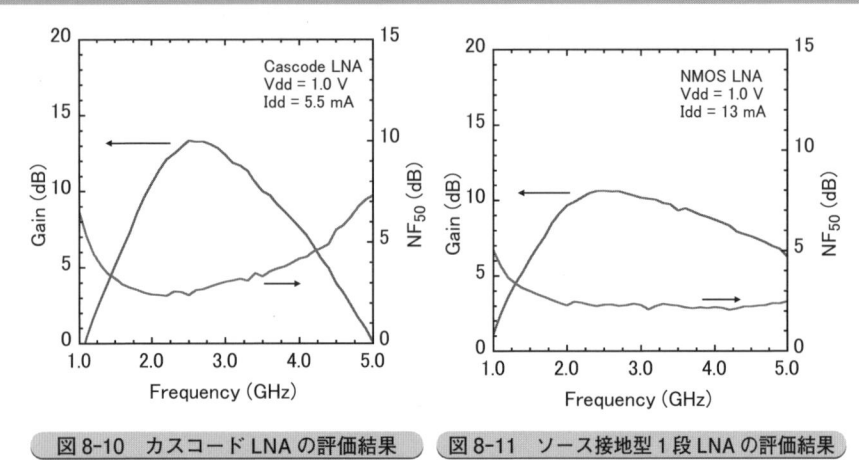

図 8-10 カスコード LNA の評価結果　　図 8-11 ソース接地型 1 段 LNA の評価結果

プの利得倍されて見える現象）が小さくできるので，入力部と出力部の整合回路を独立に設計・最適化できるメリットがある．ソースインダクタ L_s により 50Ω へのインピーダンスマッチングを行い，入力パッドには第 7 章で述べたシールド構造を用い雑音特性の向上を図った．出力部も 50Ω へマッチングさせている．トランジスタの RF モデルについては，寄生のゲート抵抗，寄生のゲート・ドレイン間ならびにゲート・ソース間容量を s パラメータの実測値から求め，通常のモデルに付加することで高精度化を図った．チャネル雑音パラメータ γ については，トランジスタの NF が実測値に合うように変えている．SOI デバイスでは基板バイアス効果が小さいので，この回路でもパワーアンプ同様，1V 動作が実現できる．試作した回路の特性を図 8-10 のグラフに示す．消費電力が 5.5mW（@1V）のとき，13dB 以上の利得，2.5dB の雑音指数（NF）が 2.4GHz 帯で得られている．一方，図 8-9 と同様な通常のソース接地型を同時に設計・試作した．図 8-11 に示すように，NF はカスコード型とほぼ同じ値が得られているが，利得は 3dB ほど小さくなっている．さらに，2 倍以上の消費電力（13mW）が必要となっている．したがって，カスコード構成は低雑音アンプの高性能化，省電力化に有効であると言える．

8.5 受信用低電圧動作ミキサ

第2章で説明したギルバート(Gilbert)セル・ミキサでは，ドレイン・ソース間電圧が約 0.6V 程度の MOS トランジスタを電源とグランド間に 3 段縦積みにしてアナログ乗算を実行している（図 8-12）．さらに負荷抵抗により電圧ドロップも生じる．したがって，これらの制約のために，電源電圧を 2V 以下に下げるためには回路構成の大幅な見直しが必要とされた．そこで，著者らは LC タンク回路を交流的な電流源として用いることにより，直流ドロップを減らすことのできる LC タンク折返し技術を開発した[3]．

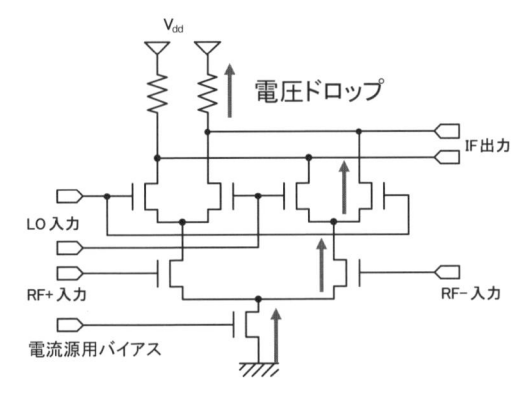

図 8-12 ギルバート(Gilbert)セル・ミキサの低電圧化の限界

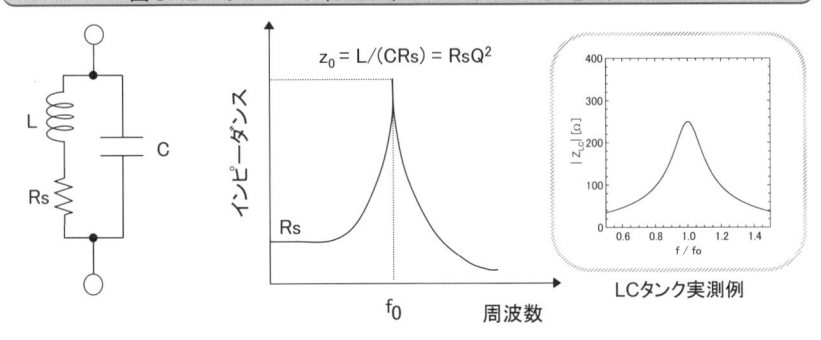

$$z_0 = L/(CR_s) = R_s Q^2$$

(a) LCタンク回路の等価回路　　(b) インピーダンス特性

図 8-13　LC タンク回路の等価回路とインピーダンス特性

フェーズ1

NMOS定電流源 ➡ LCタンク回路に置き換え：共振時に高抵抗！
(a)

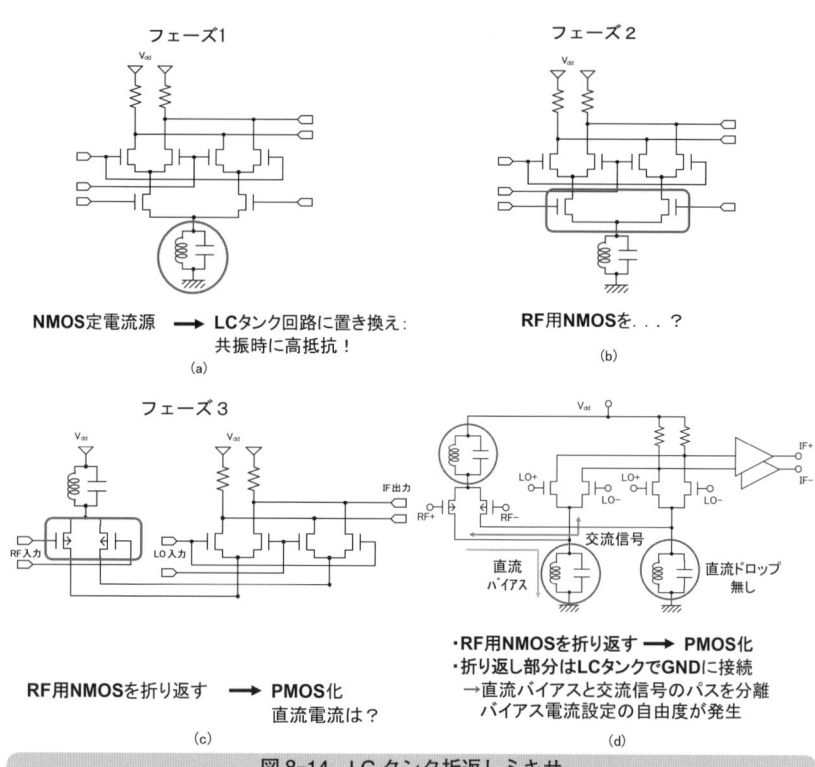

フェーズ2

RF用NMOSを...？
(b)

フェーズ3

・RF用NMOSを折り返す ➡ PMOS化
・折り返し部分はLCタンクでGNDに接続
→直流バイアスと交流信号のパスを分離
バイアス電流設定の自由度が発生

RF用NMOSを折り返す ➡ PMOS化
直流電流は？
(c)
(d)

図8-14 LCタンク折返しミキサ

第7章にも述べたように，RFシステムの特徴として，RF周波数は高いが，ベースバンド周波数は低いので狭帯域である点が挙げられる．そこで，インダクタと容量から成るLCタンク回路を負荷回路に利用することで低電圧・低電力動作が可能となる．一方，共振周波数では，インピーダンスが $z_0 = R_s Q^2$ と大きくなるので，LCタンク回路は交流的には電流源と等価と考えられる（図8-13）．ここで，R_s はインダクタの直流抵抗である．図8-13（b）には実測値も示すが，直流抵抗で5Ω程度の値が共振時には約250Ωとなっている．

次に，LCタンク回路を積極的に活用しつつ，ギルバートセル・ミキサをベースにして，縦積みを減らす変形を行っていく．図8-14（a）では電流源をLCタンク回路に置き換えることでRF帯では等価な動作を確保している．

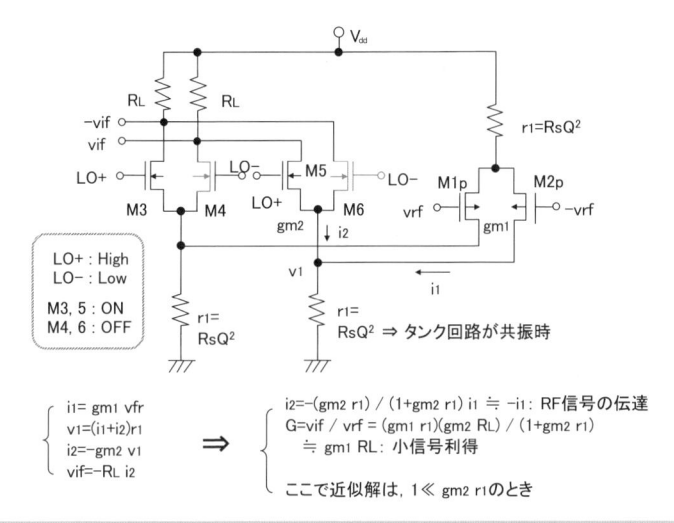

第 8 章　RF 要素回路の設計手法　125

```
        LO+ : High
        LO- : Low
        M3, 5 : ON
        M4, 6 : OFF
```

$$\begin{cases} i_1 = g_{m1} v_{rf} \\ v_1 = (i_1+i_2) r_1 \\ i_2 = -g_{m2} v_1 \\ v_{if} = -R_L i_2 \end{cases} \Rightarrow \begin{cases} i_2 = -(g_{m2}\, r_1)/(1+g_{m2}\, r_1)\, i_1 \fallingdotseq -i_1 : \text{RF 信号の伝達} \\ G = v_{if}/v_{rf} = (g_{m1})(g_{m2}\, R_L)/(1+g_{m2}\, r_1) \\ \qquad\fallingdotseq g_{m1}\, R_L : \text{小信号利得} \\ \text{ここで近似解は，} 1 \ll g_{m2}\, r_1 \text{のとき} \end{cases}$$

図 8-15　LC タンク折返しミキサの交流等価回路

この段階でトランジスタの縦積みは 2 段へ減少する．さらに，RF 信号が入力される NMOS 差動対に着目し（図 8-14 (b)），これを PMOS 差動対に置換えた後に，V_{dd} 側に折返すことで図 8-14 (c) のように変形できる．しかし，このままでは，直流電流を流すことができないので，2 つの折返し点とグランド間に 2 つのタンク回路を接続して図 8-14 (d) のように変形を完成させる．

特徴を一言で言えばギルバートセル・ミキサを相補形構成にして折返し，RF 信号が入力される PMOS 差動対ならびに折返し点のバイアス供給のために LC タンク回路を適用した形になっている．この構成により，MOS トランジスタの縦積みを無くすことが初めて可能となった．これにより 1V ～ 0.5V で動作するミキサを実現できる．折返しにより電流パスは増加するが，バイアス点，トランジスタサイズを RF と LO ポートとで独立に最適化できるので電流増加は小さい．

次に図 8-15 の交流等価回路を基に，小信号動作を定量的に明らかにする．LO 用差動ペアは M3，M5 のみがオン状態になっている状態とする．キルヒホッフ (Kirchhoff) 則を適用して，(8.4)～(8.5) 式が得られる．

$$i_1 = g_{m1} v_{rf} \tag{8.4}$$

$$v_1 = (i_1 + i_2)r_1 \tag{8.5}$$

$$i_2 = -g_{m2}v_1 \tag{8.6}$$

$$v_{if} = -R_L i_2 \tag{8.7}$$

ここで，r_1 はタンク回路が共振しているときのインピーダンスであり，インダクタの直列抵抗を R_s とおくと，$r_1 = R_s Q^2$ と表せる．(8.5)式と(8.6)式を用いると RF 電流の関係式が得られる．

$$i_2 = -\frac{g_{m2}r_1}{(1+g_{m2}r_1)}i_1 \cong -i_1 \tag{8.8}$$

このように，$g_{m2}r_1 \gg 1$ のときには，RF 用差動ペアで発生した電流がほとんど全て，LO 用差動ペアに流れる．したがって，折返しカスコードアンプとしてみた場合の RF から IF ポートへの小信号利得 G は，(8.7)式と(8.8)式ならびに(8.4)式を用いて，

$$G = \frac{v_{if}}{v_{rf}} = \frac{(g_{m2} \cdot r_1) \cdot (g_{m1} \cdot R_L)}{(1+g_{m2}r_1)} \cong g_{m1}R_L \tag{8.9}$$

となる．すなわち，$g_{m2}r_1 \gg 1$ のときには，RF 用差動ペアの g_m と負荷抵抗の積で決まる．次に LO 信号を矩形波としてミキサ動作させたとき，IF 信号（周波数の差成分）に対する変換利得は，第 2 章，2.3 節の議論より (8.9) 式に係数 $2/\pi$ を掛けて，$(2/\pi)g_{m1}R_L$ となる．

完全空乏型 0.2μm CMOS/SOI を用いて試作したミキサの変換利得と雑音指数を図 8-16 に示す．1V では十分な利得（約 7dB）があり各種システムに利用可能である．

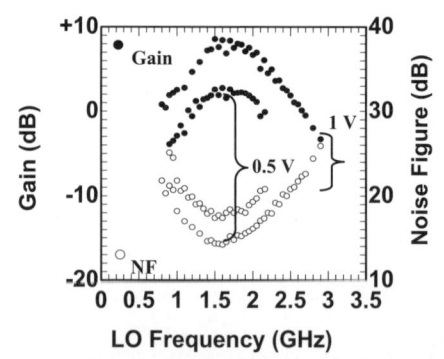

図 8-16 LC タンク折返しミキサの利得，雑音指数

8.6 電圧制御発振器（VCO）

ローカル発振器（LO）に用いる電圧制御発振器（VCO：Voltage Controlled Oscillator）には，低電力化と共に不要波の受信および送信につながる位相雑音の低減が要求される．図8-17を用いて位相雑音により妨害波が受信される仕組みを説明する．この現象はレシプロカル・ミキシングと呼ばれ，無線通信に特有の現象である．無線信号の場合，希望波の受信電力が隣接するチャネルの妨害波に比べて非常に小さい場合が生じる．一方，LO信号は希望の発振信号の近傍に不要な位相雑音を持っている．したがって，希望信号周波数からチャネル間隔離れたところにも不要な電力を持っている．この雑音成分と隣接チャネルの妨害波がミキサで掛け算されることで，希望信号と同一のIF周波数に変換されて妨害波となる．位相雑音電力は小さくても妨害波の電力レベルが大きければ，IF周波数において希望信号を復調できなくなる場合も生じる．したがって，VCOの位相雑音を低減することは，第2章で述べたEVMの位相誤差の低減に加えて，レシプロカル・ミキシングの低減にも重要である．

回路構成としては，LCタンク回路を共振器に用いた負性トランスコンダクタンス型がIC化では良く用いられる．図8-18に1V動作のVCOを示す[3]．低電圧動作を実現するために，負性トランスコンダクタンス（逆数が負性抵

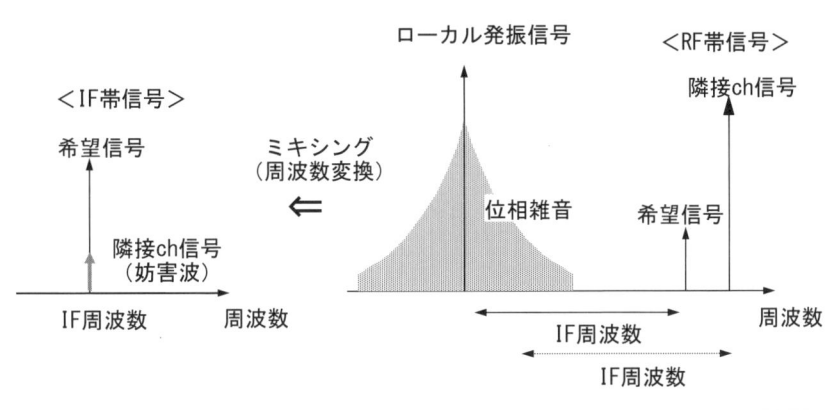

図8-17　レシプロカル・ミキシングによる妨害波

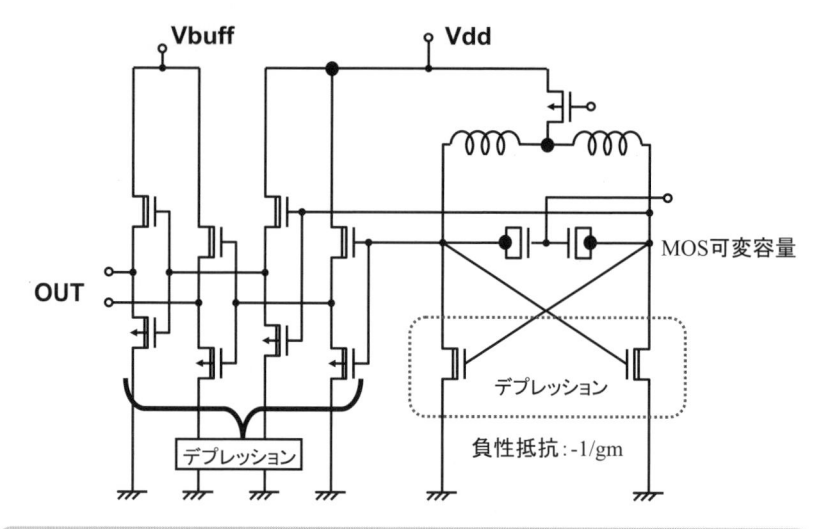

図 8-18　電圧制御発振器(VCO)の回路図

抗：$-1/g_m$)を生成する正帰還ペアに，ノンドープ型(閾値制御用の不純物を注入しない構造)のデプレッショントランジスタ[*1]を用いた．MOSゲート容量をタンク回路の可変容量に用いている．一般に，LO信号発生には，PLL (Phase-Locked Loop) 周波数シンセサイザを用いるが，PLL内で生成する制御電圧が上記可変容量のゲートに印加され，発振周波数が決定される．出力バッファには，デプレッショントランジスタを用いた相補形ソースフォロアを適用している．

図 8-19 には 2GHz で発振させたときの位相雑音の実測値を示す．消費電力は 7mW (@1V) である．1MHz オフセット周波数[*2]で，-110dBc 以下と Bluetooth 等に適用できるレベルである．傾きが -20dB/dec 領域における位相雑音の主要因はトランジスタ等の熱雑音によるものである．一方，オフセット周波数が小さい領域では，傾きが -30dB/dec に近づくが，これはト

---
*1　デプレッショントランジスタ：ゲート・ソース間電圧が 0V の場合にも既にチャンネルが形成されており，ドレイン電流が流れる構造の電界効果トランジスタ．本稿の場合は，MOS トランジスタである．

*2　オフセット周波数：発振信号周波数を基準にしたときの周波数のずれ幅を言い，位相雑音を評価するときの横軸に用いる．

図 8-19 VCO の評価結果

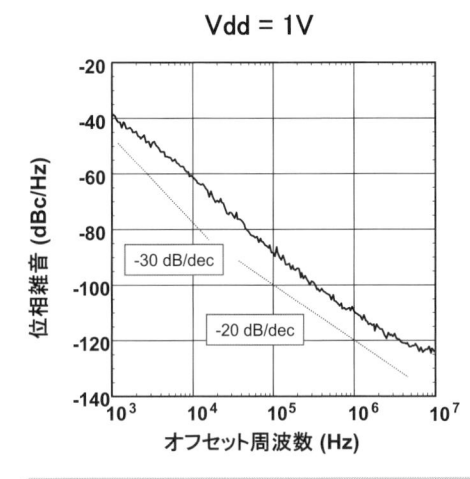

位相雑音：−110 dBc/Hz @ 1 V
位相雑音：< −105 dBc/Hz @ 0.5 V
オフセット周波数：1 MHz

消費電流：7 mA (1 V)
　　　　　6 mA (0.5 V)

傾き
−20dB/dec：白色雑音(NF)の影響
−30dB/dec：1/f雑音のアップコンバージョン(電流源)

ランジスタの低周波 1/f 雑音（フリッカ雑音）[*3] のアップコンバージョンの影響が付加されるためである．オフセット周波数が 100kHz 以上では 1/f 雑音の影響はほとんど見られない．これらの傾きの違いは，位相雑音を表す (8.10) 式から理解できる[4]．このモデルは 1966 年に Leeson が提唱した．

$$L(\Delta f) = \frac{2kTF}{P_{\text{osc}}}\left[1+\left(\frac{f_{\text{osc}}}{2Q\Delta f}\right)^2\right]\left(1+\frac{f_c}{\Delta f}\right) \tag{8.10}$$

ここで，$L(\Delta f)$ はオフセット周波数 Δf における位相雑音（dBc/Hz），F は等価的なノイズ・ファクタ，k はボルツマン定数，T は絶対温度，P_{osc} は発振電力，f_{osc} は発振周波数，Q はタンク回路の Q 値，f_c は 1/f 雑音から白色熱雑音へ切り替わるコーナ周波数である．(8.10) 式の中で Δf の逆数の 2 乗で変化する第 2 項はトランジスタ等の熱雑音に起因しており，Δf の逆数で変化する第 3 項は 1/f 雑音の影響を表現している．したがって，Δf に関するべき乗の次数が位相雑音特性の傾きに反映している．位相雑音を下げるためには，タンク回路の Q 値を上げることが最も効果的である．例えば，

[*3] 1/f 雑音（フリッカ雑音）：直流に近い低周波領域において出現する雑音で，電力スペクトルが周波数に反比例して減少することから命名された．各種トランジスタに発生するが，バイポーラトランジスタの方が一般に小さい値を示す．1/f 雑音と一定スペクトル（白色）の熱雑音とが切り替わる周波数をコーナ周波数と呼ぶ．MOS トランジスタの場合，一般的にコーナ周波数は数百 kHz のところにある．

Q値が2倍になれば位相雑音を6dB低減できる．デバイス的にはノイズ・ファクタの小さいものが好ましい．回路構成の観点からは，発振振幅をできる限り大きくして，P_{OSC} を増やす手法が効果的である．

【参考文献】
[1] K. Yamamoto, T. Heima, A. Furukawa, M. Ono, Y. Hashizume, H. Komurasaki, S. Maeda, H. Sato, and N. Kato, "A 2.4-GHz-Band 1.8-V Operation Single-Chip Si-CMOS T/R-MMIC Front-End with a Low Insertion Loss Switch," *IEEE J. Solid-State Circuits*, vol. 36, no. 8, pp. 1186-1197, Aug., 2001.
[2] T. Sowlati and D. Leenaerts, "A 2.4GHz 0.18μm CMOS Self-Biased Cascode Amplifier with 23dBm Output Power," *2002 IEEE Int'l Solid-State Circuits Conference*, 17.5, pp. 294-295, Feb., 2002.
[3] M. Harada, T. Tsukahara, and J. Yamada, "0.5-1V 2-GHz RF Front-End Circuits in CMOS/SIMOX," *2000 IEEE Int'l Solid-State Circuits Conference*, 23.2, pp. 378-379, Feb., 2000.
[4] 伊藤信之，「第7章 携帯電話用 RF-IC の進化と技術動向」，RF ワールド，No. 2, CQ 出版社，2008 年 6 月．
[5] L. R. Kahn, "Single-Sideband Transmission by Envelope Elimination and Restoration," *Proc. Inst. Radio Eng.*, pp. 803–806, Jul. 1952.
[6] D. Cox, "Linear Amplification with Nonlinear Components," *IEEE Trans. Commun.*, vol. 22, no. 12, pp. 1942–1945, Dec. 1974.
[7] D. Su and W. McFarland, "An IC for Linearizing RF Power Amplifiers Using Envelope Elimination and Restoration," *IEEE J. Solid-State Circuits*, vol. 33, no. 12, pp. 2252-2258, Dec., 1998.
[8] P. Reynaert and M. Steyaert, "A 1.75-GHz Polar Modulated CMOS RF Power Amplifier for GSM-EDGE," *IEEE J. Solid-State Circuits*, vol. 40, no. 12, pp. 2598–2608, Dec. 2005.
[9] M. E. Heidari, M. Lee, and A. A. Abidi, "All-Digital Outphasing Modulator for a Software-Defined Transmitter," *IEEE J. Solid-State Circuits*, vol. 44, no. 4, pp. 1260-1271, April, 2009.

【コラム F】 パワーアンプの線形化技術：EER, ポーラ変調, LINC

本コラムでは，EER (Envelope Elimination and Restoration)[5, 7]，ポーラ変調 (Polar modulation)[8]，LINC (Linear Amplification with Nonlinear Components)[6, 9] の各技術について概要を紹介する．8.3 節でも触れたように，共通する基本的な思想は，変調波 $RF(t) = A(t)\cos[\omega_c t + \phi(t)]$ を，振幅変動成分（ベースバンド帯域）$A(t)$ と位相変調を含む RF キャリア成分 $\cos[\omega_c t + \phi(t)]$ に分けた後に，増幅・合成して変調波とする考え方である．このようにすると RF キャリア成分は一定の包絡線となるので，非線形増幅器を適用できて，高効率化を図ることが可能である．

EER の原型は，真空管の時代にカーン (Kahn) により発案された[5]．この時代の変調方式は AM 変調が主流であり，特に短波通信による長距離通信には，SSB (Single Sideband) 変調が使われていた．現在でもアマチュア無線の場合は，海外との通信において主流の変調方式である．SSB 変調は，3.2 節で述べたように，USB または LSB のどちらかの側波帯（サイドバンド）を使う方式である．AM 変調の一種であるため包絡線変動が不可欠であり，パワーアンプには A 級，AB 級などの増幅器（リニアアンプ）が必要であった．そこで高効率化を実現するために，図 F-1 に示す EER が発明された．EER はその名の通り，「包絡線除去・再生の手法」である．変調波を振幅情報と位相情報に分け，それぞれを増幅した後に，再度合成して AM (SSB) 信号を得る．振幅情報の抽出には，AM 検波のような包絡線検波が用いられる．包絡線の除去にはリミッタが利用され，リミッタを通過した RF 信号は，一定の包絡線の信号となり，位相情報のみを含む．ただし，通常の AM 変調の場合には，位相情報は含まないので，キャリア信号の電力のみが重要となる．いずれにしても，定包絡線の RF 信号は，C 級や D 級（スイッチング動作で高効率）など非線形な増幅が可能であり，パワーアンプの高効率化が期待できる半面，課題も存在する．SSB 信号ではキャリア成分を含まな

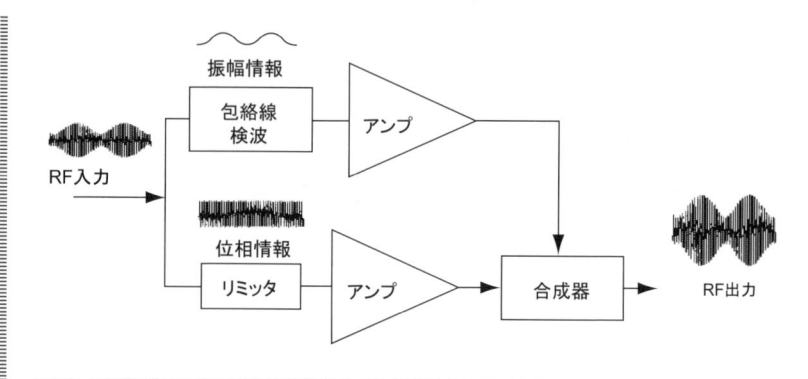

図 F-1　EER 方式の原型

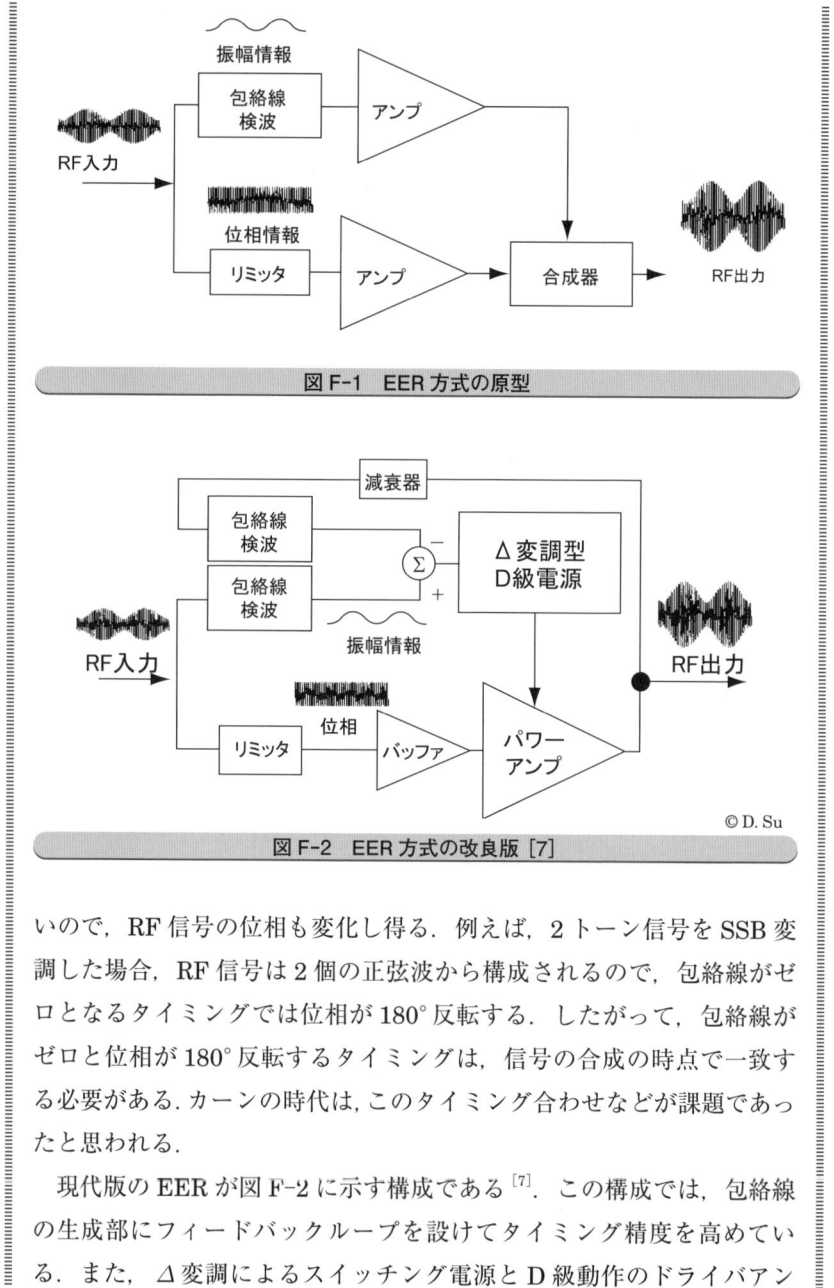

図 F-2　EER 方式の改良版 [7]

いので，RF 信号の位相も変化し得る．例えば，2 トーン信号を SSB 変調した場合，RF 信号は 2 個の正弦波から構成されるので，包絡線がゼロとなるタイミングでは位相が 180° 反転する．したがって，包絡線がゼロと位相が 180° 反転するタイミングは，信号の合成の時点で一致する必要がある．カーンの時代は，このタイミング合わせなどが課題であったと思われる．

　現代版の EER が図 F-2 に示す構成である[7]．この構成では，包絡線の生成部にフィードバックループを設けてタイミング精度を高めている．また，Δ 変調によるスイッチング電源と D 級動作のドライバアン

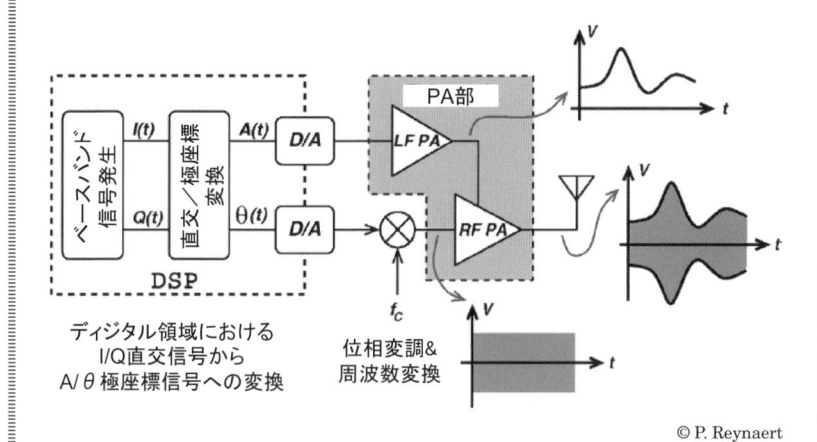

図 F-3 ポーラ変調方式 [8]

プを用いて，包絡線の低歪み化を実現している．リミッタでは AM-PM 変換による歪みが生じやすいので，ディジタル変調では特に注意が必要である．ここでは，AM-PM 変換の少ない可変利得アンプ形式を採用した．0.8μm ルールで作製した，最大出力 1W，電力付加効率 42% の CMOS パワーアンプを用い，$\pi/4$ シフト QPSK 変調信号に対し，28dBm（約 630mW）出力時に 33% の電力付加効率を実現している．また，隣接チャネル漏洩電力も 10dB 以上低減しており，EER による線形化の効果が現れている．

つづく，ポーラ変調は EER の発展形と言える．GSM 携帯電話の高速版である EDGE（Enhanced Data-rates for GSM Evolution）では，通常の GMSK 変調以外に，8PSK 変調の変形を用いて，3 倍のデータレートを保証する．したがって，1 つの携帯電話で GMSK と EDGE の両方へ対応する必要があるために，ポーラ変調が特に脚光を浴びてきた．第 2 章で述べたように，GMSK は，定包絡線変調であり，もともと非線形のパワーアンプを適用できた．ところが，8PSK 変調では，包絡線変動が生じるために線形増幅が必要となった．図 F-3 には，1.75GHz 帯 GSM/EDGE に対応する，ポーラ変調を用いたパワーアンプの構成を示す[8]．この論文ではハッチングされた PA 部を 0.18μm CMOS で実現し

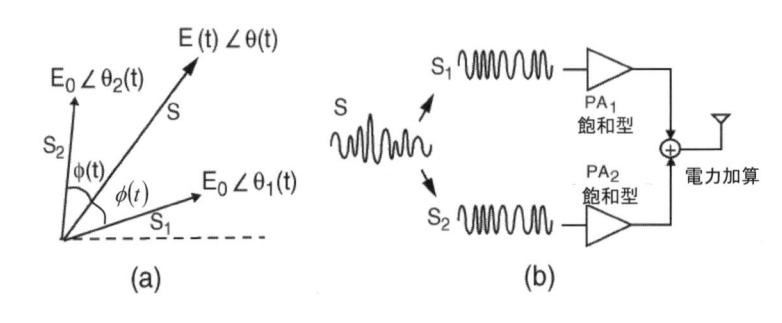

図 F-4 LINC 方式の原理

ている.ポーラ変調ではその名の通り,直交ベースバンド I/Q 信号を,極座標(Polar coordinate)信号である包絡線情報 $A(t)$ と位相情報 $\theta(t)$ へディジタル領域で変換し,DAC を用いてアナログ信号変換する.その後,包絡線情報 $A(t)$ は,包絡線用の低周波増幅器(LF PA)で増幅を受ける.一方,位相情報 $\theta(t)$ は,VCO/PLL などによる位相変調器に入力されキャリア信号を変調する.定包絡線の位相変調信号は,その後,ミキサで周波数変換され RF PA に入力される.このように,ディジタル領域において,$A(t)$ と $\theta(t)$ へ分離・変換されているので,EER で必要であったリミッタが不要となることが大きな特徴である.RF PA には,スイッチング動作の E 級を採用し,出力整合回路もオンチップ化した.ディジタル回路(DSP)内では 2 種類の補正をしている.1 つ目は,包絡線信号パスと位相信号パス間の遅延差の補正である.2 つ目は,RF PA の AM-PM 変換歪みに対するプリディストーションをかけることである.最大飽和出力は 27dBm(約 500mW)であり,そのときの電力付加効率は 34%(低周波増幅器の LF PA の消費電力も含む)である.EDGE モードで動作させた場合は,平均出力電力は 23.8dBm(約 240mW),電力付加効率は 22% となる.EVM は 1.69%rms でありスペックを満足している.

　LINC 方式の原型も古くから提案されていたが,1970 年代に見直され LINC と命名された[6].原理は,包絡線が変動する変調波 S を,振幅 E_0 で位相が反対方向に動く定振幅の 2 信号 S_1,S_2 に分離することか

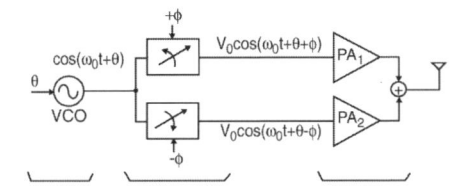

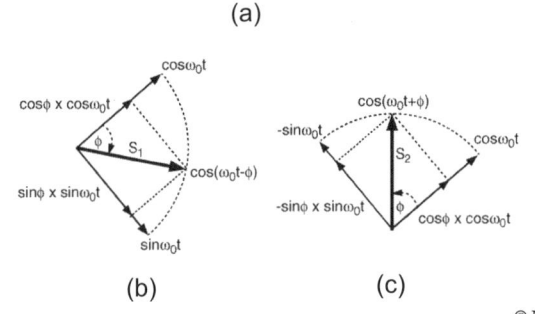

図 F-5　LINC 方式の例 [9]

ら始まる（図 F-4 (a)）．その後，定振幅の 2 信号を非線形増幅した後に，電力加算することで，本来の RF 信号を得る（図 F-4 (b)）．EER，ポーラ変調と同様に，非線形増幅器が使えるので，高効率化が期待できる．変調波 S と定振幅の 2 信号 S_1, S_2 間には，三角関数の公式より次式が成立つ．

$$S(t) = S_1(t) + S_2(t)$$
$$= E_0 \cos\left[\omega t + \theta(t) + \phi(t)\right] + E_0 \cos\left[\omega t + \theta(t) - \phi(t)\right] \quad \text{(F.1)}$$
$$= 2E_0 \cdot \cos\left[\phi(t)\right] \cdot \cos\left[\omega t + \theta(t)\right]$$

一方，元の変調波は，$S(t) = E(t) \cdot \cos\left[\omega t + \theta(t)\right]$ と書けるので，$E(t) = 2E_0 \cdot \cos\left[\theta(t)\right]$ となる．包絡線 $E(t)$ はゼロまたは正の数なので，$\phi(t)$ は 90°以下に限定され，$E(t)$ に応じて次式のように決めることができるが，やや複雑な処理が必要となる．

$$\phi(t) = \cos^{-1}\left[\frac{E(t)}{2E_0}\right] \quad \text{(F.2)}$$

図 F-5 (a) に示す文献 9 の例では，ディジタル処理を徹底的に取り入

れ，位相情報のみを用いて LINC 動作を実現している．まず，VCO にて位相変調を行い，その後，変調信号を 2 系統にわけてそれぞれ別の位相回転器に入力する．位相回転器はディジタル信号により制御され，以下の原理で位相進み (ϕ) と遅れ $(-\phi)$ 成分が生成する．

$$\cos(A \pm B) = \cos(A) \cdot \cos(B) \mp \sin(A) \cdot \sin(B) \quad \text{(複合同順)} \quad \text{(F.3)}$$

位相遅れ成分と進み成分の発生の様子を，それぞれ，図 F-5 (b)，F-5 (c) に示す．キャリア信号である $\cos \omega_0 t$ と $\sin \omega_0 t$ を，$\cos \phi$ と $\sin \phi$ により重み付けすることで，所望の位相回転を実施している．90nm CMOS で試作したプロトタイプなので，パワーアンプ PA_1，PA_2 に関しては，正式な出力パワーになっていないが，GSM と WCDMA のスペクトルマスクを満足していることを確認している．正規のパワーを出力する場合，アナログ要素の強い電力合成部における誤差要因が生じ易い．

● 演 習 問 題 ●

1. 2 つの正弦波信号を $V_1 = A_1 \cos \omega_1 t$，$V_2 = A_2 \cos \omega_2 t$ とするとき，3 次の非線形性(係数 k_3)から生じる IM3 成分を計算せよ．

2. 図に示す π 型アテネータ(3dB や 6dB)は実験等でよく用いられ，同軸型が市販されている．信号電圧の減衰率を $k < 1$（真値）とし，伝送線路の特性インピーダンスを Z_0 とするとき，$R_1 = \dfrac{1+k}{1-k} Z_0$，$R_2 = \dfrac{1-k^2}{2k} Z_0$ と選ぶことで，インピーダンス整合を取りつつ，信号を k 倍に減衰できる．
   (1) 信号源抵抗と伝送線路の特性インピーダンスを Z_0 とするとき，π 型アテネータを接続した場合，雑音指数 F はいくらになるか．
   (2) 信号源と π 型アテネータを接続した場合，アテネータ出力から見た抵抗値が Z_0 となることを確認せよ．
   (3) アテネータ出力を抵抗 Z_0 で終端した場合，アテネータを通過するこ

とで信号がk倍に減衰することを確認せよ．

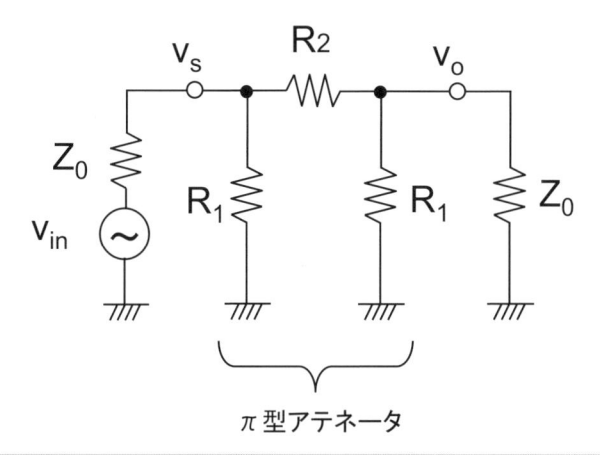

図 ex8-1　π型アテネータ

3．ゲート・ドレイン容量は無視して，(8.3)式を導け．

4．(8.8)式を求めよ

5．(8.9)式を求めよ．

第9章 RF受信機とトランシーバの開発事例

前章では,送受切替えスイッチ,パワーアンプ,低雑音アンプ,低電圧ミキサ,電圧制御発振器というRF要素回路を中心に解説した.本章では,イメージ抑圧ミキサを用いた受信機,複素バンドパスフィルタを用いた低IF型受信機,ならびに,Bluetooth用RFトランシーバなど,より集積度を高めたRF機能回路について設計手法と試作特性を解説していく.この中で,イメージ信号や隣接信号を抑圧するためのIF帯複素バンドパスフィルタや,LO信号発生に不可欠なPLL (Phase Locked Loop)周波数シンセサイザなど,新たな要素回路の設計手法も述べる.

9.1 イメージ抑圧ミキサを用いた受信機

本節では,第3章で述べたイメージ抑圧ミキサの具体的な設計法と2GHz帯受信機への適用例を述べる.図9-1にはイメージ抑圧型受信機のブロック図を示す.LCタンク折返し技術を更に発展させて,低IF構成を用いた1V, 2GHz動作のイメージ抑圧形受信機としている[1].受信機を構成する

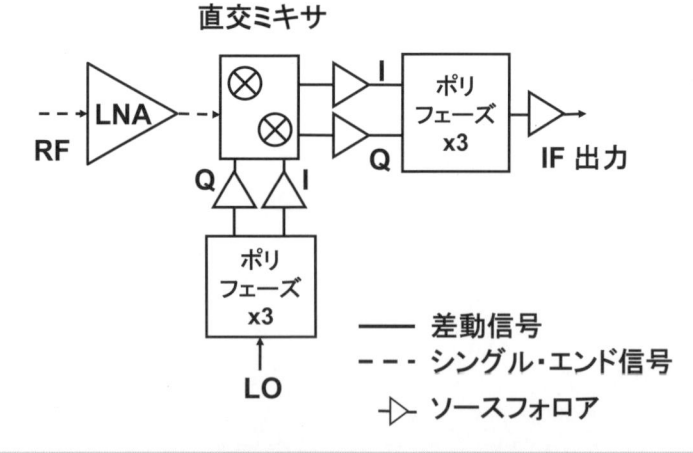

図9-1 1V動作2GHz帯イメージ抑圧型受信機

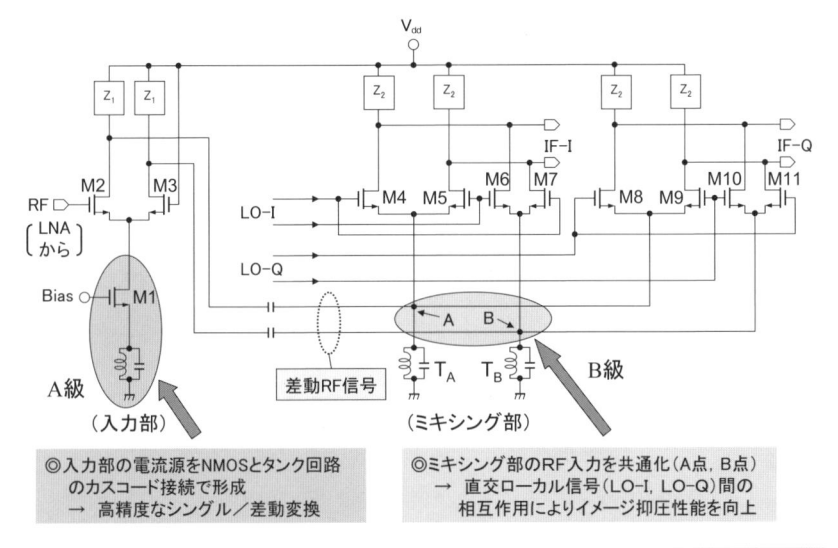

図9-2 直交ミキサ回路の特長

要素回路は，LNAとイメージ抑圧ミキサ（直交ミキサと2種類のポリフェーズフィルタ）である．図9-2は直交ミキサ回路であるが，RF信号の増幅機能を有する差動回路をNMOSにより構成し，RF信号を直交(I/Q)ミキシング部へ交流(AC)結合している．この構成は，第8章で説明したPMOSトランジスタを用いて折り返すLCタンク折り返しミキサとは異なるが，トランジスタの縦積みをなくす点では同様の効果がある．高周波特性がより優れたNMOSトランジスタを用いることで，余裕を持った設計が可能になる．電流源はタンク回路とNMOSトランジスタ(M1)のカスコード構成としている．これにより，タンク回路の共振周波数近傍における定電流特性が向上して，RF差動出力信号の位相，振幅精度を高めることができる．さらに，ミキサのコア部であるI/QchのLO入力差動ペアは，ノードA，Bにおいてタンク回路を共有化しているので，イメージ抑圧比の向上とチップサイズの節約を図ることができる．

この構成で，イメージ抑圧が向上する理由は，LO信号に位相誤差があっても，影響を受けにくいためである．これは前述したように，I/QchのLO入力差動ペアがノードA，Bで共通化されていることに起因している．筆

(a) LO-Q LO-I

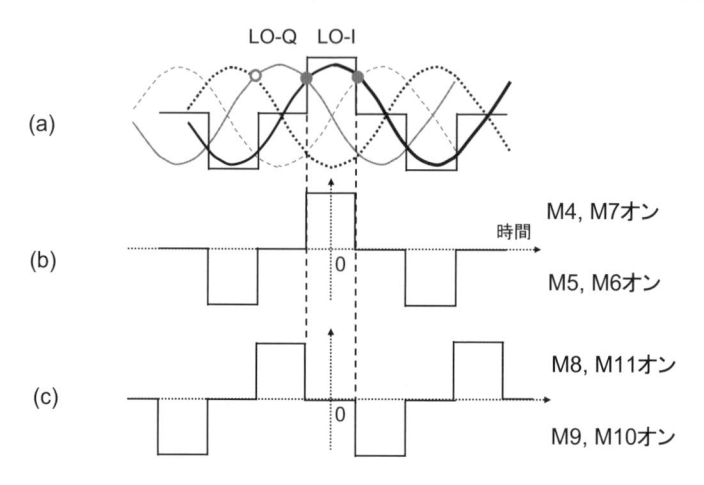

(b) M4, M7オン / M5, M6オン 時間

(c) M8, M11オン / M9, M10オン

☆LO-I側のトランジスタに電流が流れるときLO-Q側の電流はゼロ。逆もまた同様。

図 9-3 位相誤差が無い場合の LO 信号とミキサ出力差動電流

者が関与した図 9-2 の回路の発表時期は，2001 年の 2 月である．一方，タンク回路の代わりにトランジスタ電流源を用いた直交ミキサについては，Harvey が 2001 年 1 月に発表し，イメージ抑圧特性が向上することを示している[2]．この構成におけるイメージ抑圧向上のメカニズムついては文献 3 でも詳しく議論されている．次に，これらの構成に共通的なイメージ抑圧向上のメカニズムを説明する．図 9-3 には LO 信号の位相誤差が無い場合のミキサ出力差動電流波形を示す．ここでは一貫して，タンク回路 T_A を流れる電流の方が，タンク回路 T_B を流れる電流よりも大きい状態を考える．ノード A，B で I/Qch が共通化されているので，LO-I 信号が，LO-Q とその反転信号よりも大きい 1/4 周期にのみ，LO-I 信号が印加されるトランジスタ M4 と M7 がオンする（図 9-3 (b)）．しかし，他のトランジスタは全てオフ状態になる．特に，Qch の 2 つの差動対（M8-M9 と M10-M11）がオフしており，Ich から Qch への信号漏れは生じない（図 9-3 (c)）．すなわち，Ich の差動対がオンしているときは，Qch の差動対は常にオフしており，その逆もまた正しい．ここで，図 9-3 のように時間軸の原点をとり，図 9-3 (b) の波形 I_I をフーリエ級数に展開すると，次式となる．

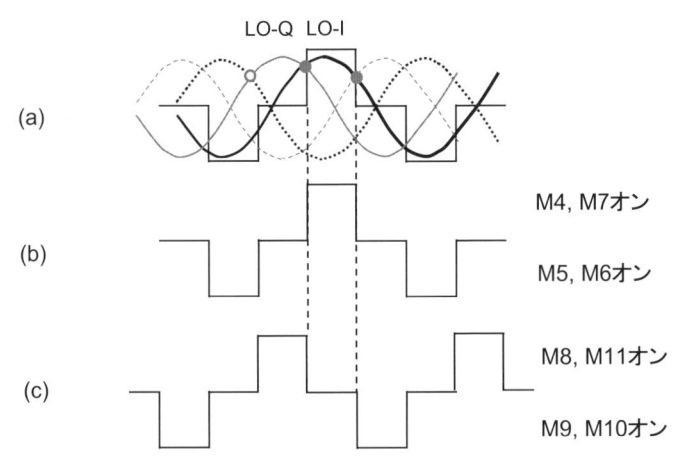

第9章 RF受信機とトランシーバの開発事例　141

(a) LO-Q　LO-I

(b) M4, M7オン
　　M5, M6オン

(c) M8, M11オン
　　M9, M10オン

☆位相誤差がある場合➔LO-IとLO-Qの交点がシフト
　電流(b), (c)の相対関係は不変

図9-4　位相誤差がある場合のLO信号とミキサ出力差動電流

$$I_\mathrm{I} = \frac{2\sqrt{2}I_0}{\pi}\left(\cos\omega t + \frac{1}{3}\cos 3\omega t - \frac{1}{5}\cos 5\omega t - \frac{1}{7}\cos 7\omega t + \cdots\right) \quad (9.1)$$

ここで，電流の振幅は$\pm I_0$とした．偶関数となるように時間軸の原点をとったので，基本波成分は$\frac{2\sqrt{2}I_0}{\pi}\cos\omega t$である．高調波の係数の符号は，方形波とは異なるが，絶対値は等しい．図9-3 (c)の波形I_Qは，フーリエ級数の定義に戻って計算しても良いが，(9.1)式に対して1/4周期（$T/4; T=1/\omega$）だけ時間を進めることで得られる．

$$I_\mathrm{Q} = \frac{2\sqrt{2}I_0}{\pi}\left(-\sin\omega t + \frac{1}{3}\sin 3\omega t + \frac{1}{5}\sin 5\omega t - \frac{1}{7}\sin 7\omega t + \cdots\right) \quad (9.2)$$

この場合は奇関数なので，基本波成分は$-\frac{2\sqrt{2}I_0}{\pi}\sin\omega t$である．したがって，図9-3 (a), (b)は直交信号になっていることが定量的にも分かる．

次に，直交LO信号に位相誤差がある場合の電流波形を図9-4に示す．この場合にも，電流波形は図9-3と同じ形をしており，LO-Q信号の位相がずれた分，一定時間だけシフトした形になっており，図9-4の(b)と(c)との

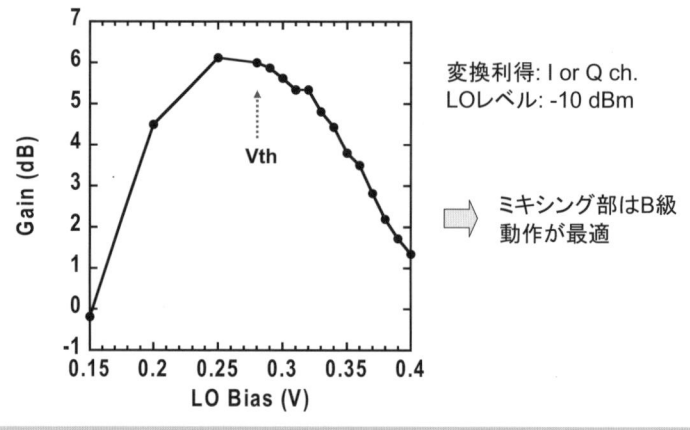

図 9-5 ミキサ利得の LO バイアス依存性

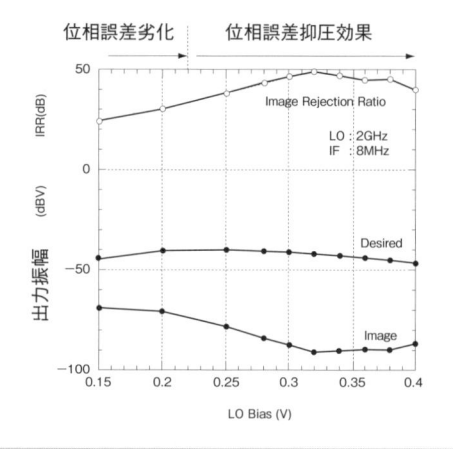

図 9-6 イメージ抑圧比 (IRR) の LO バイアス依存性

相対関係は変わらない．したがって，Ich の差動対がオンしているときは，Qch の差動対は常にオフしており，その逆もまた正しいので，位相誤差が吸収されイメージ抑圧比の向上のメカニズムが働く．位相誤差が大きすぎる場合には，オン時の電流波形が崩れてきて，抑圧効果が低下すると考えられる．

　図 9-2 の RF 入力差動ペアは A 級動作させる必要があるが，LO 用差動ペアは B 級動作でよいので，折返し構成によるバイアス電流の増加は小さい．

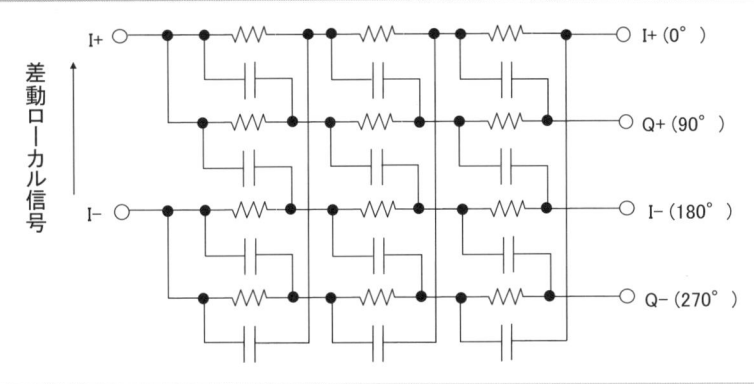

図9-7 ローカル信号90°シフト用ポリフェーズフィルタ（3段の例）

　実際，図9-5に示すように，LO用差動ペアが閾値電圧 V_{th} 付近にバイアスされているときに変換利得が最大となる．このバイアス条件ではLO差動ペアの無信号時の消費電流はほぼゼロとなる．したがって，変換利得の最大化と省電力化とが両立可能である．さらに，B級動作により図9-4で説明した位相誤差の抑圧効果が増大することが，図9-6から読み取れる．この現象は，タンク回路のインピーダンスは有限なので，LO用差動ペアのスイッチングに伴うI, Qch間の漏れ電流が生じる可能性があるが，B級動作によりこの漏れ電流が低減するためと考えられる．

　ポリフェーズフィルタは，第3章で概要を述べた複素フィルタの一種でありRC素子で構成される．直交したローカル発振信号（LO）発生ならびにIF帯におけるイメージ波の抑圧に用いている．ここでは，ポリフェーズフィルタの回路動作をもう少し詳しく見ていく．図9-7は差動LO信号（I+, I−）から直交するLO信号成分を発生させるときの構成例である．出力は，差動信号（I+, I−）とこれに直交する差動信号（Q+, Q−）である．すなわち，隣り合う出力端子間は互いに90°ずつ位相がずれている．$\omega RC = 1$ の周波数で正確に直交LO信号が得られるが，IC上ではRC時定数のばらつきが10〜20%と非常に大きい．そこで，異なる時定数を持つ回路を多段化することで，素子ばらつきに対応させている．図9-7の場合は3段構成になる．

　図9-8（a）に示した初段のポリフェーズフィルタを用いて，定量的な考察を行う．回路の形は見やすいように対称形に変形している．計算を簡単にす

(a) (b)

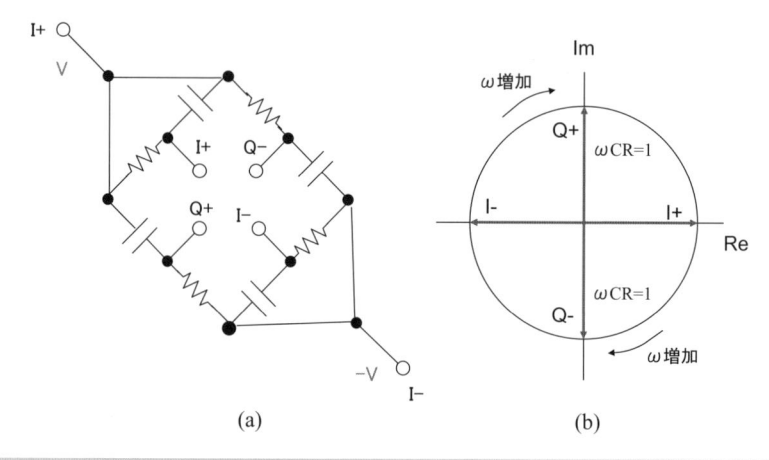

図 9-8　ローカル信号 90° シフト用の初段ポリフェーズフィルタ

るために，重ね合わせの原理を用いて各ノードの電圧をまず計算しておき，最後に加算することで最終出力を求める．まず，I−端子はグランドに固定してI+にのみ電圧 V を印加する．このときのQ+端子の電圧は(9.3)式で与えられる．次に，I+端子はグランドに固定してI−にのみ電圧 $-V$ を印加したときのQ+端子の電圧は(9.4)式で与えられる．

$$Q+_p = \frac{j\omega CR}{1+j\omega CR}V \tag{9.3}$$

$$Q+_m = \frac{-1}{1+j\omega CR}V \tag{9.4}$$

したがって，I+に電圧 V が，I−に電圧 $-V$ が印加されたときのQ+端子の電圧は，(9.3)式と(9.4)式の加算値となるので，(9.5)式で与えられる．(9.5)式において $\omega = 0$（直流）のときは Q+ = $-V$ と逆相になるが，$\omega = \infty$ のときは Q+ = V と同相となる．これを図 9-5 (b) のベクトル図でみると，周波数と共に時計回りに半径 V（Q+の絶対値が V）の半円上を回転することとなる．

$$Q+ = (Q+_p)+(Q+_m) = \frac{-1+j\omega CR}{1+j\omega CR}V \tag{9.5}$$

一方，$\omega RC = 1$ を満たす途中の周波数においては，(9.6)式で与えられ

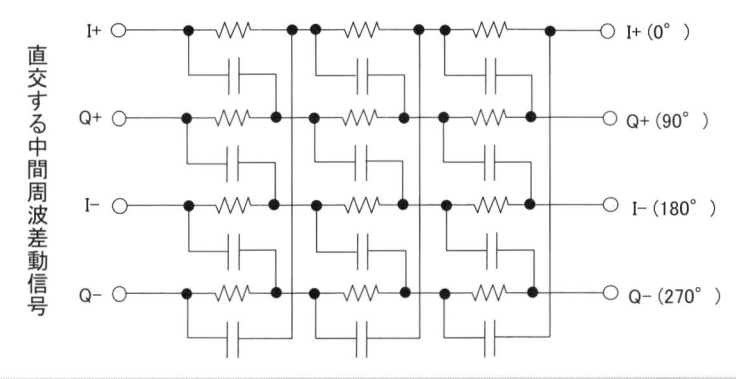

図9-9 イメージ抑圧用のIF段ポリフェーズフィルタ(3段の例)

るように，正確に90°の位相ずれが生じる．Q−端子の電圧も同様な手順で計算できる．

$$Q+ = \frac{-1+j}{1+j}V = -jV \quad (9.6)$$

つづいて，IF段ポリフェーズフィルタによるイメージ抑圧の原理を考察していく．図9-9にはイメージ抑圧動作時における接続関係を示す．入力信号は図9-2の直交ミキサ出力である直交するIF差動信号である．第3章でも概要を述べたように，負の周波数（複素平面上で時間と共に時計回りに回転）を持つイメージ波は，$\omega RC = 1$（ωは絶対値）の周波数で完全にキャンセルされるが，正の周波数（複素平面上で時間と共に反時計回りに回転）を持つ希望波はそのまま通過する．この場合も，異なるRC時定数を持つ回路を多段化することで，素子ばらつきに対応させている．図9-9の場合は3段構成である．

初段のみを取り出して，対称形にした回路図が図9-10である．希望波は反時計回り（左回り）のシーケンスで，$(I+, Q+, I−, Q−) = (V, jV, −V, −jV)$という位相関係になっている．一方，第3章で述べたように，負の周波数を持つイメージ波は，直交成分であるQ+とQ−端子の位相が希望波に対して反転しており，$(I+, Q+, I−, Q−) = (V, −jV, −V, jV)$という位相関係になっている．この直交信号における位相の違いによりイメージ波のみを選択的にキャンセルできる．

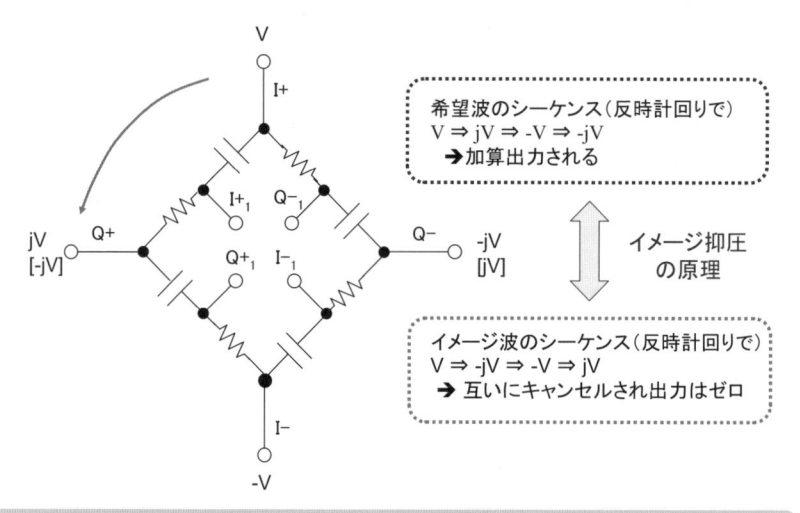

図9-10 ポリフェーズフィルタによるイメージ成分の抑圧

(図中の注釈)
- 希望波のシーケンス(反時計回りで)
  V ⇒ jV ⇒ -V ⇒ -jV
  → 加算出力される
- イメージ波のシーケンス(反時計回りで)
  V ⇒ -jV ⇒ -V ⇒ jV
  → 互いにキャンセルされ出力はゼロ
- イメージ抑圧の原理

　次に，重ね合わせの原理を用いて，この原理を定量的に考察していく．ここでは，$I+_1$出力を例にとって計算する．重ね合わせの原理では，$I-$端子または$Q-$端子に電圧が印加されるときには，$I+$および$Q+$端子は共にグランドに固定されるので，$I+_1$出力には影響が及ばない．したがって，$I+_1$出力を考えるときは，$I+$端子と$Q+$端子の影響のみを考慮すればよい．まず希望波が入力された場合を計算する．$I+$端子のみにVが印加され，$Q+$端子がグランドに固定された状態では，$I+_1$端子の電圧は(9.7)式で与えられる．

$$I+_{1p} = \frac{j\omega CR}{1+j\omega CR} V \tag{9.7}$$

つづいて，$I+$端子をグランドに固定し，$Q+$端子に希望波jVを印加すると，$I+_1$端子の電圧は(9.8)式で与えられる．

$$I+_{1q} = \frac{j}{1+j\omega CR} V \tag{9.8}$$

したがって，$(V, jV, -V, -jV)$という位相関係を持つ希望波が入力されたときの$I+_1$端子の電圧は，(9.7)式と(9.8)式の和である(9.9)式で与えられる．

- 希望波➔ 2MHz
- イメージ波➔ -2MHz
- $1/2\pi R_1C_1 = 1.8\text{MHz}$
- $1/2\pi R_2C_2 = 2.0\text{MHz}$
- $1/2\pi R_3C_3 = 2.2\text{MHz}$

イメージ波帯　　　　　　　希望波帯

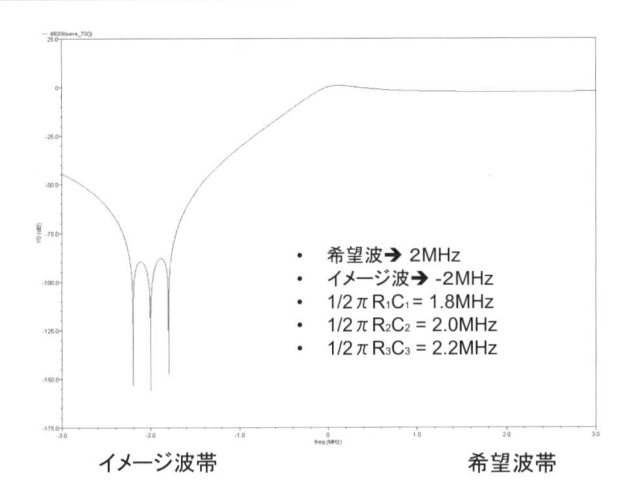

図9-11　ポリフェーズフィルタのシミュレーション結果

$$I+_1(desired) = (I+_{1p}) + (I+_{1q}) = \frac{j(1+\omega CR)}{1+j\omega CR}V \qquad (9.9)$$

$\omega RC = 1$を満たす周波数では，(9.9)式は$\frac{2j}{1+j}V$となる．すなわち，(9.7)式または(9.8)式の値の2倍となり，希望波は加算される．

次に，イメージ波が入力された場合を計算する．I+端子にのみにVが印加される場合は，希望波と共通の(9.7)式で与えられる．一方，I+端子をグランドに固定し，Q+端子にイメージ波$-jV$を印加すると，I+$_1$端子の電圧は(9.10)式で与えられる．

$$I+_{1qm} = \frac{-j}{1+j\omega CR}V \qquad (9.10)$$

したがって，$(V, -jV, -V, jV)$という位相関係を持つイメージ波が入力されたときのI+$_1$端子の電圧は，(9.7)式と(9.10)式の和である(9.11)式で与えられる．

$$I+_{1qm}(image) = (I+_{1p}) + (I+_{1qm}) = \frac{-j(-1+\omega CR)}{1+j\omega CR}V \qquad (9.11)$$

$\omega RC = 1$を満たす周波数において(9.11)式はゼロとなり，イメージ波

図9-12 受信機のイメージ抑圧比

図9-13 イメージ抑圧型受信機の評価結果

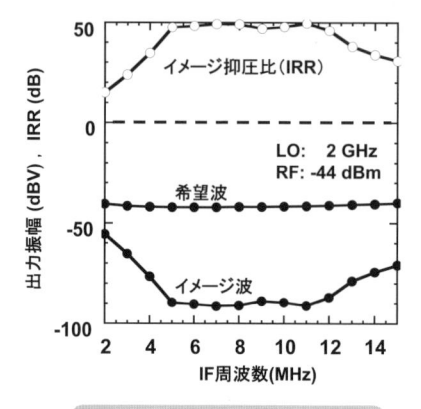

		V_{dd} = 1 V
LNA	NF	3.1 dB
	電圧利得	12.2 dB
	消費電力	5.5 mW
ミキサ	電圧利得	-0.2 dB
	IIP3	-3.2 dBm
受信機 (トータル)	NF	10 dB
	イメージ抑圧比	49 dB
	消費電力	12 mW
	IIP3	-15.7 dBm

は完全にキャンセルされることがわかる.他の出力端子である $Q+_1$, $I-_1$, $Q-_1$ についても同様に計算でき,希望波については加算され,イメージ波についてはキャンセルされるという結果を与える.ただし,隣り合う出力端子間の希望波は互いに 90°ずつ位相がずれている.すなわち直交する希望波が得られる.

図9-11 には,交流(AC)解析を用いた回路シミュレーションの例を示す.図 9-9 のポリフェーズフィルタの構成で,IF の中心周波数が2MHz になるように RC 時定数を設定し,他の2個の RC 時定数は,0.2MHz ずつ上下に周波数がずれるように設定している.素子が完全にマッチングしている条件なので,イメージ信号周波数に当たる −2MHz 近傍で大きな減衰量が得られることが分かる.

最後に 0.2μm CMOS/SOI を用いて試作したイメージ抑圧型受信機の評価結果を述べる.図9-12 に示すようにイメージ抑圧比(IRR:Image Rejection Ratio)は,IC としては高いレベルの 50dB 弱(信号電力比で約5桁)が得られている.この試作では IF 周波数の中心を 8MHz 程度にしている.ポリフェーズフィルタを3段にしているので,約 6MHz にわたり高いイメージ抑圧比が実現できている.図9-13 には受信機の特性をまとめて示す.受信機全体の消費電力は 12mW を実現し,ニッケル水素系電池1本によって動作する見通しが得られた.また,総合 NF は 10dB であり Bluetooth など

近距離無線システムには十分適用可能である.

9.2 複素バンドパスフィルタを適用した2.4GHz帯向けの低IF型受信機

部品点数を更に削減してRFモジュールの低コスト・省面積化を図るためには，IFフィルタのオンチップ化が必須となる．そこで，本節では$0.2\mu m$ CMOS/SOIを用いて実現した，複素バンドパスフィルタ内蔵の1V動作可能な低IF受信機について述べる．変調方式は主にFSK, GFSK変調を対象としている．受信機のブロック図を図9-14に示す[4]．RFブロック内の直交ミキサや0/90°移相器の回路構成は，9.1節で述べたイメージ抑圧型ミキサとほぼ同じである．ただし，IF周波数を2MHzとしている．複素バンドパスフィルタ（BPF）はgm-Cフィルタにより構成している．複素BPFは直交出力を持つので，周波数逓倍回路により中心周波数を4MHzに上げることで，変調度を2倍にできる新たな構成を用いている．この手法により受信感度を向上できる．本受信機はプロトタイプなので，PLLシンセサイザ及びFSK復調器は内蔵していない．

複素バンドパスフィルタの説明の前に，ローパスフィルタを例に取り，gm-Cフィルタの考え方をまず導入する．つづいて，複素バンドパスフィル

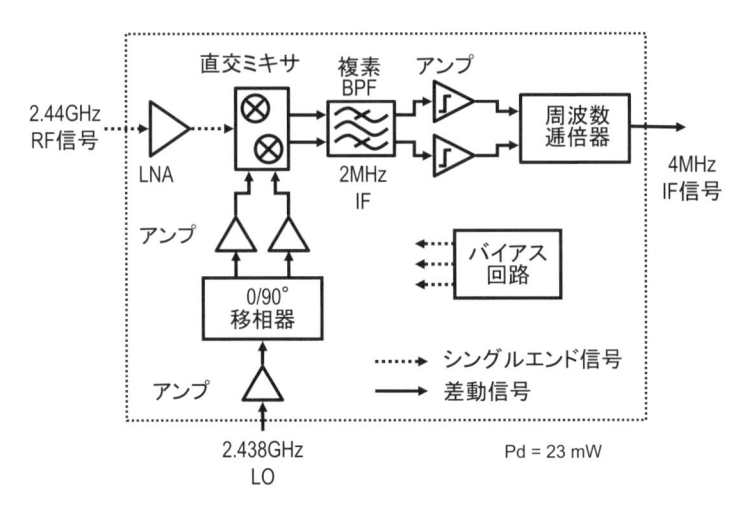

図9-14 複素BPF内蔵低IF型FSK受信機の構成

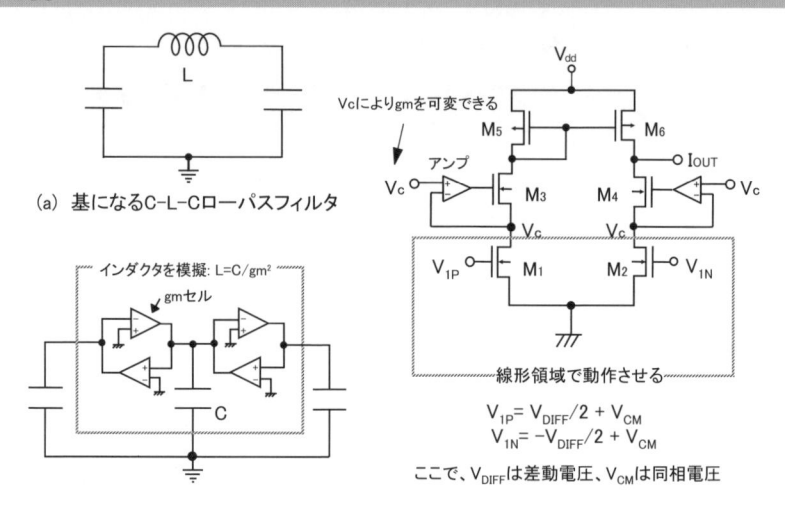

(a) 基になるC-L-Cローパスフィルタ

(b) (a)のフィルタをgm-Cにより構成した例

(c) 線形領域を利用したgm回路の例

$V_{1P} = V_{DIFF}/2 + V_{CM}$
$V_{1N} = -V_{DIFF}/2 + V_{CM}$

ここで、V_{DIFF}は差動電圧、V_{CM}は同相電圧

図9-15 gm-Cフィルタの構成法

タの基礎となる1V動作可能なgm-Cローパスフィルタの具体例について，gm調整回路を含めて紹介する．

　gm-Cフィルタの動作原理を図9-15 (a)，(b) に示す．この例では図9-15 (a) のLCローパスフィルタのインダクタLをgmセルと容量Cにより置換えることで，図9-15 (b) のアクティブフィルタの一種であるgm-Cフィルタとしている．インダクタ値は，$L = C/gm^2$で与えられる．gmセルは入力差動電圧に比例した電流を発生する機能を持ち，出力インピーダンスは理想的には無限大である．回路の一例を図9-15 (c) に示す．ここでは，M1とM2を線形領域で動作させ，差動電圧V_{DIFF}に比例した電流をI_{out}から出力する．M1とM2のドレイン電流であるI_{D1}とI_{D2}は次の2式で与えられる．

$$I_{D1} = \beta\left[(V_{1P} - V_{th})V_C - \frac{V_C^2}{2}\right] \qquad (9.12)$$

$$I_{D2} = \beta\left[(V_{1N} - V_{th})V_C - \frac{V_C^2}{2}\right] \qquad (9.13)$$

ここで，βはキャリア移動度，ゲート容量，ゲート幅とゲート長の比から決まる定数である．出力電流は次式のように入力差動電圧に対して線形とな

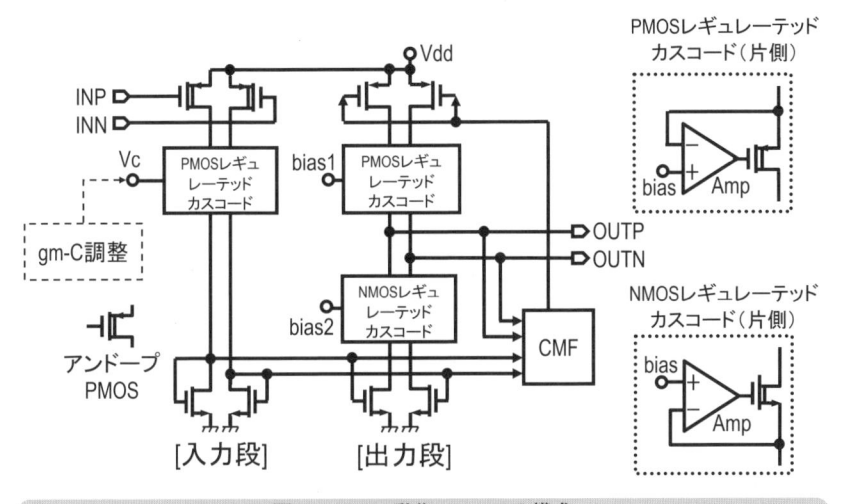

図 9-16　1V 動作 gm セルの構成

り，制御電圧であるドレイン電圧 V_c に比例する．

$$I_{\text{out}} = I_{D1} - I_{D2} = \beta\left(V_{1P} - V_{1N}\right)V_C = \beta V_{\text{DIFF}}V_C \tag{9.14}$$

1V 動作可能な gm セルの回路図を図 9-16 に示す[4, 7, 8]．線形領域のトランジスタはノンドープ型の PMOS デプレッション FET であり，NMOS カレントミラーにより電流情報を出力段へ伝達している．gm の調整は PMOS 型のレギュレーテッドカスコード (regulated cascode) のバイアス電圧 V_C を用いて行っている．gm セルは電流源であるので，出力電圧によって電流が変化しないように出力インピーダンスを極力大きくする必要がある．そこで出力段では PMOS 並びに NMOS 型のレギュレーテッドカスコードにより，出力インピーダンスを高めている．レギュレーテッドカスコードでは，カスコードトランジスタの出力インピーダンスが補助アンプ (Amp) の利得倍される特長を持つ．さらに，gm セル全体としての利得が高くなるので，同相モード帰還 (CMF) によるバイアスの安定化を図っている．

LSI プロセスでは容量の絶対値のばらつきは大きく，gm-C フィルタを構成する場合，容量値のばらつきを吸収しつつ希望のカットオフ周波数を実現する必要がある．図 9-17 はこのための gm 調整回路である[7, 8]．gm セルと容量から構成した RC 型の 90°移相器に基準信号 (この例では 1MHz) を入

gm セルと容量が 90° 移相器を構成

差動信号 1 MHz

直交差動出力

ミキサ

OPアンプ

チューニング信号 Vc

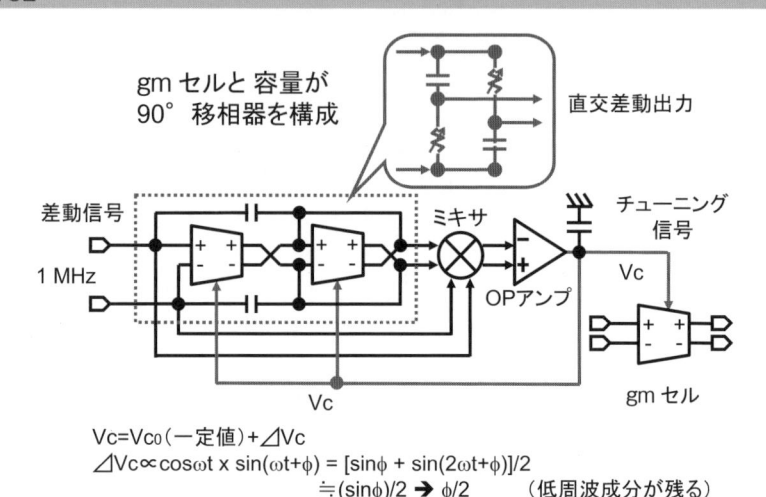

gm セル

Vc=Vc0（一定値）+ΔVc
ΔVc∝cosωt x sin(ωt+φ) = [sinφ + sin(2ωt+φ)]/2
≅ (sinφ)/2 → φ/2　（低周波成分が残る）

図 9-17　gm 調整回路

力し，基準信号と位相シフト後の信号をミキサによって乗算した後に，DC付近の成分のみを残し制御信号としている．90°移相器は等価的には挿入図のようになっている．ミキサの後の容量がローパスフィルタの役割をしている．gm 調整回路の gm セルは可変抵抗 R の働きをしている．gm の値が変化して 1MHz のときに正確に 90°位相シフトが発生するとミキサ出力はゼロになる性質を持つ．（9.15）式がこの一連のプロセスを示している．制御電圧 V_C は $V_C = V_{C0} + \Delta V_C$ と表現できる．ここで V_{C0} は一定の直流値であり，正確に 90°シフトが発生する電圧に対応する．ΔV_C は誤差電圧に相当し，gm 調整回路全体の負帰還プロセスにより ΔV_C が最小になるように動作する．2ω の高周波信号は OP アンプ出力の容量により減衰されるので，(9.13)式の第 4 項には低周波の誤差信号（$\sin\phi$）のみを表している．90°からの位相誤差 ϕ が十分小さいときは，ϕ に比例した誤差信号 $\phi/2$ が得られる．LSI上に作製した容量値の相対誤差は小さいので，この制御信号 V_C をフィルタ本体の gm セルの制御電圧に用いることで，フィルタ本体は gm 調整回路とほぼ同じ周波数特性を得ることができる．

$$\Delta V_C \propto \cos\omega t \cdot \sin(\omega t + \phi) = [\sin\phi + \sin(2\omega t + \phi)]/2 \cong (\sin\phi)/2 \cong \phi/2$$
(9.15)

```
        C
    ┌───┤├───┐            後段は抵抗1/gmと等価
    │   │    │         ┌─────────┐
V ──┼──│─\   │         │    │─\  │
    │  │ gm ├─┬────────┼────│ gm ├───── V_o
    │  │+/   │         │    │+/  │
   I_i └─┬──┘          │    └┬───┘
         ▽             │     ▽
        GM1            │    GM2
                       │
```

$$j\omega C(V - V_o) = gm(V + V_o)$$

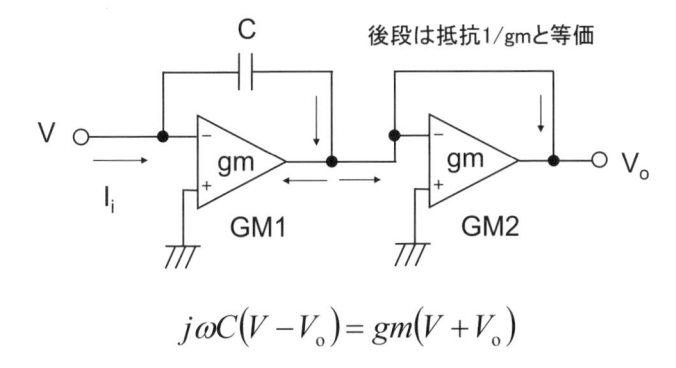

図 9-18　gm と容量による 90°位相シフトの仕組み（シングルエンド構成の場合）

図 9-18 を用いて 90°移送器の働きを説明する．見易さのためシングルエンド構成で記述しているが本質は同じである．図 9-18 の後段の回路は $1/gm$ の抵抗と等価な働きをしている．容量 C を流れる電流が 2 つの gm セル，GM1 と GM2 に流れ込むので (9.16) 式が成り立つ．

$$j\omega C\,(V - V_o) = gm\,(V + V_o) \tag{9.16}$$

(9.16) 式を変形すると，伝達関数は (9.17) 式で与えられる．

$$\frac{V_o}{V} = \frac{-gm + j\omega C}{gm + j\omega C} = \frac{1 - j\omega \dfrac{C}{gm}}{1 + j\omega \dfrac{C}{gm}} \tag{9.17}$$

ここで，周波数 ω を固定すると gm が $\omega C / gm = 1$ を満足するときに，(9.17) 式は $(-1 + j)/(1 + j) = j$ となり，V_o は V に対して 90°シフトすることになる．この式は 9.1 節で説明したローカル信号の 90°シフト用 RC ポリフェーズフィルタの (9.5) 式と同じ形をしている．$1/gm$ を抵抗 R に読み替えれば同じ式が得られる．

0.2μm CMOS/SOI を用いて試作した 3 次 Butterworth フィルタ[*1] の特性を図 9-19 に示す．カットオフ周波数は 1MHz であり，gm チューニング効果により電源電圧が 0.8V から 1.5V まで変動しても安定した特性が得られ

[*1] Butterworth フィルタ：低域通過特性が平坦で，カットオフ周波数以上では，おおむね $-20 \times N$ dB/dec の傾きで減衰する．ここで N はフィルタの次数である．

- 3次Butterwoth型 LPF
- gm調整付き
- 電源電圧変動による影響が小

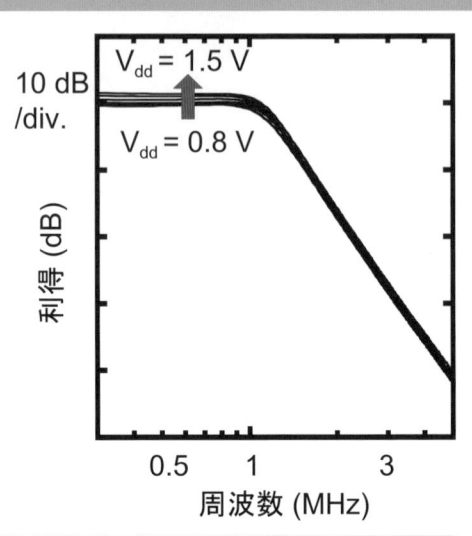

図9-19　3次LPFの特性（実測値）

ている．

　次に複素BPFの設計に移る．まず，複素BPFの基本原理について図9-20を用いて説明する．ローパスフィルタ（LPF）の伝達関数$H(j\omega)$は直流（$\omega = 0$）を中心に左右対称な伝達特性を持つ．したがって，ローパスフィルタ（LPF）に対して正負非対称な周波数シフトω_0を行うことにより，希望信号の存在する正周波数領域ではバンドパス特性を示し，イメージ信号が存在する負周波数領域では減衰特性を示す複素BPFの伝達関数$H(j(\omega - \omega_0))$を実現できる（図9-20 (a)）[5]．この構成は，9.1節で説明したRC（パッシブ）ポリフェーズフィルタに対比してアクティブ・ポリフェーズフィルタとも呼ばれる．周波数シフトを実現する基本的な考え方を図9-20 (b)に示す．直交電圧信号jVをトランスコンダクタンス$-\omega_0 C$により電流信号へ変換した後，容量で同相信号Vと電流加算することで，容量性インピーダンスは，等価的に周波数シフトした値$j(\omega - \omega_0)C$となる．gm-Cフィルタの場合，インピーダンスに周波数ωを含む素子は，容量のみであるので，この周波数シフトによりローパスフィルタの周波数シフトが可能になる．より具体的な説明は後ほど行う．なお，OPアンプを用いたRCアクティブ形式の複素バンドパスフィルタ[10,11]の考え方は，【コラムG】を参考にしていただきたい．

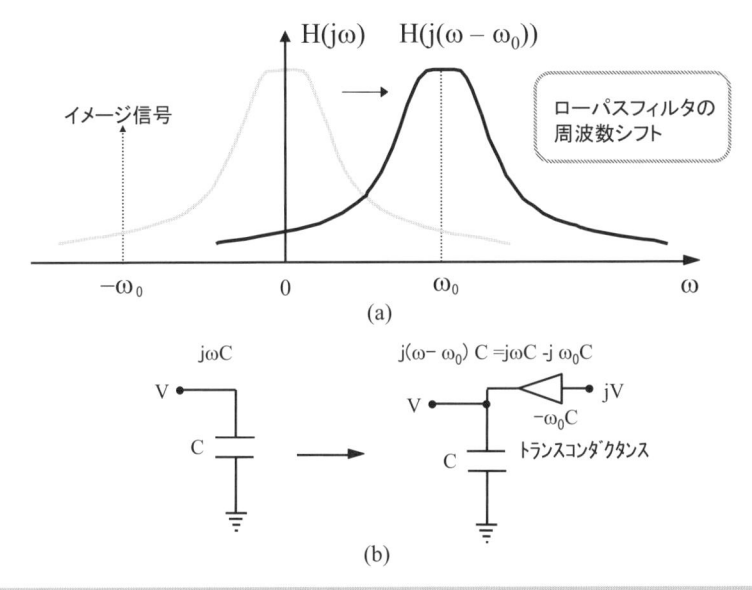

図 9-20 複素バンドパスフィルタの考え方

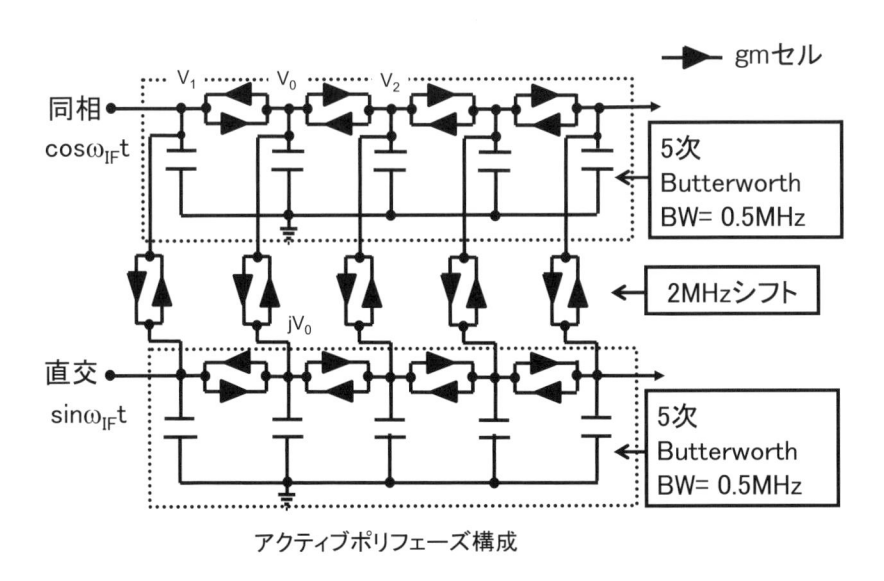

図 9-21 複素 BPF の構成

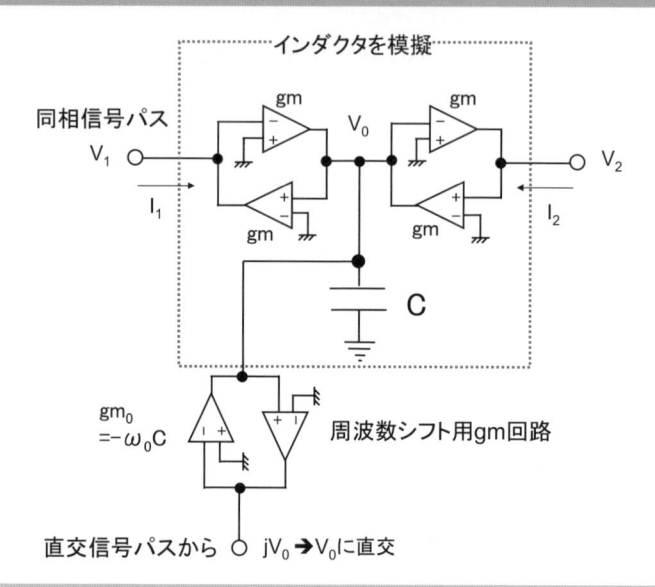

図 9-22　模擬インダクタ・インピーダンスの周波数シフトを説明する回路

　試作した実際の複素 BPF の回路図を図 9-21 に示す．同相ならびに直交 IF 信号を扱う同形の LPF が 2 個と周波数シフト部の gm セルより構成される．LPF はカットオフ周波数が 0.5MHz の 5 次の Butterwoth フィルタである．中間部の gm セルにより互いに直交する信号を橋渡しすることで，2MHz の周波数シフトを行っている．次に，図 9-21 の中から gm と容量で模擬されたインダクタ部ならびに周波数シフト回路に着目して，動作を説明する．図 9-22 には対象とする回路のみを抜き出して示す．容量 C の電圧 V_0 について回路方程式を立てると (9.18) 式となる．

$$V_0 = (-gmV_1 + gmV_2 - jgm_0V_0)\frac{1}{j\omega C} \tag{9.18}$$

　一方，端子 V_1 へ流れ込む電流 I_1 は (9.19) 式で与えられる（負号が付いているので，$V_0 > 0$ のときは，矢印とは反対方向）．端子 V_2 から流れ込む電流 I_2 の大きさは I_1 の大きさと同じである．

$$I_1 = -gmV_0 \tag{9.19}$$

　(9.18)，(9.19) 式から V_0 を消去してインピーダンス $Z \equiv (V_1 - V_2)/I_1$ と

して整理すると(9.20)式が得られる.

$$Z \equiv \frac{V_1 - V_2}{I_1} = j\left(\omega C + gm_0\right)\frac{1}{gm^2} \qquad (9.20)$$

さらに，周波数シフト用の gm セルの値が $gm_0 = -\omega_0 C$ を満足するときは(9.21)式となる．

$$Z = j\left(\omega - \omega_0\right)\frac{C}{gm^2} \qquad (9.21)$$

この式を見ると，模擬されたインダクタの大きさは C/gm^2 で変わらないが，インピーダンスの周波数特性は ω_0 の周波数シフトを伴っていることがわかる．この現象は，容量性インピーダンスが等価的に周波数シフトしたことに起因している．$\omega_0 = 0$ のときは図 9-15 で説明した通常の等価インダクタの式に帰着する．

次に，図 9-23 を用いて IF 出力における周波数逓倍の効果を説明する．図 9-21 の複素 BPF は直交出力を持つので，乗算により 2 逓倍信号のみを得ることができる．このとき，FSK 変調による周波数シフト成分 $\Delta\omega$ も 2 倍になるので，周波数変調度[*2] は 2 倍となる．一般に周波数変調の場合，理論的には周波数変調度が 2 倍になれば検波出力の S/N が 6dB 向上する．これはアナログ FM 変調でも同様である．したがって，周波数逓倍回路内で S/N 劣化が生じない理想状態では，6dB の感度向上が見込まれる．しかし，実際の回路では雑音の付加により S/N 劣化である Δ (S/N) が生じることになる．ただし，Δ (S/N) が 6dB より小さければ，感度を向上させることができる．

RF 入力から複素 BPF 出力までを見た伝達特性の実測値を図 9-24 に示す．ローカル信号周波数を固定して，RF 信号周波数を可変したときの IF 帯出力を観察している．BPF 帯域内においてイメージ抑圧比は 36dB が得られており，Bluetooth では十分なマージンがある[6]．BPF 自身にも利得 (12dB) を持たせることができるのがアクティブフィルタの特長であり，LNA からの BPF までの総合利得は 33dB である．次に，市販の FSK 復調 IC (Motorola MC13055) を用いて，本受信機の IF 出力を復調することで BER (Bit Error

---

*2 周波数変調度：周波数 (アナログ FM，FSK) 変調の深さを表す尺度で，変調波の最大周波数偏移を信号周波数で割ったもの．

- 変調指数が2倍：周波数偏移が$\Delta\omega$から$2\Delta\omega$
- 回路雑音等によるS/N劣化量：Δ(S/N)

⇩

- 感度改善度：6 dB－Δ(S/N) >0

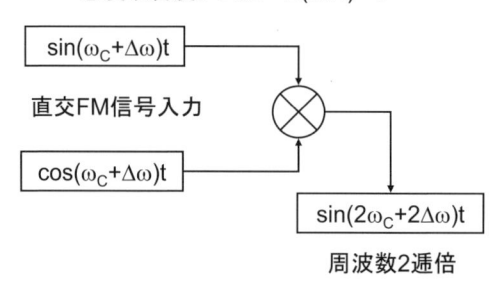

```
sin(ω_C+Δω)t ─┐
              ├→⊗→ sin(2ω_C+2Δω)t
直交FM信号入力   │
cos(ω_C+Δω)t ─┘        周波数2逓倍
```

図 9-23　2 逓倍化の効果

Rate）を実測した（図 9-25）．1Mbps の GFSK 変調波を用いており，周波数逓倍がある場合は BER = 0.1% 点で－76.5dBm の受信感度が得られている．IF 周波数が 4MHz のデータ（黒丸）が周波数逓倍器出力に対応している．この値は Bluetooth 規格の－70dBm [6] に対して十分なマージンを持つ．同図には周波数逓倍の無い IF 周波数が 2MHz の特性（白丸）も示している．提案した周波数逓倍方式により，BER = 0.01% 点では 2.2dB の感度向上，BER = 0.001% 点では 3dB の感度向上が実現されている．受信機全体の消費電力は 1V 電源電圧において 23mW を実現し，ニッケル水素系電池 1 本による動作が可能である．したがって，Bluetooth，ZigBee，Wireless Body Area Networks（WBAN）など近距離無線システムに適している．

9.3　Bluetooth 用低電圧 RF トランシーバ

0.2μm CMOS/SOI を用いて実現した，1V 動作の Bluetooth 用 RF トランシーバのブロック図を図 9-26 に示す [7, 8]．ミキサを始めとする要素回路には第 8 章や 9.1 節で述べた構成を適用して 1V 動作を実現している．送信機では，gm-C 構成（9.2 節参照）の Gaussian フィルタで波形整形したベースバンド信号により，2.4GHz 帯 VCO を直接 GFSK（Gaussian-filtered

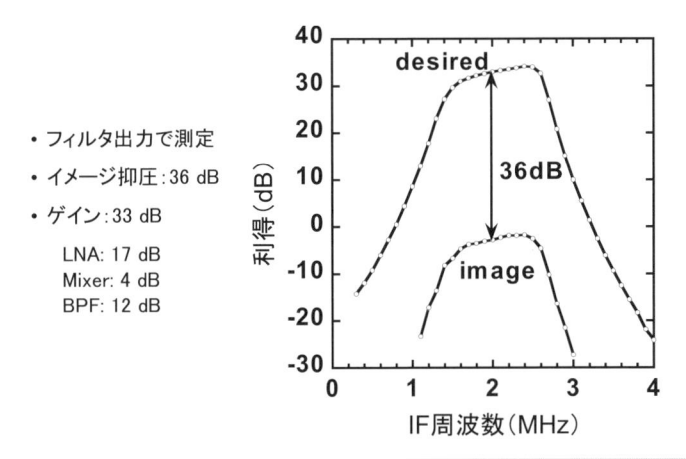

- フィルタ出力で測定
- イメージ抑圧：36 dB
- ゲイン：33 dB
  - LNA: 17 dB
  - Mixer: 4 dB
  - BPF: 12 dB

図 9-24　受信機の周波数特性（測定結果）

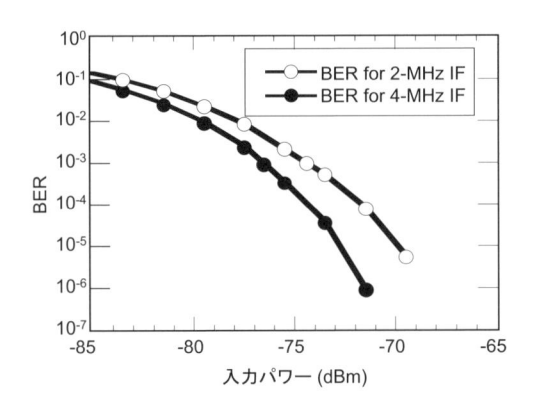

受信感度：-76.5dBm@0.1% BER（IF=4MHz、外部復調器との組合せ）

図 9-25　受信機の BER 特性（測定結果）

Frequency Shift Keying）変調している．このとき，PLL シンセサイザはオープンループ状態に保たれている．変調された VCO 出力はバッファアンプ（Buff）とパワーアンプ（PA）で増幅され，1mW（0dBm）程度の送信出力（Class 3）が得られる．PA には第 8 章で述べたカスコードアンプを用いている．Bluetooth は，送受信が時間軸上で交互に実行される TDD（Time Division Duplex）方式なので，MOS FET の特長を生かすことができる送受

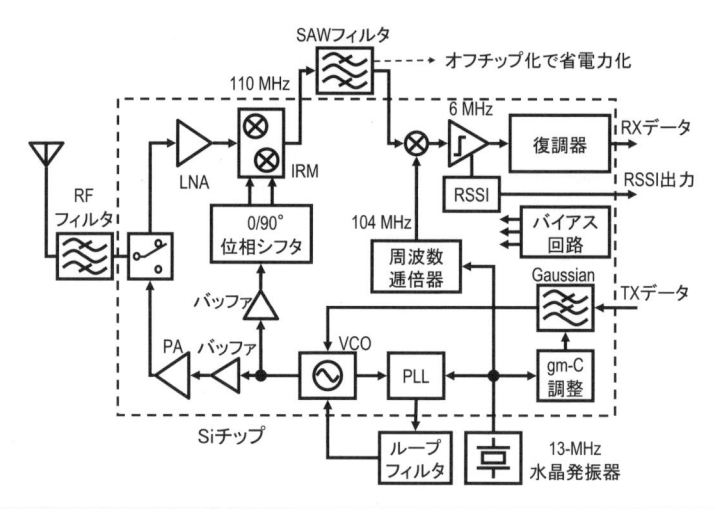

図 9-26　1V 動作 Bluetooth 用 RF トランシーバのブロック図

信切換えスイッチ（第 8 章）まで集積化している．

　今回は，省電力化を目的として，受信機では外付け SAW（Surface Acoustic Wave）フィルタをチャネル選択に用いたスーパーヘテロダイン方式を採用した．もちろん，9.2 節で述べた複素バンドパスフィルタを用いた低 IF 方式の適用も可能である．SAW フィルタの特性から中間周波数（IF）を 110MHz と高く設定するので，外付け RF フィルタとイメージ抑圧ミキサ（IRM）により十分なイメージ抑圧比を得ることができる．IF 帯での処理を低消費電力で実行するために，再度 6MHz への周波数変換を行い，第 2 の IF 信号を得ている．第 2 の LO 信号である 104MHz は，水晶発振器の 13MHz 信号を 8 逓倍して発生している．GFSK 変調波は包絡線が一定であるので，第 2 の IF 信号をリミッタアンプで十分なレベルへ増幅した後に，クアドラチャ検波方式による復調器でディジタルベースバンド信号に戻している．リミッタアンプは受信信号強度（RSSI）出力も備えている．外付け部品は RF フィルタ，IF 帯 SAW フィルタ，PLL のループフィルタ，水晶発振器と少ないので RF モジュールの省面積・低コスト化にも適している．

　以下では VCO を含む PLL シンセサイザの構成とトランシーバの特性について具体的に述べる．PLL シンセサイザのブロック図を図 9-27 に示す[9]．

第 9 章 RF 受信機とトランシーバの開発事例　161

```
┌─ 低電圧での安定動作 ──────┐        ┌─ 広い周波数レンジ ─────┐
│ ➡ デプレッショントランジスタを │        │ ➡ 周波数レンジ切換え型VCO │
│   電流源に適用            │        └──────────────────┘
└──────────────────┘                    │
                      │                  ①
                      ②           変調信号 ➡ FSK変調
```

（図9-27 ブロック図：レファレンスクロック → レファレンス分周器 → PFD → チャージポンプ → LF → VCO → RF出力、プログラマブル分周器、プリスケーラ、Siチップ、③ 低電圧時の高速動作 ➡ 完全差動型プリスケーラ）

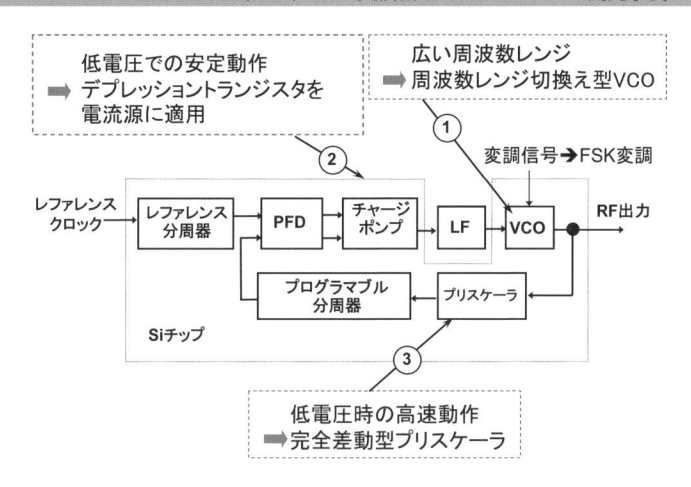

図 9-27　FSK 変調機能付 PLL シンセサイザのブロック図

整数比分周型 (Integer-N type) であり，レファレンス分周器，位相周波数検波器 (PFD)，チャージポンプ，VCO，2 モデュラスプリスケーラ及びプログラム分周器から構成される．ただし，チップ面積の観点からループフィルタは外付けとした．VCO/PLL の大きな特長は次の 3 点である．

① 周波数レンジ切替え型 VCO：低電圧で動作させることに加えて，送受信間で 110MHz の LO 周波数切替えが必要．

② デプレッショントランジスタを電流源に適用したチャージポンプ回路：低電圧動作時にも一定の電流を流すことができる．

③ 完全差動型のプリスケーラ：低電圧時にも十分な動作マージンを得ることができる．

周波数レンジ切替え型 VCO とチャージポンプの回路図を図 9-28 (a) に示す．VCO は LC タンクを用いた CMOS 差動型であり，正帰還をかけた PMOS 並びに NMOS ペアにより負性抵抗を発生させている．バラクタには NMOS FET のゲート容量を用いており，帰還ループ用，周波数レンジ切替え用，GFSK 変調用の 3 種類が並列に接続されている．図 9-28 (b) に示すように，IF 周波数に相当する 110MHz の周波数シフトが送受信間で必要なので，TX-RX Switch バラクタのゲート電圧を 0V と $V_{dd} = 1V$ で切替えて

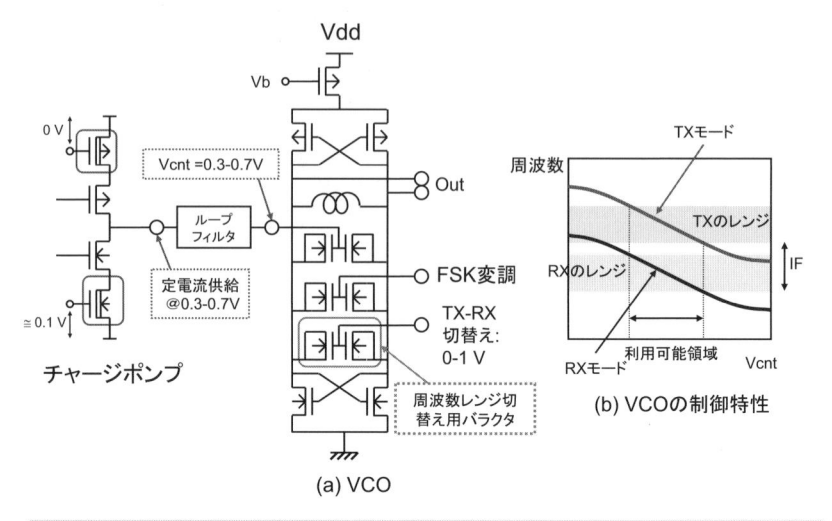

図9-28 周波数レンジ切替え型VCOとチャージポンプ

いる．このようにすると，ループフィルタ出力電圧は送受間でほとんど変化しないので，高速の周波数レンジ切替えが可能である．チャージポンプのPMOS及びNMOS電流源は，ノンドープ型のデプレッショントランジスタで構成しており，1Vの低電圧動作においても定電流領域を0.3～0.7Vの出力電圧範囲で確保することができる．

　2モデュラス型プリスケーラには完全差動構成を適用した．完全差動型は特に低電圧動作において，シングルエンド型より有利になる．電源電圧が低下すると信号振幅が減少するので，DCオフセット，ノイズに対する動作マージンが低下する．一方，完全差動構成では信号振幅を2倍にすることができるので，動作マージンが増加する．プリスケーラのブロック図を図9-29に示す．フリップフロップFF2からFF1並びにFF3からFF1への2つの帰還パスを差動信号化しているのが特長である．これらの帰還パスがプリスケーラの最高動作周波数を決めるので，差動信号化は高速化に非常に有効である．差動型OR/NORとフリップフロップ（FFi）は共に電流モードロジック回路（CML）で構成されている．PLLシンセサイザは高感度なアナログ回路を含むので，スイッチングに伴うグランドノイズの少ないCML構

差動信号

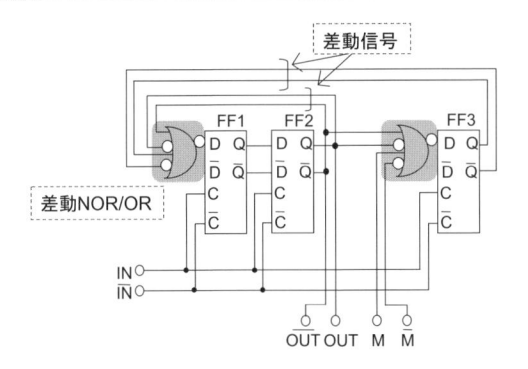

NOR/ORの差動化により動作マージンを拡大
⇒1V動作を可能に

図 9-29　低電圧動作 4/5 分周プリスケーラ

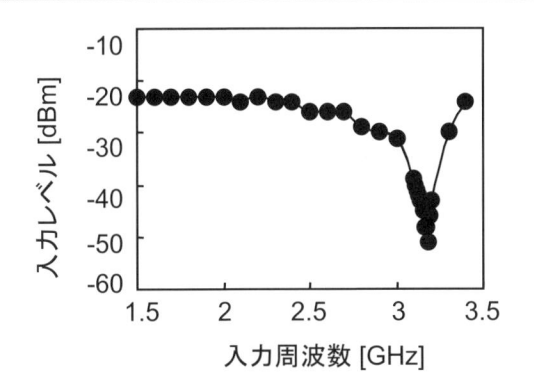

図 9-30　プリスケーラの入力感度特性

成が低雑音化に適している．入力感度特性を図 9-30 に示す．3.4GHz まで，−20dBm の入力レベルで動作可能である．プリスケーラ全体の消費電流は，電源電圧が 1V のとき 11.5mA である．

PLL シンセサイザをロックさせたときの，2.44GHz 出力の位相雑音特性を図 9-31 に示す．ループ帯域は 10kHz であり，このときの位相雑音は，オフセット周波数が 1MHz において −104dBc/Hz である．この値は Bluetooth のスペック[6]を満足している．PLL シンセサイザ全体の消費電流は 1V 電源で 17mA（17mW）である．

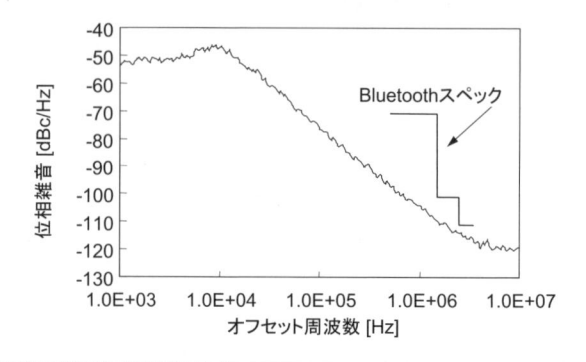

図 9-31 周波数ロック時の位相雑音特性

- 出力: −1 dBm
- 変調度: 0.32(160 kHz)
- gm-C形ガウシアンフィルタで波形整形し直接FSK変調

(a) 出力スペクトル　　(b) アイパターン

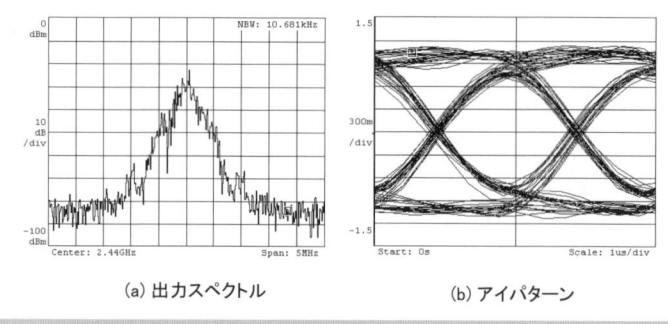

図 9-32 RFトランシーバの送信スペクトルとアイパターン

　最後に，RFトランシーバ全体の特性を述べる．送信機の特性として，2.4GHz帯の送信波形のスペクトルを図 9-32 (a)に，送信信号から再生したアイパターンを図 9-32 (b) に示す．送信電力が−1dBmで変調度が0.32のGFSK変調波である．元の入力ベースバンド信号は矩形波であるが，内蔵のGaussianフィルタにより，ベースバンド信号の高域が減衰して滑らかになっている．受信特性はビット誤り率(BER)で評価している．外付けのRF並びにIFフィルタを接続した状態で評価した特性を図 9-33 に示す．BERが0.1%のときの受信信号レベル(受信感度)は−77dBmであり，Bluetooth規格の−70dBm[6]に対して十分なマージンを持つ．データ通信で特に重要

第9章 RF受信機とトランシーバの開発事例　165

- w/ RF & IF フィルタ
- 感度：-77 dBm
  　　@ 0.1-% BER
- BER < 10^{-6}
  　@RF入力 > -65 dBm
- 最大RF入力レベル
  　> 0 dBm

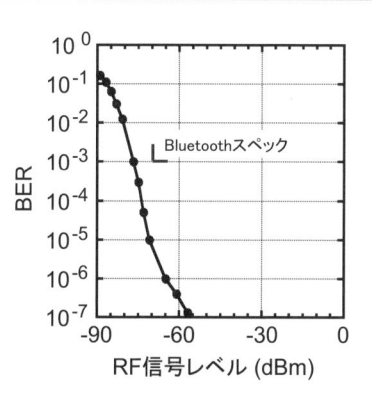

図 9-33　RF トランシーバの受信感度特性

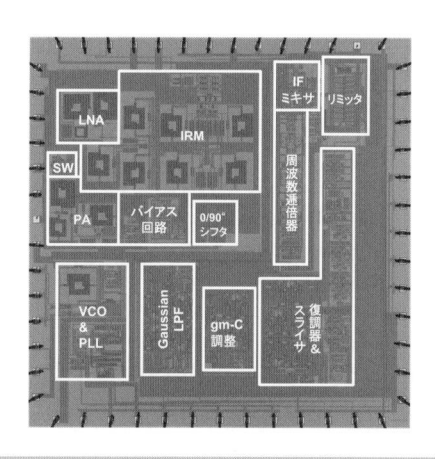

図 9-34　Bluetooth 用 RF トランシーバのチップ写真

になる BER が 10^{-6} 以下の領域は，-65dBm の入力で実現できる．さらに，0dBm 以上の大信号を入力した場合でも BER の劣化はほとんど見られない．これは，IF フィルタに受動フィルタを用いている大きな特長といえる．アクティブフィルタの場合，回路特性の飽和が生じるので大信号に対して弱くなる．チップ写真を図 9-34 に示す．消費電力は受信時に 53mW，送信時に 33mW で，単純平均では 43mW となる．チップサイズは $5 \times 5 \text{ mm}^2$ である．

【参考文献】

[1] M. Ugajin, J. Kodate, and T. Tsukahara, "A 1-V 12-mW Receiver with 49-dB Image Rejection in CMOS/SIMOX," *2001 IEEE Int'l Solid-State Circuits Conference*, 18.3, pp. 288-289, Feb., 2001.

[2] J. Harvey and R. Harjani, "An Integrated Quadrature Mixer with Improved Image Rejection at Low Voltage," 14th International Conference on VLSI Design, Jan. 2001.

[3] 春岡, 洞木, 松岡, 谷口, "GPSデュアルバンドイメージリジェクションミクサのLO位相誤差補償に関する研究", 電子情報通信学会論文誌, Vol. J86-C, No.11, pp. 1177-1183, 2003年11月.

[4] M. Ugajin and T. Tsukahara, "A 1-V 2.4-GHz FSK Receiver with a Complex BPF and a Frequency Doubler in CMOC/SOI," *2003 IEEE Custom Integrated Circuits Conference*, pp. 151-154, Sept. 2003.

[5] P. Andreani, S. Mattisson, and B. Essink, "A CMOS gm-C Polyphase Filter with High Image Band Rejection," *26th European Solid-State Circuits Conference*, pp. 244-247, Sept. 2000.

[6] R. Morrow, Bluetooth Operation and Use, McGraw-Hill, Chapter 3, 2002.

[7] M. Ugajin, A. Yamagishi, J. Kodate, M. Harada, and T. Tsukahara, "A 1-V CMOS/SOI Bluetooth RF Transceiver for Compact Mobile Applications," *2003 Symposium on VLSI Circuits*, pp. 123-126, June 2003.

[8] M. Ugajin, A. Yamagishi, J. Kodate, M. Harada, and T. Tsukahara, "A 1-V CMOS/SOI Bluetooth RF Transceiver Using LC-Tuned and Transistor-Current-Source Folded Circuits," *IEEE J. Solid-State Circuits*, vol. 39, no. 4, pp. 569-576, April, 2004.

[9] A. Yamagishi, M. Ugajin, and T. Tsukahara, "A 1-V 2.4-GHz PLL Synthesizer with a Fully Differential Prescaler and Low-Off-Leakage Charge Pump," *2003 IEEE MTT-S Digest*, WE-A4-5, pp. 733-736, June, 2003.

[10] J. Crols and M. Steyaert, "An Analog Integrated Polyphase Filter for a High Performance Low-IF Receiver," *1995 Symposium on VLSI Circuits*, pp. 87-88, June 1995.

[11] J. Crols and M. Steyaert, CMOS Wireless Transceiver Design, Kluwer, Boston, 1997.

【コラム G】 OPアンプを用いた複素バンドパスフィルタ

複素バンドパスフィルタへ移行する前のローパスフィルタを，OPアンプを持いた図G-1のRC型とすると，伝達関数は次式で与えられる．

$$\frac{V_o}{V_{in}} = -\frac{R_2}{R_1}\frac{1}{1+j\frac{\omega}{\omega_C}} \tag{G.1}$$

ここで，$\omega_C = \frac{1}{CR_2}$は，カットオフ周波数である．

次にこのローパスフィルタを2個用い，周波数シフトにより複素バンドパスフィルタを形成すると，図G-2の様になる[10,11]．本来は，完全差動構成のOPアンプが必要であるが，簡単化のためにシングルエンド出力としている．そのため，説明の都合上，QchからIchへの信号は，利得が−1の反転アンプを経由している．完全差動型OPアンプを使えばこのアンプは不要であり，符号が反対の差動出力端子から$-jV_o$を取出せばよい．一方，IchからQchへの信号は，V_oを用いてよい．QchからIchへの信号は，新たな抵抗R_3を介して，Ichの入力端子へ電流加算される．この抵抗R_3が周波数シフト量を決める．Ich側に対して回路方程式を立てると，次式のようになる．

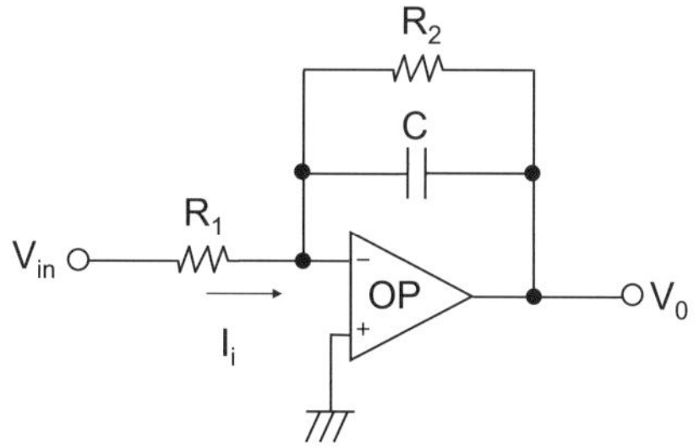

$$\frac{V_o}{V_{in}} = -\frac{R_2}{R_1}\frac{1}{1+j\frac{\omega}{\omega_C}}$$

ここで，$\omega_C = \frac{1}{CR_2}$

図G-1　OPアンプを用いたRC型ローパスフィルタ

$$V_\mathrm{o} = -Z_\mathrm{f}\left[I_\mathrm{in}(I) + I_\mathrm{in}(Q)\right] = -Z_\mathrm{f}\left(\frac{V_\mathrm{in}}{R_1} - \frac{jV_\mathrm{o}}{R_3}\right) \qquad \text{(G.2)}$$

ここで，Z_f は抵抗 R_2 と容量 C の並列インピーダンス，$Z_\mathrm{f} = \dfrac{R_2}{1 + j\omega CR_2}$ である．(G.2)式を変形して伝達関数 $\dfrac{V_\mathrm{o}}{V_\mathrm{in}}$ を求めると，

$$\frac{V_\mathrm{o}}{V_\mathrm{in}} = -\frac{R_2}{R_1}\frac{1}{1 + j\dfrac{\omega - \omega_0}{\omega_\mathrm{C}}} \qquad \text{(G.3)}$$

ここで，$\omega_\mathrm{C} = \dfrac{1}{CR_2}$ はカットオフ周波数を，$\omega_0 = \dfrac{1}{CR_3}$ は複素バンドパス化するための周波数シフト量を表す．この例では，周波数シフトは ω_0 と正方向になっている．この構成は，希望信号の周波数が LO 信号より高く，イメージ妨害波の周波数が LO 信号より低い場合に用いることができる．IF 帯の希望信号は，正の周波数領域に存在するためである．本構成は，周波数シフトを抵抗で実現できるので，省電力化に向いている．また，高次のフィルタは，図 G-2 の回路を従属接続することで実現できる．

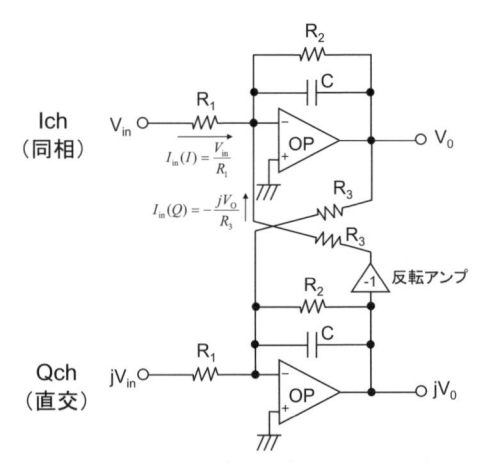

図 G-2　OP アンプを用いた複素バンドパスフィルタ

● 演 習 問 題 ●

1. (9.1)式のフーリエ級数を計算せよ．

2. (9.1)式を用いて(9.2)式を導け．

3. (9.20)式で，周波数シフト用の gm セルの値が $gm_0 = \omega_0 C$ を満足するときは，どのようなフィルタになるか．また，そのときの RF 周波数と LO 周波数との大小関係を述べよ．

4. (G.3)式を求めよ．

第10章 RF-LSI の最近の開発動向

第8章と9章では，筆者が開発に関わってきたRF要素回路，受信機ならびにトランシーバを中心に設計手法を解説した．最終章である本章では，SoC化してきたCMOS RF回路の最新動向について，「低電力・低電圧」と「ディジタル化」をキーワードに，発表論文を中心にいくつか紹介する．

10.1 2.4GHz 帯低電力・低電圧受信機

まず，「低電圧・省電力化技術」の観点から2件紹介する．最初はISSCC2008でイタリアのPavia大学のグループが発表した要素回路技術である[1]．図10-1(a)に示す2.4GHz帯低IF型受信機を90nm CMOSプロセスと省電力回路技術により実現している．ZigBeeやWPAN向けを対象としている．電源電圧が1.2Vのとき消費電力は3.6mWと小さい．回路技術のポイントは図10-1(b)に示した直交LMV（LNA-Mixer and VCO）セルである．LNA，直交ミキサ，VCOを縦積みにして同じ直流電流を各回路で再利用している．直交ローカル信号を用いず，共通のVCO出力をローカル信号に用いるために，LNAにおいてRF信号の位相を90°シフトする構成としている．こうすることで，直交ローカル信号を用いる直交ミキサ（例

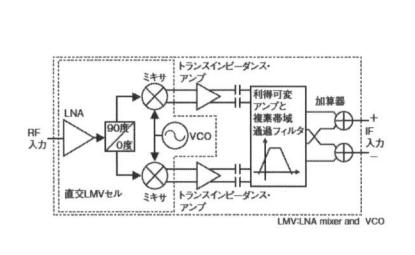

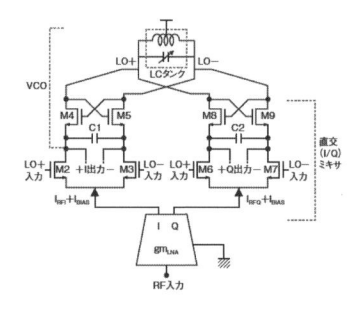

(a) 受信機の全体ブロック (b) 直交LMVセルの回路図

© A. Liscidini

図10-1 ZigBeeやWPAN向けの2.4GHz帯3.6mW受信機

えば第9章，図9-1の構成）と等価な動作になる．試作チップ内には複素BPFまで搭載されている．消費電力の配分は，直交LMVが2.4mWで複素BPFが1.2mWである．Ichのみを取り出した図10-2に示すLMVセルを基に動作を説明する．トランジスタM1がLNAであり，M2とM3がVCO出力でオン／オフされるミキサとなる．正帰還されたM4とM5のペアがVCOの負性抵抗発生回路である．図10-2ではM2とM5がオンしているローカル信号の半周期の状態を示している．このとき直流電流はM5（VCO），IF Load（負荷），M2（ミキサ），M1（LNA）を共通に流れている．VCOのローカル信号周波数において容量Cはショート状態となり，交流的にVCOはミキサと分離される．一方，低IF信号はM2とM3のドレイン端子に出現するが周波数が低いので容量Cは高インピーダンスに見え，よりインピーダンスの低いIF Load（負荷）に低IF信号が流れる．このようにローカル信号と低IF信号の周波数の違いにより動作ブロックが交流的に分離されることが大きな特徴である．

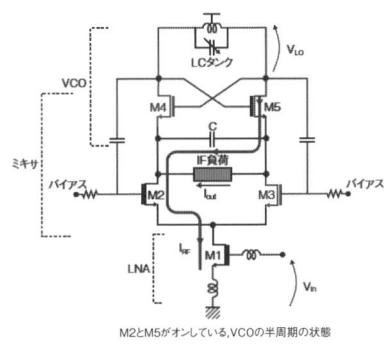

図10-2 IchのみのLMVセル構成

10.2　900MHz帯低電力・低電圧トランシーバ：RF SoC (System on a Chip)の例

次は同じくISSCC2008でイギリスのToumaz Technology社が発表したワイヤレス人体センサネットワーク（Wireless Body Sensor Networks：WBSN）向けの省電力SoCである[2,3]．図10-3に示すように，RFトランシーバ，ディジタルベースバンド回路，センサ用インタフェース／処理回路から構成される．RF周波数帯は，欧州規格であるSRD (Short-Range Device)の862MHz-870MHzならびに，北米のISM帯（Industrial, Scientific and Medical band）である902MHz-928MHzを前提としている．0.13μm CMOSプロセスを用いており，SoC全体のチップ面積は16 mm^{2}である．この内RF部は7mm^{2}を占める．RFトランシーバの消費電流は，受信時が2.1mA

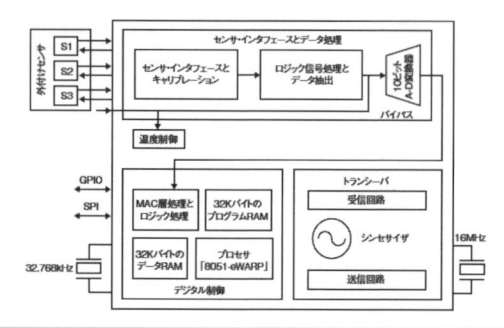

図 10-3　Wireless Body Sensor Networks（WBSN）向け SoC の全体ブロック図

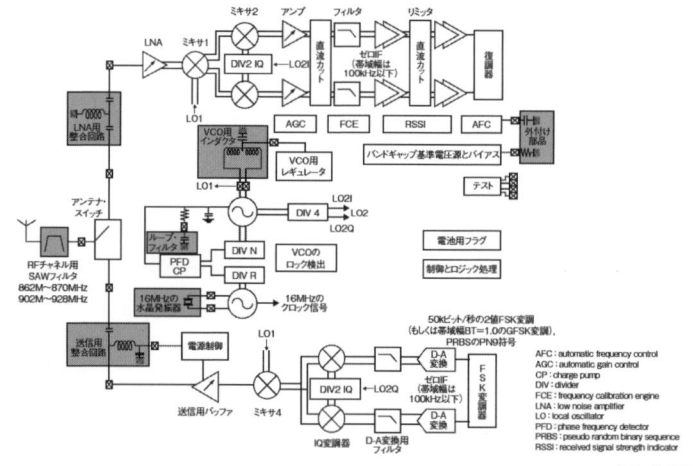

図 10－4　WBSN 向け RF トランシーバのブロック図

で送信時は 2.6mA と非常に小さい．電源電圧は 0.9V から 1.5V に対応している．2 値の FSK 変調を用い，ベースバンドの伝送速度は 50kb/s と低い．

次に図 10-4 に示す RF トランシーバのブロック図を基に，回路的な特長を概観してみる．まずアーキテクチャであるが送信，受信共に第 4 章で説明したスライディング IF 方式を採用している．IF 帯用の第 2 ローカル信号は VCO 出力を 1/4 分周することで得ている．受信機においてはイメージ抑圧ミキサを用いておらず，さらに，送信機においてもサイドバンド抑圧ミキサを用いていない．こうすることで，RF 帯ミキサの個数を減らし，RF 帯 90°移相器を省くことができるので，省電力化に適している．イメージ抑圧

とサイドバンド抑圧は RF 帯の SAW (Surface Acoustic Wave) フィルタのみに依存している．この構成が採れるのは，WBSN や WBAN[*1] など近距離無線システムにおいてはイメージ抑圧のスペックを緩和できるためである．インダクタに対して高い Q 値が要求される PA，LNA の整合回路ならびに VCO のタンク回路では，ボンディングワイヤをインダクタとしている．さらに，多くのトランジスタのゲートバイアス電圧は，閾値電圧より少し高めか，弱反転領域[*2] からサブスレッショルド領域[*3] に設定して電流を絞り省電力化につなげている．一般に，$0.13\mu m$ CMOS プロセスの NMOS トランジスタのカットオフ周波数 f_T は 90GHz 程度，最大発振周波数 f_{max} は 130GHz 程度であるので，本システムの RF 周波数から見れば 2 桁大きい．したがって，このように電流を絞った回路設計が可能になっているといえる．ベースバンドの伝送速度が 50kb/s と低いのもベースバンド回路の省電力設計に有利である．

このように，近年ではディープサブミクロンデバイスの適用により，RF 回路の省電力化と SoC 化を両立させることが可能になってきた．特に，CMOS デバイスの特長を活かすことのできる SoC 化が活発化してきている．

10.3 ディジタル RF 送信機（変調器）

次に紹介する技術は，従来用いられていた I/Q ダイレクトアップ型直交変調器の発展形といえる．従来は DAC に発生させた I/Q ベースバンド信号を RF 帯ミキサに入力して直交ローカル信号とアナログ乗算を行い，加算することで変調波を得ていた．図 10-5 に示す今回の構成では，RF 帯ミキサと DAC の機能をマージすることで，ディジタルベースバンド信号により直接変調ができるようにした[4]．この構成をディジタル RF コンバータ (DRFC)

---

*1 Wireless Body Area Networks (WBAN)：様々な無線センサから構成され，人体に装着あるいは埋め込むことで，脈拍，血流，体温，発汗などの人体情報，人の動きを監視する至近距離の無線ネットワーク．
*2 弱反転領域：閾値電圧のすぐ少し下のサブスレッショルド領域．
*3 サブスレッショルド領域：閾値電圧より低いゲートバイアス領域全般を指す．拡散電流が支配的となるので，電流・電圧特性はバイポーラトランジスタと同じく指数関数で表現される．

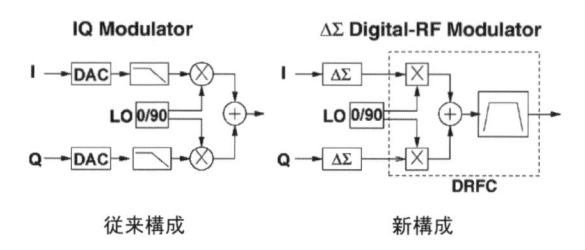

```
       IQ Modulator              ΔΣ Digital-RF Modulator
  I →[DAC]→[ ]→⊗                 I →[ΔΣ]→┊[⊗]                ┊
            [LO 0/90]→⊕              [LO 0/90]→┊   ┊→[▱]
  Q →[DAC]→[ ]→⊗                 Q →[ΔΣ]→┊[⊗]                ┊
                                         └──────DRFC─────────┘
       従来構成                          新構成
```

☆ディジタルRFコンバータ(DRFC)➡RF直接変調の一種
・乗算器とDACの働きを同時に持たせ、ディジタルからRFへ直接変換
・高速 $\Delta\Sigma$ 変調器をベースバンドに入れて、RFバンド内の量子化誤差を低減
・RFバンド外の量子化雑音はLC型バンドパスフィルタで減衰
・実際にはディジタルIF変調を介した方がスプリアスの低減が容易

© A. Jerng

図 10-5　ディジタル RF 変調器の構成と特徴

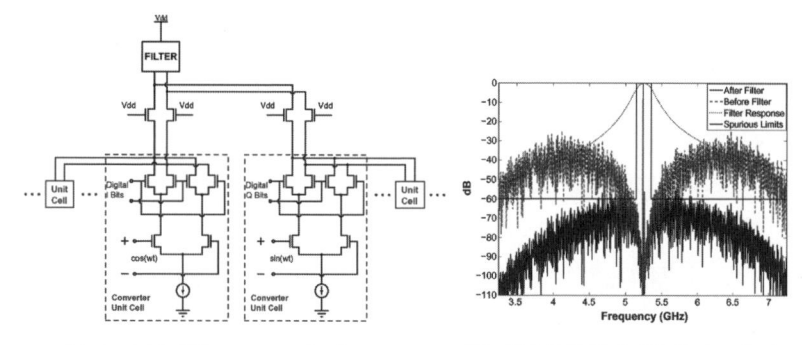

(a) 直交ディジタルRFコンバータコア　　(b) 出力スペクトルのシミュレーション

I/Qchそれぞれ3bit構成（8個のユニットセル）

© A. Jerng

図 10-6　ディジタル RF コンバータ回路とシミュレーションスペクトル

と呼んでいる．ただし，RF帯ミキサにマージするDACの機能は3bitと粗くしたので，I/Qベースバンド信号を一度ディジタル領域のMASH型 3bit $\Delta\Sigma$ 変調器に通すことで，RF帯域内における量子化誤差を低減している．さらに，周辺に追いやられた量子化雑音はLC型のバンドパスフィルタ (BPF) により抑圧して，スプリアス放射スペックを確保している．LC-BPFの中心周波数は自動的にチューニングできる．

ディジタルRFコンバータ（DRFC）の回路図を図10-6 (a) に示す．Gilbertセルミキサと類似した同一電流（0.25mA）のユニットセルを用いて，

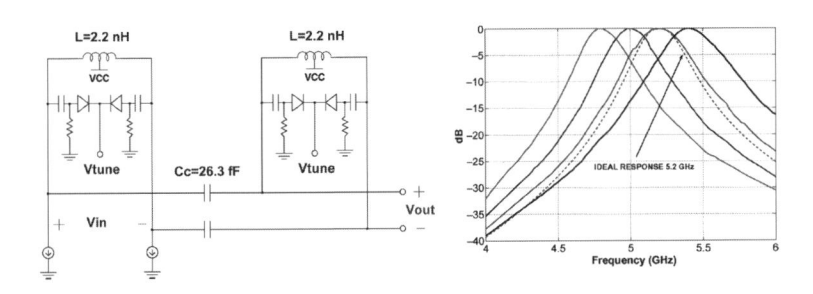

(a) LCバンドパスフィルタ(BPF)

(b) BPFの特性

©A. Jerng

図10-7 LCバンドパスフィルタ回路と特性

(a) 試作チップ

(b) ディジタルIF(DIGIF)回路
→クロック周波数はIFの4倍

©A. Jerng

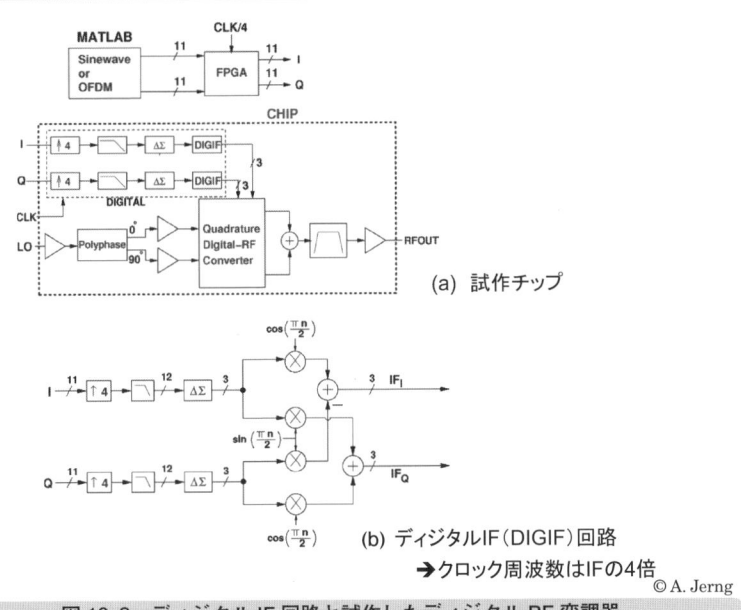

図10-8 ディジタルIF回路と試作したディジタルRF変調器

Ichならび Qchがそれぞれ7個(3bit)で構成される．直交ローカル信号は下側の差動対に入力され，ディジタルベースバンド信号は上側の2個の差動対に入力される．7個のユニットセルが電流加算型のDACを形成し，各ユニットセルはミキサと見なせる．図10-6 (b)は，3bit，2次$\Delta\Sigma$変調器を通したベースバンド信号でDRFCを駆動したときの出力スペクトルのシミュレーション結果を示す．信号中心部で量子化雑音が減衰していることが分か

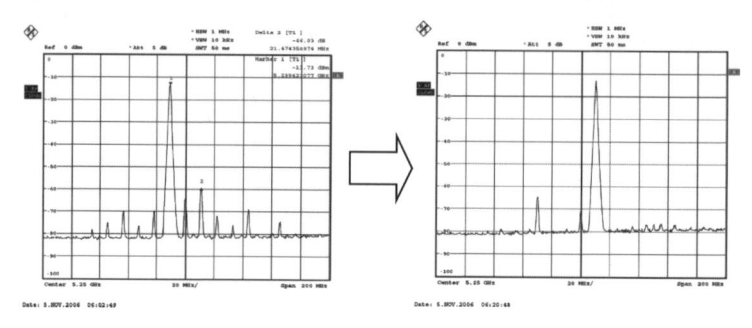

(a) ダイレクトアップコンバージョン
ディジタルIF変調なし：ベースバンド駆動
➔スプリアス多い

(b) ディジタルIFモード
ディジタルIF変調付加➔スプリアス減

©A. Jerng

図 10-9　正弦波出力時のスペクトル

る．また，LC-BPF を挿入することでスプリアスレベルが大幅に低減できる様子も示している．

　図 10-7 (a) には，LC-BPF の回路を示す．バラクタのバイアス電圧 Vtune により中心周波数を可変できる．Vtune を変えたときの BPF の特性（実測）を図 10-7 (b) に示す．実測した共振器の Q 値は 20 程度である．周波数の可変範囲は 4.8GHz から 5.4GHz である．

　試作チップではディジタル IF 変調器も搭載しており，ベースバンドからのダイレクトアップコンバージョン方式と，ディジタル IF 信号を用いたアップコンバージョン方式による特性の違いを測定できるようにしている．試作したディジタル RF 変調器の全体図を図 10-8 (a) に示す．プロセスは 0.13μm CMOS である．直交ローカル信号は RC ポリフェーズフィルタで生成している．ディジタルベースバンド信号は外部の FPGA により発生させる．ディジタル IF 変調は図 10-8 (a) の中の DIGIF ブロックで行われる．DIGIF 回路のブロック図を図 10-8 (b) に示す．第 2 章のコラム A で述べたようにサンプリングクロック周波数は IF 周波数の 4 倍に設定して，ハードウエアを簡素化している．また，直交した IF 信号を生成するために変調部は 2 系統になっている．

　図 10-9 は 5GHz 帯の正弦波を出力したときのスペクトルである．ベース

バンドからのダイレクトアップコンバージョン方式（図10-9 (a)）に対して，ディジタルIF信号を用いたアップコンバージョン方式（図10-9 (b)）ではスプリアスが減少している．これは，IF周波数が600MHzと高くなるので，IF信号に関連するスプリアスはLC-BPFで十分，抑圧されるためと考えられる．256-QAM OFDM変調波のスペクトルを図10-10に示

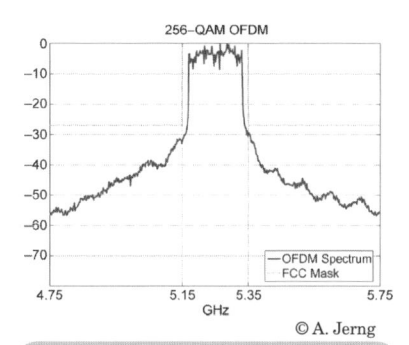

図10-10　256-QAM OFDM変調のスペクトル（帯域幅：160MHz）

す．このときの帯域幅は160MHzで，米国FCC（Federal Communication Commission）のスペクトルマスクを満たしている．消費電力は187mWと大きめであるが，面積は0.72mm^{2}である．ディジタル部が多くかつ高速動作なのでディジタル部の消費電力（120mW）が最も大きい．

RF帯のスプリアスをオンチップフィルタで十分抑圧する必要があるが，アナログ回路が減り有望な技術であると考える．特に，ディジタルIF構成の方が，I/QアンバランスによるEVMの劣化を小さくでき，スプリアスも低減できるので実用化には有利であると考える．

10.4　RFサンプリング型受信機

次に紹介する図10-11のBluetooth向け受信機では，従来広く使われていたミキサを第3章で述べたサンプリング回路に置き換えた構成となっている[5]．IEEE ISSCC2004でTI社から発表があり，最も注目を浴びた論文の一つである．0.13μm CMOSと微細デバイスを用いることで2.4GHzでのRFサンプリングが可能となった．本格的なRFサンプリング受信機としては初めての発表となった．TI社としてもこのサンプリング型はディープサブミクロン時代に適したアーキテクチャであると今後の発展性を強く打ち出している．電源電圧も1.575Vと1V台に突入した．

ここでは，RFサンプリングとアナログデシメーション処理を行っているMTDSM（Multi-Tap Direct-Sampling Mixer）の動作を中心に解説する．

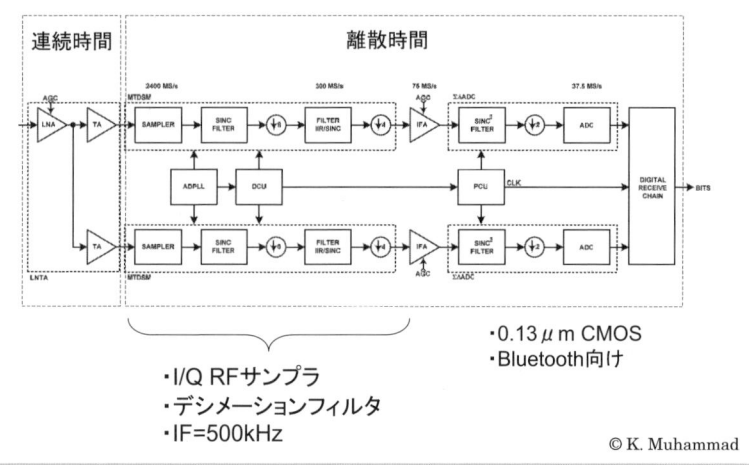

図 10-11　RF サンプリングを用いた 2.4GHz 帯 Bluetooth 用受信機

2.4GHz 帯の RF 信号は LNA 通過後 Ich と Qch 用の TA（Trans-conductance Amplifier）で電流信号に変換された後，2.4GHz 動作のサンプリング回路（Sampler）で 500kHz 帯の I/Qch の低 IF 信号に変換される．すなわち，サンプリング周波数は RF 信号と 500kHz の差を持っており，ミキサの RF 信号と LO 信号と類似の関係にある．ただし，低 IF 信号は時間軸上で見ると離散的になっていることが，従来の I/Q ミキサ構成との大きな違いである．時間軸上で離散的になっているので，ADC のサンプリング周波数と合わせるために，アナログデシメーション処理が必要になってくる．MTDSM では 2 段階のデシメーション（1/8 と 1/4）が行われ，クロック（サンプリング）速度は 1/32 倍の 75MS/s にデシメーションされる．電荷量を信号として，容量とスイッチによる移動平均フィルタが sinc フィルタを構成し，電荷の再配分動作が IIR フィルタを構成している．その後，$\Delta\Sigma$ 型 ADC の入り口の sinc フィルタで更に 1/2 倍にデシメーションされ 37.5MS/s に一致する．

　次に，MTDSM の働きを図 10-12 に示した回路図とクロックタイミングを基に説明していく．MTDSM は RF サンプリング部とデータ読出し部とで構成されている．サンプル／ホールド回路は MOSFET スイッチならびに容量（1 個の Ch と 8 個の Cr）より構成され，トランスコンダクタンス型 LNA からの電流信号を電荷情報として保持する．2.4GHz の LO 信号で 8 クロッ

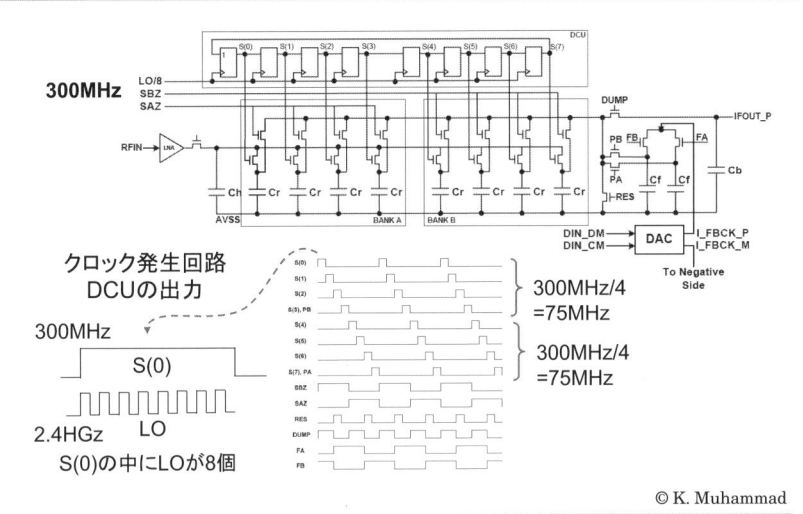

第 10 章 RF-LSI の最近の開発動向

図 10-12　MTDSM の回路図とタイミング

© K. Muhammad

MTDSM Sub-Blocks

$$F(\omega) = \frac{\sin\dfrac{8\omega T}{2}}{\sin\dfrac{\omega T}{2}}$$

1つのCrに対して
8回のサンプリング
（時間平均、移動平均）
→ 1st sinc

© K. Muhammad

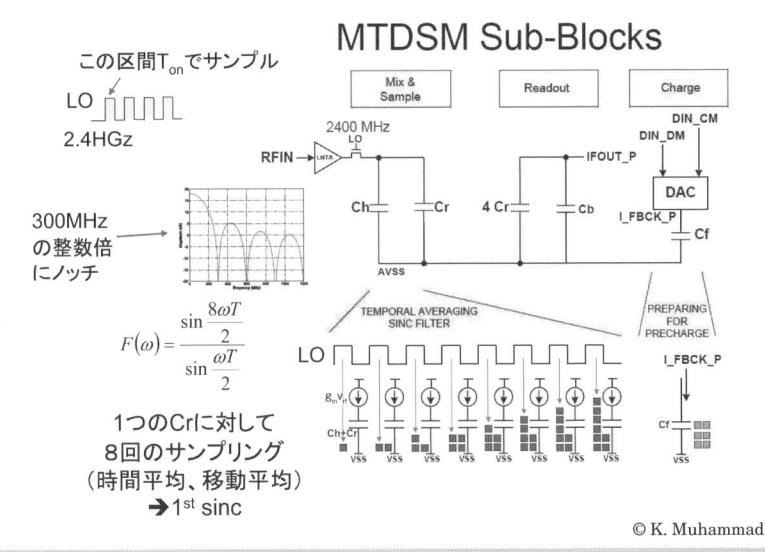

図 10-13　MTDSM の動作

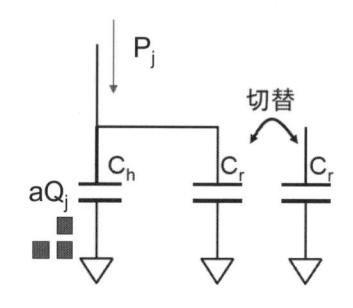

$Q_j = aQ_{j-1} + P_j$:差分方程式 → 1st IIRフィルタ（SCFと類似）

$a = \dfrac{C_h}{C_h + C_r}$:電荷の容量分割比

aQ_{j-1} : $j-1$のときC_hに蓄積された電荷
P_j : jのときC_hとC_rに注入された電荷
Q_j : jのときC_hとC_rに蓄積されている全電荷

© 松澤昭(東工大)

図 10-14　電荷再分配による IIR フィルタの形成

クの期間は，1つの Cr が Ch に並列接続された状態になり，RF 信号を 8 回サンプリングする．この様子を図 10-13 に示す．この段階で LO の 8 クロック間にわたる時間平均（移動平均）が行われるので，300MHz の整数倍にノッチ（ヌル点）を持つ 1 番目の sinc（FIR）フィルタが形成される．正方形のマークが 1 回のサンプルによる電荷量を意味する．Cr はクロック S（0），S（1）などにより，300MHz のタイミングで連続的に隣の容量に切り替わっていくが，37.5MHz の周期で元の状態にもどる．一方，Ch は常に接続されている．Cr が切り替わることで，スイッチトキャパシタ（SCF）的な動作が生じ新たなフィルタ特性が追加される．図 10-14 に示すように電荷保存則を表す式が差分方程式になるので，IIR フィルタ特性となる．

　8 個の Cr は Bank A と Bank B に分かれており，データの読出しのタイミングでは，SAZ ならびに SBZ クロックにより 4 個の Cr の電荷がまとめられて，読み出し用容量 Cb とともに電荷再分配が起こり，さらなる 1/4 のデシメーションが実行され，サンプリング周波数は 300MHz/4 = 75MHz となる．この様子を図 10-13（4Cr と Cb の並列接続）ならびに図 10-15 に示す．ここでも 2 種類のフィルタ特性が発生する．4 個の Cr の電荷をまとめる段階で空間平均をとることになり，2 番目の sinc（FIR）フィルタ特性

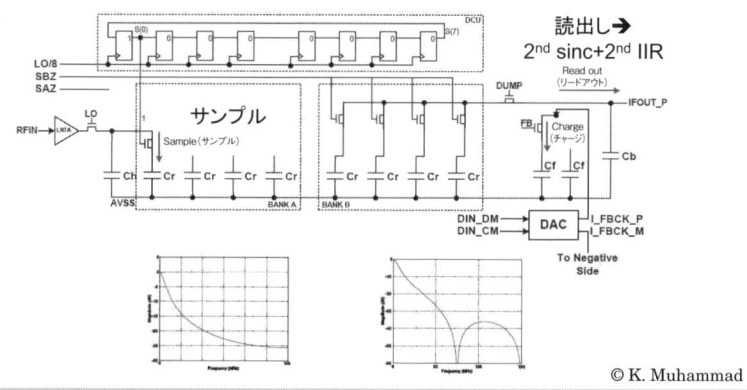

図 10-15　データのサンプルと読出し動作

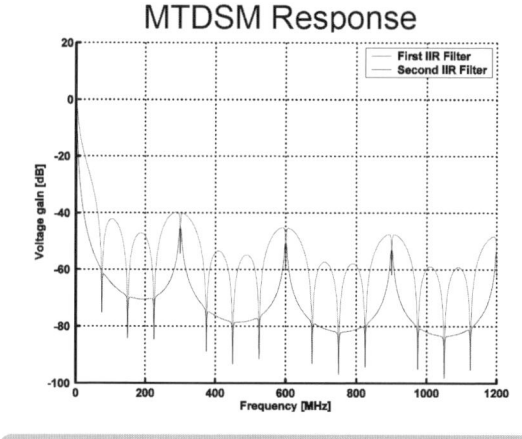

図 10-16　MTDSM のフィルタ特性

・37mA @電源1.575V
・感度:-83dBm

　が生じる．ノッチは 75MHz の整数倍に生じる．さらに，Cb と電荷再分配を行うときに，図 10-14 と類似したメカニズムにより，2 番目の IIR フィルタ特性が生じる．

　最終的なフィルタ特性を図 10-16 に示す．減衰量が多い方が最終出力である．ノッチは最終的な MTDSM のサンプリング周波数である 75MHz の整数倍で生じている．RF 回路としては，2004 年の時点で最も微細な 0.13 μm CMOS を用いており，消費電力も小さく，感度も -83dBm と高い．その後，2005 年の IEEE CICC (Custom Integrated Circuits Conference) では，TI

社はこの方式を GSM 受信機に適用した発表を行っている．TI 社の手法は，RF サンプリングなので，アナログ回路によるデシメーションがやや複雑になっているが，サンプリング周波数を変えることで，フィルタの特性を変えることができる．したがって，その後のソフトウエア無線（SDR）向け受信機の研究にも影響を与えている．

10.5　コグニティブ無線向けの受信機

最後に紹介する技術は，今後の無線システムとして注目を浴びているコグニティブ無線[*4]（Cognitive Radio：CR）向け受信機回路に関する新しい技術である[6]．オリジナル論文は IEEE ISSCC2008 で Georgia 工科大学より発表された．IEEE802.22 委員会で検討されている VHF または UHF のデジタルテレビ放送（DTV）バンドを使う，WRAN（Wireless Regional Area Network）向け機能を持つ CR 向け受信機のチップである．

受信機のブロック図を図 10-17 に示す．プロセス技術には 0.18 μm mCMOS を用いている．コグニティブ無線では，未使用の周波数バンドをアダプティブに使っていくので，通信開始前にバンドの使用状態をセン

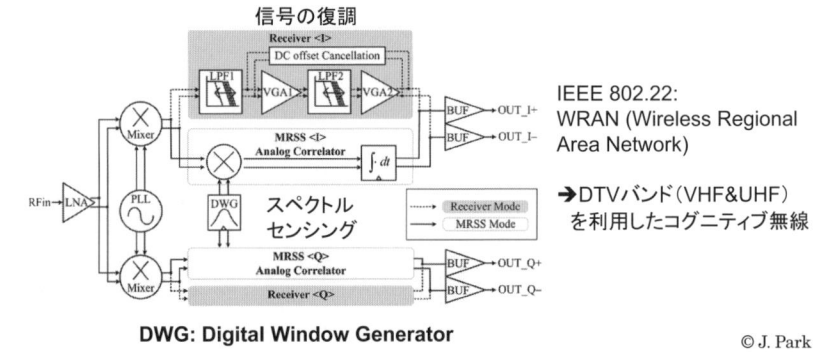

図 10-17　MRSS（Multi-Resolution Spectrum Sensing）を用いた受信機

---

*4　コグニティブ無線：端末や基地局などの無線機に周辺の電波環境を認識・認知（cognitive）する機能を持たせることにより，認識・認知した電波環境に応じて，無線通信に利用する周波数や方式などを無線機が自ら選択して，周波数の利用効率を高めようとする方式．米国の IEEE802.22 委員会で検討されている WRAN では，VHFまたは UHF のデジタルテレビ放送バンドの空きスペースを使うことを検討中．ソフトウエア無線技術が活かされるシステムである．

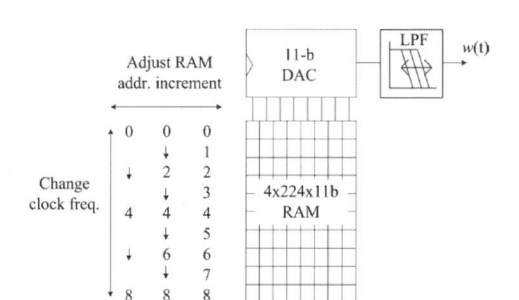

図 10-18　窓関数の発生回路（DWG）

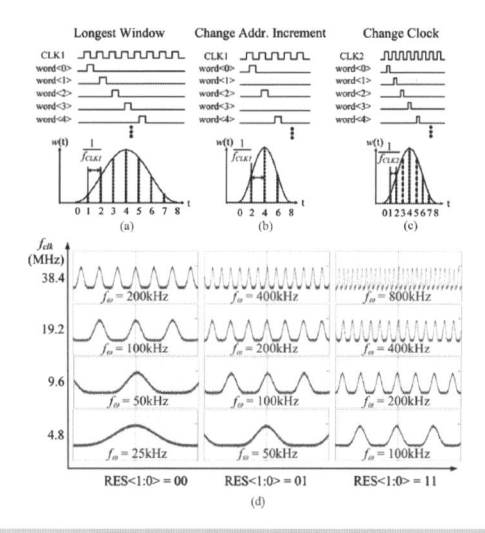

図 10-19　窓関数の発生の様子

シングする必要がある．このチップではスペクトルセンシング部（MRSS：Multi-Resolution Spectrum Sensing）と信号受信部を並列に設けて，高速に対応できるようにしている．MRSS はアナログ相関器になっていて，ディジタル回路と 11bit DAC により構成した窓関数発生回路（DWG：Digital Window Generator）とアナログ方式の乗算器ならびに積分器から構成されている．信号受信部はダイレクトコンバージョン方式である．

MRSS の窓関数には，選択度を高めるために $\cos^4$ 関数を用いている．実際の回路では，図 10-18 に示すように，メモリに蓄積されている窓関数デー

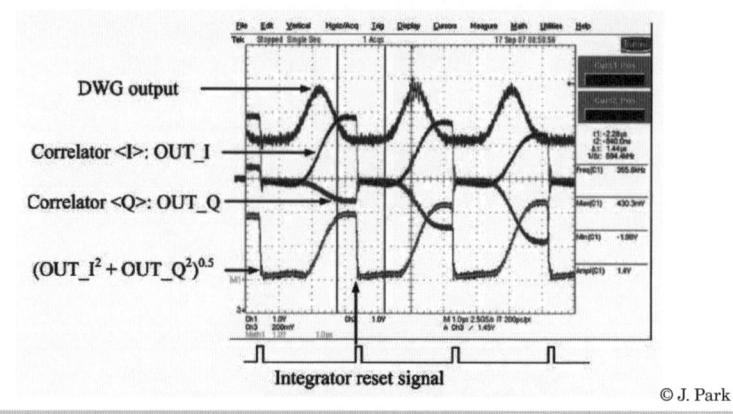

図 10-20　MRSS の一連の動作

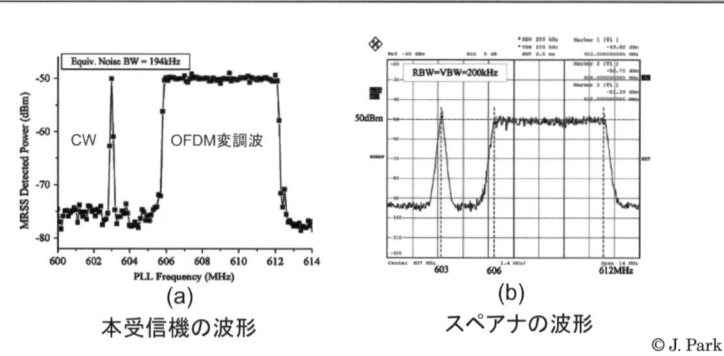

(a) 本受信機の波形
(b) スペアナの波形

図 10-21　スペクトル検出結果

タを 11bit DAC によりアナログ値へ変換することで，ベースバンド信号と乗算される．クロック周波数と RAM アドレス増加量を変えることで窓関数の形を可変できるのが特徴である．

図 10-19 には試作した回路を用いた窓関数の発生の様子を示す．クロック周波数と RAM アドレス増加量を変えることで窓関数の形が変化していることがわかる．MRSS の実際の動作を図 10-20 に示す．RF 信号は 600MHz で，ベースバンド信号が 200kHz である．積分が開始されると，Ich, Qch の相関器出力がそれぞれ変化する．また，$\sqrt{(OUT\_I^2 + OUT\_Q^2)}$ から求めた両チャンネル信号の合成値（スペクトルに相当）も同時に単調増加しており，信号をキャッチしていることが分かる．RF 周波数を挿引したときのスペク

トル特性を図10-21(a)に示す．603MHzにCW信号があり，609MHzを中心として7MHz帯域のOFDM信号が観測されている．比較のためのスペクトルアナライザ波形(図10-21(b))とも良く一致している．

【参考文献】
[1] A. Liscidini, M. Tedeschi, and R. Castello, "A 2.4 GHz 3.6mW 0.35mm^2 Quadrature Front-End RX for ZigBee and WPAN Applications," *2008 IEEE Int'l Solid-State Circuits Conference*, 20.8, pp. 370-371, Feb. 2008.
[2] A. C-W. Wong, D. McDonagh, G. Kathiresan, O. C. Omeni, O. El-Jamaly, T. C-K. Chan, P. Paddan, and A. J. Burdett, "A 1V, Micropower System-on-Chip for Vital-Sign Monitoring in Wireless Body Sensor Networks," *2008 IEEE Int'l Solid-State Circuits Conference*, 7.2, pp. 138-139, Feb. 2008.
[3] A. C-W. Wong, G. Kathiresan, C-K. T. Chan, O. El-Jamaly, O. Omeni, D. McDonagh, A. J. Burdett, and C. Toumazou, "A 1V Wireless Transceiver for an Ultra-Low-Power SoC for Biotelemetry Applications," *IEEE J. Solid-State Circuits*, Vol. 43, No. 7, pp. 1511-1521, July 2008.
[4] A. Jerng, and Charles G. Sodini, "A Wideband $\Delta\Sigma$ Digital-RF Modulator for High Data Rate Transmitters," *IEEE J. Solid-State Circuits*, Vol. 42, No. 8, pp. 1710-1722, Aug. 2007.
[5] K. Muhammad, D. Leipold, and B. Staszewski, Y.-C. Ho, C. M. Hung, K. Maggio, C. Fernando, T. Jung, J. Wallberg, J.-S. Koh, S. John, I. Deng, O. Moreira, R. Staszewski, R. Katz, and O. Friedman, "A Discrete-Time Bluetooth Receiver in a 0.13-μm Digital CMOS Process," *2004 IEEE Int'l Solid-State Circuits Conference*, 15.1, pp. 268-269, Feb., 2004.
[6] J. Park, T. Song, J. Hur, S. M. Lee, J. Choi, K. Kim, K. Lim, C.-H. Lee, H. Kim, and J. Laskar, "A Fully Integrated UHF-Band CMOS Receiver With Multi-Resolution Spectrum Sensing (MRSS) Functionality for IEEE 802.22 Cognitive Radio Applications," *IEEE J. Solid-State Circuits*, Vol. 44, No. 1, pp. 258–268, Jan. 2009.

… 演習問題と解答

第2章

1. 理想信号ベクトルを $Ae^{j(\omega t+\theta)}$ とし，実際の信号ベクトルを $(A+\Delta A)e^{j(\omega t+\theta+\phi)}$ としたときの EVM の関係式，$EVM = 100\sqrt{\left(\dfrac{\Delta A}{A}\right)^2+\phi^2}$ (%) を導出せよ．ここで，ΔA は振幅誤差，ϕ は位相誤差を表し，$\Delta A/A \ll 1$，$\phi \ll 1\mathrm{rad}$ とする．

【解答】

誤差ベクトル Err は，実際の信号ベクトルから理想信号ベクトルを引いて，

$$Err = (A+\Delta A)e^{j(\omega t+\theta+\phi)} - Ae^{j(\omega t+\theta)} = Ae^{j(\omega t+\theta)}\left[\left(1+\dfrac{\Delta A}{A}\right)e^{j\phi}-1\right] \quad (\text{ex 2.1})$$

となる．ここで，$e^{j\phi} = \cos\phi + j\sin\phi \cong 1+j\phi$ と近似すると，(ex 2.1) 式は，

$$Err = Ae^{j(\omega t+\theta)}\left[1+\left(\dfrac{\Delta A}{A}\right)e^{j\phi}-1\right] \cong Ae^{j(\omega t+\theta)}\left(1+\dfrac{\Delta A}{A}+j\phi+j\phi\dfrac{\Delta A}{A}-1\right)$$

$$= Ae^{j(\omega t+\theta)}\left(\dfrac{\Delta A}{A}+j\phi+j\phi\dfrac{\Delta A}{A}\right) \cong Ae^{j(\omega t+\theta)}\left(\dfrac{\Delta A}{A}+j\phi\right) \quad (\text{ex 2.2})$$

となる．最終的には誤差の2次項を省略した．
したがって，

$$EVM \equiv \dfrac{|Err|}{|Ae^{j(\omega t+\theta)}|}\cdot 100 = \dfrac{\left|Ae^{j(\omega t+\theta)}\left(\dfrac{\Delta A}{A}+j\phi\right)\right|}{|Ae^{j(\omega t+\theta)}|}\cdot 100 = 100\sqrt{\left(\dfrac{\Delta A}{A}\right)^2+\phi^2} \ (\%)$$

(ex 2.2) 式から，振幅誤差と位相誤差は，ほぼ直交する関係にあることがわかる．

2. 問題1の関係式を用い，振幅誤差が 0.1dB で位相誤差が 1° のときの EVM を算出せよ．

【解答】

0.1dB は $\dfrac{A+\Delta A}{A} = 10^{\frac{0.1}{20}} = 1.0116$ という意味なので，$\dfrac{\Delta A}{A} = 0.0116$ (1.16%) である．さらに，位相誤差を rad に変換すると，$\phi = \dfrac{\pi}{180}\cdot 1 = 0.0175$ (rad) となる．

したがって，
$$EVM = 100\sqrt{\left(\frac{\Delta A}{A}\right)^2 + \phi^2} = 100\sqrt{0.0166^2 + 0.0175^2} = 100\sqrt{2.76 + 3.06} \cdot 10^{-2}$$
$$= 2.41\,(\%)$$

3. 図2-10に示したLSB波とUSB波による2トーン信号について，ピーク値と実効値を算出せよ．ただし，$\omega_\mathrm{C} = n\omega_\mathrm{BB}$（$n$は整数）の関係があるとする．

【解答】
$$V(t) = USB + LSB = E\cos(\omega_\mathrm{C} + \omega_\mathrm{BB})t + E\cos(\omega_\mathrm{C} - \omega_\mathrm{BB})t$$
$$= 2E\cos\omega_\mathrm{C} t \cdot \cos\omega_\mathrm{BB} t \quad\text{(ex 2.3)}$$

からピーク値は 2E であることがわかる．
実効値は(ex 2.3)式に関する，$T = 1/\omega_\mathrm{BB}$ 期間の2乗平均から求める．

$$\frac{1}{T}\int_0^T V^2(t)dt = \frac{1}{T}\int_0^T E^2\{1 + \cos 2\omega_\mathrm{C} + \cos 2\omega_\mathrm{BB}$$
$$+ \frac{1}{2}[\cos 2(\omega_\mathrm{C} + \omega_\mathrm{BB})t + \cos 2(\omega_\mathrm{C} - \omega_\mathrm{BB})t]\}dt \quad\text{(ex 2.4)}$$
$$= \frac{1}{T} \cdot E^2 \cdot T = E^2$$

したがって，実効値は(ex 2.4)式の平方根から E となる．

4. ロールオフ率 α のナイキストフィルタを通過したシンボルレート $1/T$ (Hz) のベースバンド信号の帯域（正周波数領域）を求めよ．また，周波数変換後のRF帯における帯域を答えよ．

【解答】
本文(2.5)式より，$1 - \sin\left[\frac{\pi}{2\alpha}(2fT - 1)\right] = 0$ が上限の周波数を決める．したがって，$f = \dfrac{1+\alpha}{2T}$ がベースバンド帯での帯域となる．一方，RF帯ではキャリアを中心に両側波帯が発生するので，帯域はベースバンドの2倍となり，$2f = \dfrac{1+\alpha}{T}$ となる．

第3章

1. (3.12)式から(3.13)の近似式を求めよ．

【解答】
近似式，$e^{j\phi} = \cos\phi + j\sin\phi \cong 1 + j\phi$，$e^{-j\phi} = \cos\phi - j\sin\phi \cong 1 - j\phi$ を適用すると，

$$LO' = LO_I + jLO_Q'$$
$$= \frac{e^{j\omega_{LO}t}}{2}\{1-(1+\delta)(\cos\phi+j\sin\phi)\} + \frac{e^{-j\omega_{LO}t}}{2}\{1+(1+\delta)(\cos\phi-j\sin\phi)\}$$
$$\cong \frac{e^{j\omega_{LO}t}}{2}\{1-(1+\delta)(1+j\phi)\} + \frac{e^{-j\omega_{LO}t}}{2}\{1-(1+\delta)(1-j\phi)\}$$
$$= \frac{-e^{j\omega_{LO}t}}{2}(\delta+j\phi+j\delta\phi) + \frac{e^{-j\omega_{LO}t}}{2}(2+\delta-j\phi-j\delta\phi)$$
$$\cong -\frac{\delta+j\phi}{2}e^{j\omega_{LO}t} + e^{-j\omega_{LO}t}$$

となる．ここでは，$\phi \ll 1$ (rad)，$\delta \ll 1$ なので，第1項では誤差の2次項を，第2項では誤差の項を無視した．

2. 図 ex-3-1 に示すハートレー形送信機は，RF 帯への周波数変換に際して，片側のサイドバンドを抑圧した SSB 信号を発生できる．IF 帯の 90°移送器は理想的であり，I/Q ミキサへ入力される IF 信号は理想的な複素信号（正周波数のみを持つ）$A_{IF}e^{j\omega_{IF}t}$ とする．一方，LO 信号には振幅誤差 δ と位相誤差 ϕ が存在する．こ場合のスペクトルの様子を図示せよ．

【解答】
　LO 信号を

$$LO' = LO_I + jLO_Q' = \cos\omega_{LO}t + j(1+\delta)\sin(\omega_{LO}t + \phi) \cong e^{j\omega_{LO}t} - \frac{\delta-j\phi}{2}e^{-j\omega_{LO}t}$$

とおき，不要な負周波数成分 $-\frac{\delta-j\phi}{2}e^{-j\omega_{LO}t}$ の影響を考えると，図 sol-3-1 のようになる．複素信号の状態では，イメージ成分は負周波数領域のみにあるが，実際の送信機では実部信号のみを取出すことに相当する．したがって，正負のスペクトルは対称になるので，イメージ波である LSB 信号（不要なサイドバンド）が発生する．

3. サンプリング周波数 f_0 を 10 MHz としたサンプリングシステムで次の問いに答えよ．
   (1) 信号周波数が 2 MHz のときに観測されるスペクトルを，周波数を明記して 0 Hz ～ $f_0/2$ = 5 MHz の周波数範囲に図示せよ．振幅は3目盛りとする．
   (2) 信号周波数が $f_0/2$ = 5 MHz を越えると，エイリアスとして折返し雑音が

図 ex-3-1　ハートレー形送信機

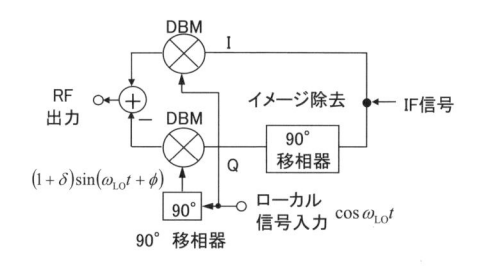

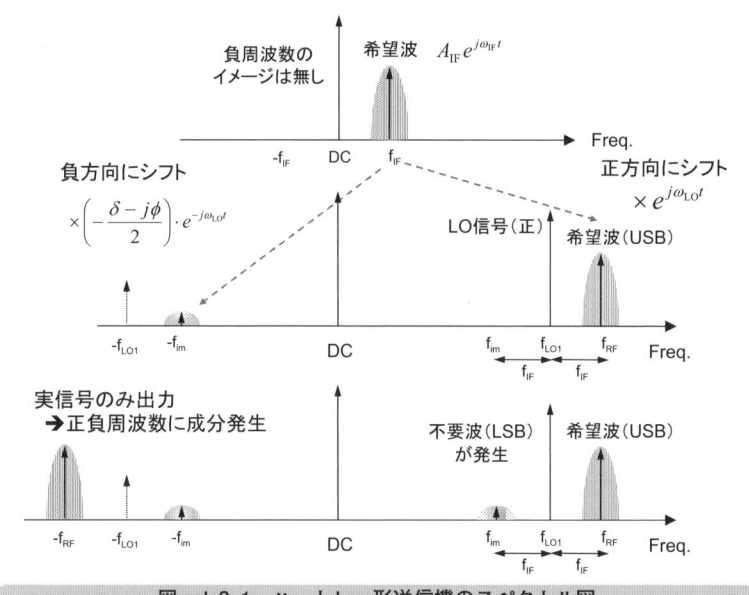

図 sol-3-1　ハートレー形送信機のスペクトル図

見えてくる．信号周波数が 7 MHz のときのスペクトルを，周波数を明記して 0 Hz ～ $f_0/2$ = 5 MHz の周波数範囲に図示せよ．振幅は 2 目盛りとする．

(3)　信号周波数が 11 MHz のときのスペクトルを，周波数を明記して 0 Hz ～ $f_0/2$ = 5 MHz の周波数範囲に図示せよ．振幅は 2 目盛りとする．

【解答】

(1) 2 MHz のところ．(2) 5 MHz で折り返し，3 MHz のところ．(3) 5 MHz と

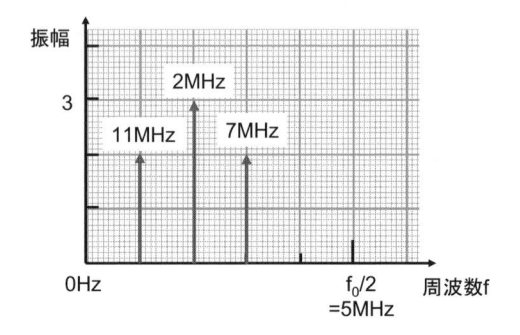

図 sol-3-2　サンプリングシステムのスペクトル図

直流で折り返し，1 MHz のところ.

第4章

1. ダイレクトコンバージョン方式に関する(4.1)式を導出せよ.

【解答】

半角の公式 $\cos^2 A = \dfrac{1}{2}(1+\cos 2A)$ を用いて以下のように展開する.

$$A_{\mathrm{UD}} \cdot A_{\mathrm{Leak}} \cos^2 \omega_{\mathrm{RF}} t = \frac{A_{\mathrm{UD}} \cdot A_{\mathrm{Leak}}}{2}(1+\cos 2\omega_{\mathrm{RF}} t) = \underline{\frac{A_{\mathrm{UD}} \cdot A_{\mathrm{Leak}}}{2}} + 2\omega_{\mathrm{RF}} \text{ の項}$$

2. ダイレクトコンバージョン方式に関する(4.2)式を導出せよ.

【解答】

半角の公式 $\cos^2 A = \dfrac{1}{2}(1+\cos 2A)$ を用いて以下のように展開する.

$$k_2 A_{\mathrm{UD}}{}^2(t)\cos^2[\omega_{\mathrm{RF}} t + \phi(t)] = k_2 \frac{A_{\mathrm{UD}}{}^2(t)}{2}\{1+\cos 2[\omega_{\mathrm{RF}} t + \phi(t)]\}$$
$$= \underline{k_2 \frac{A_{\mathrm{UD}}{}^2(t)}{2}} + 2\omega_{\mathrm{RF}} \qquad \text{の項}$$

3. 図 4-3 の可変 IF 型受信機で，LO_1 信号に振幅誤差 δ と位相誤差 ϕ が存在する場合のスペクトルの様子を図示せよ.

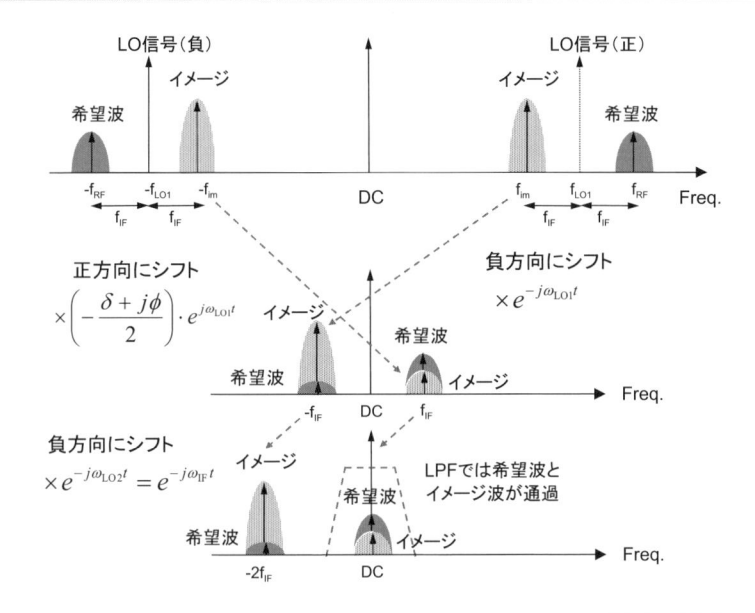

図 sol-4-1　可変 IF 型受信機のスペクトル図

【解答】

LO$_1$ 信号を $LO_1' = LO_{1I} + jLO_{1Q}' \cong -\dfrac{\delta + j\phi}{2}e^{j\omega_{LO1}t} + e^{-j\omega_{LO1}t}$ とおき，不要な正周波数成分 $-\dfrac{\delta + j\phi}{2}e^{j\omega_{LO1}t}$ の影響を考えると，図 sol-4-1 のようになる．LO$_1$ による周波数変換の段階で，希望波にイメージ波が重なってくる．その後の周波数変換では直流へ周波数シフトするだけなので，イメージ妨害が残る．

4．図 4-7 の可変 IF 型送信機で，LO$_2$ 信号に振幅誤差 δ と位相誤差 ϕ が存在する場合のスペクトルの様子を図示せよ．

【解答】

LO$_2$ 信号を

$$LO_2' = LO_{2I} + jLO_{2Q}' = \cos\omega_{LO2}t + j(1+\delta)\sin(\omega_{LO2}t + \phi)$$
$$\cong e^{j\omega_{LO2}t} - \dfrac{\delta - j\phi}{2}e^{-j\omega_{LO2}t}$$

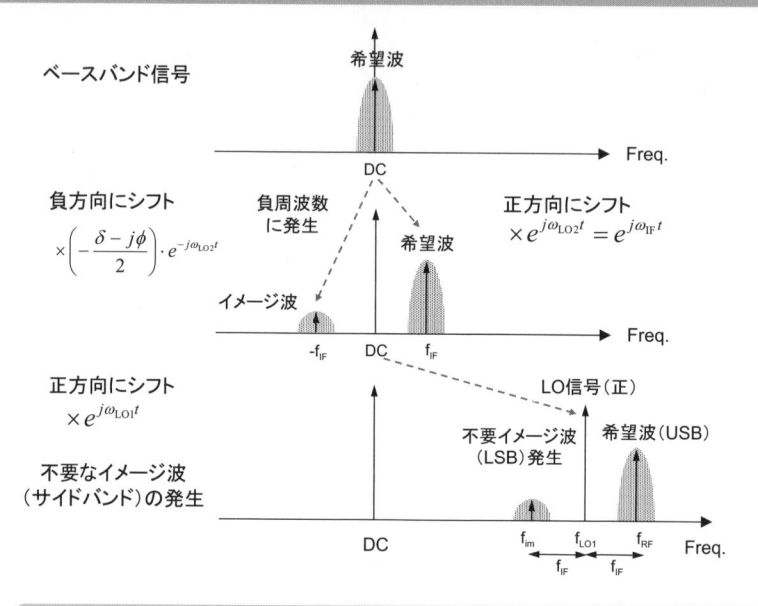

図 sol-4-2 可変 IF 型送信機のスペクトル図

とおき，不要な負周波数成分 $-\dfrac{\delta-j\phi}{2}e^{-j\omega_{LO2}t}$ の影響を考えると，図 sol-4-2 のようになる．IF 帯への周波数変換で既に負周波数帯にイメージ波が発生し，その後，RF 帯に周波数変換され，イメージ波である LSB 信号（不要なサイドバンド）が発生する．

なお，LO_1 信号に振幅誤差 δ と位相誤差 ϕ が存在する場合は，第 3 章の問題 2（ハートレー型送信機）と同様に考えてよい．

第 5 章

1．(5.3)式を導出せよ．

【解答】
(5.2)式を R_L で微分して，

$$\frac{\partial P}{\partial R_L} = \frac{(R+R_L)^2 - 2(R+R_L)R_L}{(R+R_L)^4}E^2 = \frac{R-R_L}{(R+R_L)^3}E^2$$

となり，これをゼロにする条件から，$R_L = R$ が求まる．

2．抵抗 R_1 と R_2 が直列接続されたときの熱雑音電圧を求めよ．

【解答】
　各抵抗の発生する熱雑音電圧を v_{n1}，v_{n2} とおくと，出力される瞬時の雑音電圧 v_n は，$v_n = v_{n1} + v_{n2}$ で表せる．さらに，v_n の自乗平均を計算すると，

$$\overline{v_n^2} = \overline{(v_{n1} + v_{n2})^2} = \overline{v_{n1}^2} + 2\overline{v_{n1} \cdot v_{n2}} + \overline{v_{n2}^2}$$

となるが，v_{n1} と v_{n2} には相関がないので，第2項はゼロとしてよい．したがって，直列抵抗の場合は，$\overline{v_n^2} = \overline{v_{n1}^2} + \overline{v_{n2}^2} = 4kT(R_1 + R_2)B$ となる．すなわち，抵抗値を合成した値で，改めて，雑音を考えればよい．

3．抵抗 R_1 と R_2 が並列接続されたときの熱雑音電圧を求めよ．（ヒント：熱雑音を抵抗に並列な雑音電流源で考える）

【解答】
　通常の電気回路と同じく，抵抗と雑音電圧源の直列回路を，抵抗と並列な雑音電流源に置き換えることができる（図参照）．抵抗 R_1 と R_2 の雑音電流源は，それぞれ，$i_{n1} = v_{n1}/R_1$ と $i_{n2} = v_{n2}/R_2$ と書ける．したがって，出力雑音電圧 v_n は R_1 と R_2 の並列抵抗値に，雑音電流の合計を乗算して求まる．

$$v_n = (R_1 /\!/ R_2) \cdot (i_{n1} + i_{n2}) = (R_1 /\!/ R_2) \cdot \left(\frac{v_{n1}}{R_1} + \frac{v_{n2}}{R_2} \right) \qquad \text{(ex 5.1)}$$

次に，v_n の自乗平均を計算すると，

$$\overline{v_n^2} = (R_1 /\!/ R_2)^2 \overline{\left(\frac{v_{n1}}{R_1} + \frac{v_{n2}}{R_2} \right)^2} = (R_1 /\!/ R_2)^2 \left[\overline{\left(\frac{v_{n1}}{R_1}\right)^2} + \frac{2\overline{v_{n1} v_{n2}}}{R_1 R_2} + \overline{\left(\frac{v_{n2}}{R_2}\right)^2} \right]$$

$$= (R_1 /\!/ R_2)^2 \cdot \left(\frac{\overline{v_{n1}^2}}{R_1^2} + \frac{\overline{v_{n2}^2}}{R_2^2} \right) = \left(\frac{R_1 R_2}{R_1 + R_2} \right)^2 \left(\frac{4kTB}{R_1} + \frac{4kTB}{R_2} \right) \qquad \text{(ex 5.2)}$$

$$= \left(\frac{R_1 R_2}{R_1 + R_2} \right)^2 \left(\frac{R_1 + R_2}{R_1 R_2} \right) \cdot 4kTB = 4kT \left(\frac{R_1 R_2}{R_1 + R_2} \right) B$$

となり，この場合も，並列抵抗値を計算した後で，熱雑音を求めればよいことがわかる．

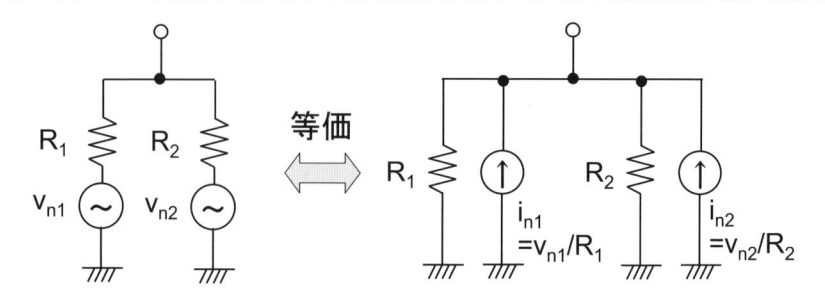

図 sol-5-1　並列抵抗の熱雑音

4．抵抗 R と容量 C からなるローパスフィルタの出力雑音を直流から無限大の周波数まで積分して，全雑音電圧を求めよ．（ヒント：雑音源は抵抗 R のみ）

【解答】

電圧に対する伝達関数は，$G(f) = \dfrac{1}{1 + j(2\pi f RC)}$ である．一方，出力雑音電圧は，自乗平均雑音の周波数積分で与えられ，

$$\begin{aligned}
v_{no}^2 &= \int_0^\infty 4kTR \cdot |G(f)|^2 \, df = \int_0^\infty \frac{4kTR}{1 + (2\pi fRC)^2} \, df \\
&= \frac{kT}{\pi^2 RC^2} \int_0^\infty \frac{1}{f^2 + (2\pi RC)^{-2}} \, df
\end{aligned} \quad \text{(ex 5.3)}$$

となる．ここで，積分公式 $\int \dfrac{1}{x^2 + A} df = \dfrac{1}{\sqrt{A}} \tan^{-1} \dfrac{x}{\sqrt{A}}$ を適用すると，

$$\begin{aligned}
v_{no}^2 &= \frac{kT}{\pi^2 RC^2} \int_0^\infty \frac{1}{f^2 + (2\pi RC)^{-2}} \, df = \frac{kT}{\pi^2 RC^2} (2\pi RC) \left[\tan^{-1}(2\pi RCf) \right]_0^\infty \\
&= \frac{2kT}{\pi C} \cdot \frac{\pi}{2} = \frac{kT}{C}
\end{aligned}$$

となり R とは無関係になる．これは，R が大きいときは雑音も増大するが帯域が狭くなるためである．単位は V^2 である．RC フィルタの雑音電圧を小さくするには，容量を大きくする必要があり，チップ面積が増大するデメリットが生じる．

第6章

1. 図6-7でポインティング・ベクトル P を図示せよ．

【解答】

ベクトル積 $P = E \times H$ から，常に右側を向くベクトルになる．進行波のみなので，エネルギーの流れはこのようになる．

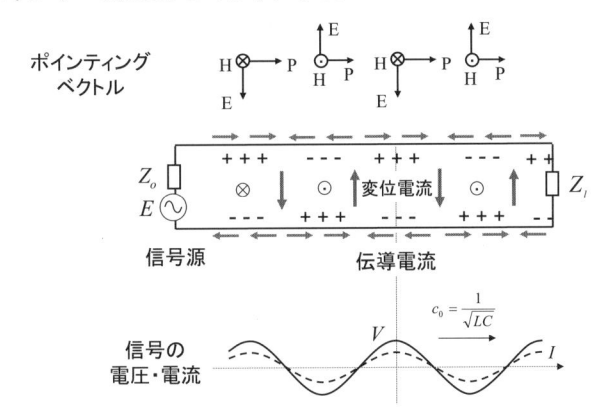

図 sol-6-1　ポインティングベクトルの図示

2. 図6-9の条件(d)の場合について，原点における電圧のオームの法則を解いて，定在波と比較せよ．

【解答】

オームの法則から，$V_1 = E \dfrac{Z_o/3}{Z_o + Z_o/3} = E \dfrac{Z_o}{4Z_o} = 0.5 \cdot \dfrac{E}{2}$ となり，整合状態の電圧の1/2になる．これは定在波の原点の値に一致している．

第7章

1. 図7-2(a)の並列共振回路において，共振周波数ではインピーダンスが $Q^2 R_S$ と近似できることを証明せよ．

【解答】

インピーダンスは，$Z = \dfrac{(R_\mathrm{S} + j\omega L)\dfrac{1}{j\omega C}}{R_\mathrm{S} + j\omega L + \dfrac{1}{j\omega C}} = \dfrac{\dfrac{L}{C} - j\dfrac{R_\mathrm{S}}{\omega C}}{R_\mathrm{S} + j\left(\omega L - \dfrac{1}{\omega C}\right)}$ となり，

絶対値は，$|Z| = \dfrac{\sqrt{\left(\dfrac{L}{C}\right)^2 + \left(\dfrac{R_\mathrm{S}}{\omega C}\right)^2}}{\sqrt{R_\mathrm{S}^2 + \left(\omega L - \dfrac{1}{\omega C}\right)^2}}$ となる．絶対値の分母は $\omega = \omega_0 = \dfrac{1}{\sqrt{LC}}$

のときに，最小で R_S となる．そのとき，分子は

$$\sqrt{\left(\dfrac{L}{C}\right)^2 + \left(\dfrac{L}{C}\right)^2 \left(\dfrac{R_\mathrm{S}}{\omega_0 L}\right)^2} = \dfrac{L}{C}\sqrt{1 + \left(\dfrac{R_\mathrm{S}}{\omega_0 L}\right)^2} = \dfrac{L}{C}\sqrt{1 + \dfrac{1}{Q^2}}$$

となるが，$Q \gg 1$ なので，分子は $\dfrac{L}{C}$ と近似できる．したがって，$|Z|$ の最大値 Z_0 は，

$$Z_0 \simeq \dfrac{L}{CR_\mathrm{S}} = \left(\dfrac{1}{R_\mathrm{S}}\sqrt{\dfrac{L}{C}}\right)^2 R_\mathrm{S} = Q^2 R_\mathrm{S}$$

2．図 7-2（a）の並列共振回路において，寄生抵抗 R_S の熱雑音は共振時にはどのように現れるか．

【解答】

寄生抵抗 R_S の熱雑音電圧を $\overline{v_\mathrm{n}^2} = 4kTR_\mathrm{S}B$ とする．熱雑音電圧源から見れば，RLC の直列共振回路に見えるので，共振時には容量間の雑音電圧は，v_n の Q 倍される．すなわち，$\overline{v_\mathrm{n}^2}$ は Q^2 倍されることになる．したがって，

$$\overline{v_\mathrm{n}^2} Q^2 = 4kTR_\mathrm{S}B \cdot Q^2 = 4kT\left(Q^2 R_\mathrm{S}\right)B$$

となり，問題 1 でもとめた共振時のインピーダンス（抵抗性）を使って計算すればよいことが分かる．

3．図 7-4 に示すパッドモデルにおいて，抵抗成分での消費電力と最大条件を計算せよ．

【解答】

抵抗部の電圧を v_R とすると，

$$v_\mathrm{R} = \dfrac{R_\mathrm{sub} \mathbin{/\mkern-6mu/} C_\mathrm{sub}}{\dfrac{1}{j\omega C_\mathrm{ox}} + R_\mathrm{sub} \mathbin{/\mkern-6mu/} C_\mathrm{sub}} v_\mathrm{i} = \dfrac{j\omega C_\mathrm{ox} R_\mathrm{sub}}{1 + j\omega(C_\mathrm{ox} + C_\mathrm{sub})R_\mathrm{sub}}$$

となる.
　抵抗 R_{sub} で消費される電力 P_R は

$$P_R = \frac{|v_R|^2}{R_{\text{sub}}} = \frac{(\omega C_{\text{ox}})^2 R_{\text{sub}}}{1 + \omega^2 (C_{\text{ox}} + C_{\text{sub}})^2 R_{\text{sub}}^2} |v_i|^2$$

P_R を R_{sub} で微分すると，

$$\frac{\partial P_R}{\partial R_{\text{sub}}} = \frac{(\omega C_{\text{ox}})^2 [1 + \omega (C_{\text{ox}} + C_{\text{sub}}) R_{\text{sub}}][1 - \omega (C_{\text{ox}} + C_{\text{sub}}) R_{\text{sub}}]}{[1 + \omega^2 (C_{\text{ox}} + C_{\text{sub}})^2 R_{\text{sub}}^2]^2} |v_i|^2$$

となるので，$\omega (C_{\text{ox}} + C_{\text{sub}}) R_{\text{sub,p}} = 1$ のときに，抵抗 R_{sub} で消費される電力 P_R は最大値をとる．ここで，$R_{\text{sub,p}}$ は電力 P_R が最大値をとるときの抵抗値である．

すなわち，$R_{\text{sub,p}} = \dfrac{1}{\omega (C_{\text{ox}} + C_{\text{sub}})}$ のときに，

最大値，$P_R = \dfrac{\omega C_{\text{ox}}^2}{2(C_{\text{ox}} + C_{\text{sub}})} |v_i|^2 = \dfrac{C_{\text{ox}}^2}{2(C_{\text{ox}} + C_{\text{sub}})^2 R_{\text{sub,p}}} |v_i|^2$ となる．

第 8 章

1. 2つの正弦波信号を $V_1 = A_1 \cos \omega_1 t$，$V_2 = A_2 \cos \omega_2 t$ とするとき，3次の非線形性(係数 k_3)から生じる IM3 成分を計算せよ．

【解答】

3倍角の公式 $\cos 3x = 4\cos^3 - 3\cos x$，半角の公式 $\cos^2 x = \dfrac{1}{2}(1 + \cos 2x)$，

積和公式 $\cos x \cdot \cos y = \dfrac{1}{2}[\cos(x+y) + \cos(x-y)]$ 等を用いると，3次歪み成分は

$$k_3 (V_1 + V_2)^3 = k_3 (A_1 \cos \omega_1 t + A_2 \cos \omega_2 t)^3$$
$$= k_3 \left[A_1^3 \left(\frac{3\cos \omega_1 t}{4} + \frac{\cos 3\omega_1 t}{4} \right) + A_2^3 \left(\frac{3\cos \omega_2 t}{4} + \frac{\cos 3\omega_2 t}{4} \right) \right]$$
$$+ k_3 A_1^2 A_2 \left[\frac{3}{2} \cos \omega_2 t + \frac{3}{4} \cos(2\omega_1 + \omega_2)t + \frac{3}{4} \cos(2\omega_1 - \omega_2)t \right]$$
$$+ k_3 A_1 A_2^2 \left[\frac{3}{2} \cos \omega_1 t + \frac{3}{4} \cos(2\omega_2 + \omega_1)t + \frac{3}{4} \cos(2\omega_2 - \omega_1)t \right]$$

と計算できる．したがって，2つの正弦波信号の近傍に現われる IM3 成分は，

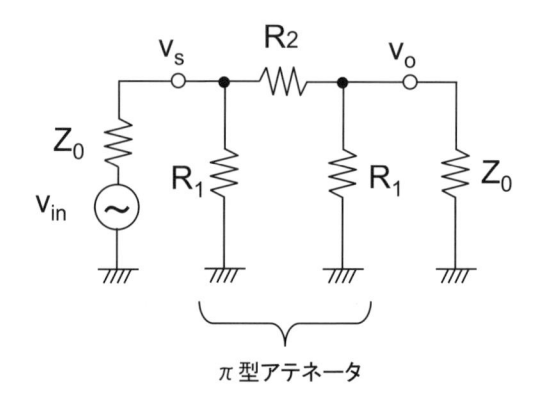

図 ex-8-1　π型アテネータ

$$IM3 = \frac{3k_3 A_1{}^2 A_2}{4}\cos(2\omega_1 - \omega_2)t + \frac{3k_3 A_1 A_2{}^2}{4}\cos(2\omega_2 - \omega_1)t \text{ の 2 成分となる．}$$

2. 図に示すπ型アテネータ (3dB や 6dB) は実験等でよく用いられ，同軸型が市販されている．信号電圧の減衰率を $k < 1$（真値）とし，伝送線路の特性インピーダンスを Z_0 とするとき，$R_1 = \dfrac{1+k}{1-k} Z_0$，$R_2 = \dfrac{1-k^2}{2k} Z_0$ と選ぶことで，インピーダンス整合を取りつつ，信号を k 倍に減衰できる．
   (1) 信号源抵抗と伝送線路の特性インピーダンスを Z_0 とするとき，π型アテネータを接続した場合，雑音指数 F はいくらになるか．
   (2) 信号源とπ型アテネータを接続した場合，アテネータ出力から見た抵抗値が Z_0 となることを確認せよ．
   (3) アテネータ出力を抵抗 Z_0 で終端した場合，アテネータを通過することで信号が k 倍に減衰することを確認せよ．

【解答】
　　信号源の電圧を v_{in} とし，アテネータ入力での信号電圧を v_S とすると，$v_S = \dfrac{1}{2} v_{in}$ となる．なお，ここでの 1/2 は入力整合条件から来ている．さらに，アテネータ通過後の電圧 v_o は $v_o = k v_S = \dfrac{k}{2} v_{in}$ となる．一方，信号源抵抗による熱雑音電圧は，アテネータの入力において，$\overline{v_n{}^2} = 4kTZ_0 B \cdot \dfrac{1}{4}$ である．ここでの 1/4 は入力整合条件から来ている．次に，アテネータの出力におけるインピーダンスは Z_0（抵抗性）なので，信号源抵抗とアテネータ抵抗の合成値 (Z_0) によ

る熱雑音は，$\overline{v_\mathrm{n}^2} = 4kTZ_\mathrm{o}B \cdot \frac{1}{4}$ と変わらない．ここでの 1/4 は出力整合条件から来ている．したがって，入力の SNR は，$SNR_\mathrm{in} = \frac{v_\mathrm{S}^2}{v_\mathrm{n}^2}$ であり，出力の SNR は $SNR_\mathrm{out} = \frac{k^2 v_\mathrm{S}^2}{v_\mathrm{n}^2}$ と小さくなる．よって，雑音指数 F は $F = \frac{SNR_\mathrm{in}}{SNR_\mathrm{out}} = \frac{1}{k^2} > 1$ となる．すなわち，受動素子から構成されるアテネータの雑音指数は減衰量のみで与えられる．NF で表現すれば，減衰量(dB)の絶対値そのものとなる．たとえば，3dB アテネータ $\left(k = 1/\sqrt{2}\right)$ では $NF = 3\mathrm{dB} \left(-20 \log 1/\sqrt{2} = 3.0\right)$ ということである．

(2) アテネータ出力から見る合成抵抗を R_o とすると，

$$R_\mathrm{o} = \frac{R_1 \left(R_2 + Z_\mathrm{o} /\!/ R_1\right)}{R_1 + R_2 + Z_\mathrm{o} /\!/ R_1} = \frac{R_1 \left[R_2 \left(Z_\mathrm{o} + R_1\right) + Z_\mathrm{o} R_1\right]}{\left(R_1 + R_2\right)\left(R_1 + Z_\mathrm{o}\right) + Z_\mathrm{o} R_1}$$

$$= \frac{\dfrac{1+k}{1-k} Z_\mathrm{o} \left[\dfrac{1-k^2}{2k} Z_\mathrm{o} \left(Z_\mathrm{o} + \dfrac{1+k}{1-k} Z_\mathrm{o}\right) + \dfrac{1+k}{1-k} Z_\mathrm{o}^2\right]}{\left(\dfrac{1+k}{1-k} Z_\mathrm{o} + \dfrac{1-k^2}{2k} Z_\mathrm{o}\right)\left(\dfrac{1+k}{1-k} Z_\mathrm{o} + Z_\mathrm{o}\right) + \dfrac{1+k}{1-k} Z_\mathrm{o}^2} = \frac{(1+k)\left(\dfrac{1}{k} + \dfrac{1}{1-k}\right) Z_\mathrm{o}}{2\left(\dfrac{1}{1-k} + \dfrac{1-k}{2k}\right) + 1}$$

$$= \frac{1+k}{1+k} Z_\mathrm{o} = Z_\mathrm{o}$$

(3) 抵抗の分圧則を用いると減衰量は

$$\frac{v_\mathrm{o}}{v_\mathrm{S}} = \frac{R_1 /\!/ Z_\mathrm{o}}{R_2 + R_1 /\!/ Z_\mathrm{o}} = \frac{R_1 Z_\mathrm{o}}{R_2 \left(R_1 + Z_\mathrm{o}\right) + R_1 Z_\mathrm{o}} = \frac{\dfrac{1+k}{1-k} Z_\mathrm{o}^2}{\dfrac{1-k^2}{2k} Z_\mathrm{o} \left(\dfrac{1+k}{1-k} Z_\mathrm{o} + Z_\mathrm{o}\right) + \dfrac{1+k}{1-k} Z_\mathrm{o}^2}$$

$$= \frac{1+k}{\dfrac{1-k^2}{k} + 1 + k} = \frac{k(1+k)}{1+k} = k$$

となる．

3．ゲート・ドレイン容量は無視して，(8.3)式を導け．

【解答】
　MOS トランジスタのドレイン電流を i_d，ゲート・ソース間容量を流れる電流を i_g，ソース・インダクタを流れる電流を i_L，ゲート端子電圧を v_g，ソース端子電圧を v_s とおくと，以下の 4 式が成立つ．

$$i_\mathrm{d} = g_\mathrm{m}\left(v_\mathrm{g} - v_\mathrm{s}\right) \qquad (\text{ex 8.1})$$

$$v_\mathrm{s} = j\omega L_\mathrm{s} \cdot i_\mathrm{L} \qquad (\text{ex 8.2})$$

$$i_\mathrm{L} = i_\mathrm{d} + i_\mathrm{g} \qquad (\text{ex 8.3})$$

$$v_\mathrm{g} = v_\mathrm{s} + \frac{1}{j\omega C_\mathrm{gs}} i_\mathrm{g} \qquad (\text{ex 8.4})$$

これらの式から v_g と i_g の関係式を導く．(ex 8.3)式を(ex 8.2)式に代入して，

$$v_\mathrm{s} = j\omega L_\mathrm{s} \cdot \left(i_\mathrm{d} + i_\mathrm{g}\right) \qquad (\text{ex 8.5})$$

(ex 8.1)式を(ex 8.5)式に代入して，

$$v_\mathrm{s} = j\omega L_\mathrm{s} \cdot \left\{g_\mathrm{m}\left(v_\mathrm{g} - v_\mathrm{s}\right) + i_\mathrm{g}\right\} \qquad (\text{ex 8.6})$$

v_s について解くと，

$$v_\mathrm{s} = \frac{j\omega L_\mathrm{s}\left(g_\mathrm{m} v_\mathrm{g} + i_\mathrm{g}\right)}{1 + j\omega L_\mathrm{s} g_\mathrm{m}} \qquad (\text{ex 8.7})$$

(ex 8.7)式を(ex 8.4)式に代入して整理すると，

$$v_\mathrm{g} = \left(\frac{L_\mathrm{s} g_\mathrm{m}}{C_\mathrm{gs}} + j\omega L_\mathrm{s} + \frac{1}{j\omega C_\mathrm{gs}}\right) i_\mathrm{g} \qquad (\text{ex 8.8})$$

ゆえに，ゲート入力インピーダンスは，(8.3)式となる．

$$z_\mathrm{g} = \frac{v_\mathrm{g}}{i_\mathrm{g}} = \frac{L_\mathrm{s} g_\mathrm{m}}{C_\mathrm{gs}} + j\omega L_\mathrm{s} + \frac{1}{j\omega C_\mathrm{gs}} \qquad (8.3)$$

4．(8.8)式を求めよ

【解答】

(8.6)式に(8.5)式を代入して i_2 に関して整理すると，

$$i_2 = -g_\mathrm{m2}\left(i_1 + i_2\right) r_1$$

$$\left(1 + g_\mathrm{m2} r_1\right) i_2 = -g_\mathrm{m2} r_1 i_1$$

$$\therefore i_2 = -\frac{g_\mathrm{m2} r_1}{1 + g_\mathrm{m2} r_1} i_1 \cong -i_1$$

ここで，近似解は，$g_\mathrm{m2} r_1 \gg 1$ のとき成立．

5．(8.9)式を求めよ．

【解答】

(8.8)式に(8.4)式を代入して，

$$i_2 = -\frac{g_\mathrm{m2} r_1}{1 + g_\mathrm{m2} r_1} g_\mathrm{m1} v_\mathrm{rf}$$

さらに，この式を(8.7)式に代入して，

$$v_{\text{if}} = R_{\text{L}} \frac{g_{\text{m2}} r_1}{1 + g_{\text{m2}} r_1} g_{\text{m1}} v_{\text{rf}}$$

$$\therefore \frac{v_{\text{if}}}{v_{\text{rf}}} = \frac{(g_{\text{m2}} r_1)(g_{\text{m1}} R_{\text{L}})}{1 + g_{\text{m2}} r_1} \cong g_{\text{m1}} R_{\text{L}}$$

ここで, 近似解は, $g_{\text{m2}} r_1 \gg 1$ のとき成立.

第9章

1. (9.1)式のフーリエ級数を計算せよ.

【解答】

偶関数なので, cos 成分 a_n のみとなる.

直流成分 a_0 は,

$$a_0 = \frac{1}{T} \int_{-\frac{1}{8}T}^{\frac{7}{8}T} I_1 dt = \frac{I_0}{T} \bigl[t \bigr]_{-\frac{1}{8}T}^{\frac{1}{8}T} - \frac{I_0}{T} \bigl[t \bigr]_{\frac{3}{8}T}^{\frac{5}{8}T} = 0$$

基本波と高調波成分 a_n は,

$$a_n = \frac{2I_0}{T} \int_{-\frac{1}{8}T}^{\frac{7}{8}T} I_1 \cos \omega t\, dt = \frac{2I_0}{T} \int_{-\frac{1}{8}T}^{\frac{1}{8}T} \cos n\omega t\, dt - \frac{2I_0}{T} \int_{\frac{3}{8}T}^{\frac{5}{8}T} \cos n\omega t\, dt$$

$$= \frac{2I_0}{T} \left[\frac{\sin n\omega t}{n\omega} \right]_{-\frac{1}{8}T}^{\frac{1}{8}T} - \frac{2I_0}{T} \left[\frac{\sin n\omega t}{n\omega} \right]_{\frac{3}{8}T}^{\frac{5}{8}T}$$

$$= \frac{2I_0}{n\pi} \sin \frac{\pi}{4} (1 - \cos n\pi)$$

したがって,

$$a_1 = \frac{2\sqrt{2}}{\pi} I_0,\ a_2 = 0,\ a_3 = \frac{2\sqrt{2}}{3\pi} I_0,\ a_4 = 0,\ a_5 = -\frac{2\sqrt{2}}{5\pi} I_0,\ a_6 = 0,\ a_7 = -\frac{2\sqrt{2}}{7\pi} I_0, \cdots$$

$$\therefore I_I = \frac{2\sqrt{2} I_0}{\pi} \left(\cos \omega t + \frac{1}{3} \cos 3\omega t - \frac{1}{5} \cos 5\omega t - \frac{1}{7} \cos 7\omega t + \cdots \right) \tag{9.1}$$

2. (9.1)式を用いて(9.2)式を導け.

【解答】

(9.1) 式に対して 1/4 周期 ($T/4$; $T=1/\omega$) だけ時間を進めることで求めることができる.

$I_Q(t)$

$= I_I \left(t + \dfrac{T}{4} \right)$

$= \dfrac{2\sqrt{2}I_0}{\pi} \left[\cos\omega\left(t+\dfrac{T}{4}\right) + \dfrac{1}{3}\cos 3\omega\left(t+\dfrac{T}{4}\right) - \dfrac{1}{5}\cos 5\omega\left(t+\dfrac{T}{4}\right) - \dfrac{1}{7}\cos 7\omega\left(t+\dfrac{T}{4}\right) + \cdots \right]$

$= \dfrac{2\sqrt{2}I_0}{\pi} \left[\cos\left(\omega t + \dfrac{\pi}{2}\right) + \cos\dfrac{1}{3}\left(3\omega t + \dfrac{3\pi}{2}\right) - \cos\dfrac{1}{5}\left(5\omega t + \dfrac{5\pi}{2}\right) - \cos\dfrac{1}{7}\left(7\omega t + \dfrac{7\pi}{2}\right) + \cdots \right]$

$= \dfrac{2\sqrt{2}I_0}{\pi} \left(-\sin\omega t + \dfrac{1}{3}\sin 3\omega t + \dfrac{1}{5}\sin 5\omega t - \dfrac{1}{7}\sin 7\omega t + \cdots \right)$

ここで，$\dfrac{n\omega T}{4} = \dfrac{n(2\pi/T)T}{4} = \dfrac{n\pi}{2}$ の関係式を用いた．

3．(9.20)式で，周波数シフト用の gm セルの値が $gm_0 = \omega_0 C$ を満足するときは，どのようなフィルタになるか．また，そのときの RF 周波数と LO 周波数との大小関係を述べよ．

【解答】

インピーダンスが，$Z = j(\omega+\omega_0)\dfrac{C}{gm^2}$ となるので，ローパスフィルタを負側に ω_0 だけ周波数シフトした複素バンドパスフィルタになる．したがって，この場合は，希望波が負の周波数で，イメージ波が正の周波数になるシステムに適用できる．この条件を満足するのは，RF 周波数が LO 周波数より低い条件で周波数変換したときである．

4．(G.3)式を求めよ．

【解答】

(G.2) 式，$V_o = -Z_f\left(\dfrac{V_{in}}{R_1} - \dfrac{jV_o}{R_3}\right)$ から V_o と V_{in} の項をそれぞれまとめて，$\left(1 - \dfrac{jZ_f}{R_3}\right)V_o = -\dfrac{Z_f}{R_1}V_{in}$ となる．したがって，伝達関数は，

$$\dfrac{V_0}{V_{in}} = -\dfrac{Z_f}{R_1} \cdot \dfrac{1}{1 - \dfrac{jZ_f}{R_3}} \qquad \text{(ex 9.1)}$$

(ex 9.1) 式に，抵抗 R_2 と容量 C の並列インピーダンス，$Z_f = \dfrac{R_2}{1+j\omega CR_2}$ を代

入して，

$$\frac{V_0}{V_{\text{in}}} = -\frac{\frac{R_2}{1+j\omega CR_2}}{R_1} \cdot \frac{1}{1-j\frac{R_2}{(1+j\omega CR_2)R_3}} = -\frac{R_2}{R_1}\frac{1}{1+jCR_2\left(\omega-\frac{1}{CR_3}\right)} \quad \text{(G.3)}$$

$$= -\frac{R_2}{R_1}\frac{1}{1+j\cdot\frac{\omega-\omega_0}{\omega_{\text{C}}}}$$

ただし，$\omega_{\text{C}} = 1/(CR_2)$, $\omega_0 = 1/(CR_3)$ とした．

索引

A

A 級	131
AB 級	131
A/D 変換器（ADC）	7
AM-AM 変換	24,117
AM-PM 変換	24,117
ASK（Amplitude Shift Keying）	17

B

Barrie Gilbert	14
BiCMOS	2
Bluetooth	1,65
Bluetooth 用 RF トランシーバ	138
Butterworth フィルタ	153

C

CML 構成	162
CMOS デバイス	2
CMOS プロセス	101
CMOS ワンチップトランシーバ	7
CMOS RF（Radio Frequency）回路	1,11
CMOS/SOI（Silicon on Insulator）プロセス	106

D

D/A 変換器（DAC）	7
DECT（Digital Enhanced Cordless Telecommunications）	59

E

E 級	134
EDGE（Enhanced Data-rates for GSM Evolution）	133
EER（Envelope Elimination and Restoration）	119,131
EVM（Error Vector Magnitude）	21,28

F

$1/f$ 雑音	25,129
FM 変調方式	5
Friis の式	73
FSK（Frequency Shift Keying）	17

G

GaAs 基板	103
Gaussian フィルタ	20,158
GFSK（Gaussian-filtered Frequency Shift Keying）	19,158
gm 調整回路	151
gm-C フィルタ	149
gm-C ローパスフィルタ	149
GMSK	19
GSM	19

I

IEEE802.11a	61
IEEE802.11a/b/g	1
IF（Intermediate Frequency）アンプ	13
IF 回路	2
IF 信号	5,11
IIP3（Input IP3）	115
IM3 成分	136
IP3（3rd-order Intercept Point 3 次インターセプトポイント）	114
I/Q アンバランス	28

L

LC タンク折返し技術	123
LC タンク回路	102
LC 同調回路	102
LINC（Linear Amplification with Nonlinear Components）	119,131
link budget analysis	69

索　引　205

LNA	120,139
LO 信号	15
LO 発振器	25
LSB	16,28

N

Noise Factor（F）	114
Noise Figure（NF）	114
Nyquist フィルタ	19

O

OIP3（Output IP3）	115
OP アンプ	167

P

PDC	19
PHS	11,19
PLL（Phase Locked Loop）	138
PLL シンセサイザ	2,64
PSK（Phase Shift Keying）	17

Q

Q 値	102

R

RC 時定数	37
RF 機能回路	138
RF サンプリング	49,177
RF サンプリング受信機	177
RF 要素回路	101
RF System on a Chip（RF SoC）	3

S

s パラメータ（scattering parameter）	5,96
SAW フィルタ	13
SDR	2
S/H（Sample&Hold）回路	47
Si 基板	101
sinc フィルタ	178
SNR	75
SoC（System on Chip）	10,171
SOI 基板	106
SPDT（Single-Pole Double-Throw）型の T/R SW	115
SRD（Short-Range Device）	171
SSB 信号	52

T

TDD（Time Division Duplex）	11,159
TDD 方式	115
TEM 波	87

U

USB	16,28
UWB	1

V

VSWR（Voltage Standing Wave Ratio）	94

W

WRAN（Wireless regional Area Network）	182

Z

ZigBee	1

あ

アーキテクチャ	2
アームストロング	4
アイパターン	164
アクティブ・ポリフェーズフィルタ	154
アクティブフィルタ	150
アナログ SSB（Single Sideband）変調	34
アナログ乗算器	12
アナログ相関器	183
アナログデシメーション処理	177
アナログ変調	17
アンダーサンプリング	47

アンペールの法則	88	ガウス(Gauss)分布	75
アンペール－マクスウェルの法則	97	拡張されたアンペールの法則	97
位相誤差	21,28,41	カスコードアンプ	118,159
位相雑音	21,25	カスコード構成	119,121
位相雑音特性	163	下側波帯(LSB:Lower Sideband)	12
位相シフタ	34	カットオフ周波数	106,153
位相シフト型イメージ抑圧ミキサ	35	過渡応答	83
位相情報 $\theta(t)$	131,134	可変 IF 方式	55
位相歪	21	完全空乏型	106
一定の包絡線	131	完全差動構成	162
移動平均フィルタ	50,178	キャリア周波数	17
イメージ波	8	90°移相器	34
イメージ妨害	8	共振周波数	102
イメージ妨害信号	12	共役整合	70
イメージ抑圧比 IRR（Image Rejection Ratio）	43,148	極座標(Polar coordinate)信号	134
		局部発振器(LO:Local Oscillator)	12
イメージ(image)抑圧フィルタ	11	ギルバート(Gilbert)セル・ミキサ	14,123
イメージ抑圧ミキサ	14,29,138,139	キルヒホッフ(Kirchhoff)の法則	98
インダクタの自己共振	107	近距離無線	1,18,69
インパルス(δ 関数)	45	クアドラチャ検波方式	160
インパルス列	47	空間の伝搬ロス	69
インピーダンス整合	69	空洞(黒体)放射	72
インピーダンスの不整合	81	矩形フィルタ	22
ウェーバ(Weaver)	61	クロストーク	56
ウェーバ方式	61	群遅延特性	21,25
渦電流	106	携帯電話	18
渦電流損	108	ゲート	15
うなり信号	5,16	高効率化	102
エイリアス	53	高周波信号	81
オームの法則	98	広帯域 IF	2
オフセット周波数	128	広帯域 IF 構成	55,58
折返しカスコードアンプ	126	高調波	16
折返し雑音	47,49,53	高抵抗基板	106
オンチップインダクタ	101	コグニティブ無線(Cognitive Radio：CR)	182
		コンスタレーション	18

か

カーン(Kahn)	131
解析信号	31
回線設計	69
開放(オープン)	85

さ

最小受信電力(感度)	69
雑音指数(NF:Noise Figure)	69

雑音指数(NF)	76	振幅の相対誤差	41
雑音指数	114	振幅歪	21
差動対	14	シンボルレート	26
サブサンプリング	47	スイッチング動作	15
三極真空管	4	スーパーヘテロダイン	2,4,11
3次歪	114	ステップ応答	81
三端子デバイス	4	スプリアス信号	56
サンプリング回路	177	スペクトラム拡散方式	67
サンプリング周波数	26,53	スペクトルセンシング部	183
サンプリング定理	45	スミス(Smith)チャート	5
磁界に関するガウスの法則	97	スライディング(Sliding) IF 構成	
自乗平均雑音電圧 $\overline{v_n^2}$	78		55,58,172
実効値	24	正周波数の信号	30
実信号	30	ゼロ IF 方式	55
磁電誘導則	89,97	線形増幅器	19,119
シャノン(Shannon)染谷のサンプリング		全反射	83
定理	45	占有帯域幅	22
集中定数回路	91	総合 NF	76
周波数シンセサイザ	58	相互変調歪成分 IM3	114
周波数変換	9	送受切替えスイッチ	11
周波数ホッピング	67	送受信切換えスイッチ(T/R SW)	115
受信感度	75	送信電力	69
受信機	2	増幅器(リニアアンプ)	131
受信信号強度(RSSI)出力	160	ソースインダクタ Ls	120
周波数レンジ切換え型 VCO	161	ソース接地型	122
上側波帯(USB:Upper Sideband)	12	ソフトウエア無線(SDR)	2,182
省電力化	101	**た**	
所要 SNR	75		
シリコンバイポーラ	2	帯域制限	19,20
シリコン無線工学	6	第1世代セルラ	2
シングルコンバージョン型	11	第2世代	1
シングルスーパーヘテロダイン	11	第2世代セルラ	2
信号源インピーダンス	70	ダイレクトコンバージョン	2
信号点配置図	18	ダイレクトコンバージョン方式	55
進行波	81	ダブルバランスミキサ(DBM:Double	
信号ロス	105	Balanced Mixer)	15
振動現象	96	タンク回路	102
振幅誤差	21,28	短絡(ショート)	85
振幅情報	131	短絡(ショート)状態	83
振幅のアンバランス	41	チャージポンプ回路	161

チャネル雑音	121	電力効率 η_{add}	25
チャネル周波数	67	電力付加効率	117
中間周波信号	5,11	電力変換回路	102
直流(DC)オフセット	56	同相モード帰還(CMF)	151
直交 LMV（LNA-Mixer and VCO）		特性インピーダンス	70,90
セル	170	ドフォレスト	4
直交座標	29	トランシーバ	2
直交成分	20	トランシーバアーキテクチャ	54
直交復調器	56	トランジスタの耐圧	118
直交変調器	21	ドリフト速度	89
直交変調方式	20	ドレイン	14
直交ミキサ	30	ドレイン効率	117
直交ローカル(LO)信号	27		
通信距離	69	**な**	
低 IF	2	ナイキストの熱雑音定理	71
低 IF 構成	138	ナイキスト(Nyquist)フィルタ	22,28
低 IF 方式	14,55,65	２次歪み	56
定在波	77,91	熱雑音	25,69,70,128
定在波比	94	熱雑音定理	77
低雑音アンプ(LNA)	11	熱雑音電圧	71
ディジタル RF コンバータ(DRFC)	173	ノイズフロア	71,76
ディジタル IF 変調器	176	ノンドープ型	151
ディジタル変調	17		
ディジタル変調方式	1	**は**	
デシメーションフィルタ	50	パーアンプ(PA)	13
デプレッション FET	151	ハートレー(Hartley)	33
デプレッショントランジスタ	162	π 型アテネータ	136
電圧制御発振器(VCO:Voltage		バイポーラ	2
Controlled Oscillator)	56,127	白色雑音	49
電圧波	83	波形整形	158
電界に関するガウス(Gauss)の法則	97	バックオフ	25
電気伝導性	103	パッド	104
電磁気学	3,97	波動現象	97
電磁波	88	場の概念	98
電磁場	87	腹	93
電磁誘導則	89,97	バラクタ	161
伝送線路モデル	77	反射	81
伝導電流	88,103	反射係数	85
伝搬ロス Loss	73	反射波	81
電流波	83	半絶縁性	103

搬送波(キャリア)	17	ヘテロダイン	4
搬送波(キャリア)信号	100	ヘルツ	3
バンドパスフィルタ	11	変位電流	89,91,98,103
歪特性	114	変調精度	21
非線形増幅器	20,131	変調波	17
ビット誤り率(BER)	21,164	変復調	9,11
表皮厚	112	ポインティング(Poynting)・ベクトル	
表皮効果	108		85,89
ファラデー(Faraday)の電磁誘導則	97	放射抵抗	72
フィルタ	25	包絡線	19
フーリエ級数	140,168	包絡線情報 $A(t)$	134
フーリエ(Fourier)変換	45	包絡線除去・再生の手法	131
フェッセンデン	4	包絡線変動	23
負荷インピーダンス	70	ポーラ変調(Polar modulation)	119,131
複索共役	69	ポリフェーズフィルタ	34,37,143

ま

複素乗算	59		
複素乗算器	63	マクスウェル(Maxwell)	3
複素信号	31	マクスウェルの方程式	97
複素信号処理	8,9	マックスウェルの緩和時間	104
複素信号表現	30	マルコーニ	3
複素バンドパスフィルタ(BPF)		ミキサ(mixer)	11
	37,138,149	ミラー(Miller)容量	121
複素BPF	37,154	無線LAN	1,61

や

複素表現	18		
複素フィルタ	37,143		
複素平面	29	誘電体	13
複素ミキサ	63	有能雑音電力	71
複素ミキサ構成	59	有能電力(available power)	70
節	93	$\pi/4$シフトQPSK	19

ら

負周波数の信号	30		
負性抵抗	128		
負性トランスコンダクタンス型	127	リアクタンス負荷	96
不要サイドバンド	42,61	離散時間アナログ処理	50
プランク(Plank)の分布則	73,79	離散時間処理(サンプリング処理)	7
プリスケーラ	161	リターン電流	88
フリッカ雑音	129	リミッタアンプ	160
分布定数回路	81,91	隣接チャネル漏洩電力	118
並列共振回路	102	レギュレーテッドカスコード	
ベースバンド(baseband)帯域	5	(regulated cascode)	151
ベクトル誤差	21		

レシプロカル・ミキシング	127
ローカル発振器（LO）	127
ローパスフィルタ（LPF）	60, 154
ロールオフ	28
ロールオフ率 a	22
ローレンツ（Lorentz）力	97

わ

ワンチップ化	76

CMOS RF 回路設計

平成 21 年 11 月 30 日	発　　　行
平成 23 年 10 月 25 日	第 2 刷発行

著作者　束　原　恒　夫

発行者　吉　田　明　彦

発行所　丸善出版株式会社
〒 101-0051　東京都千代田区神田神保町二丁目 17 番
編集：電話(03)3512-3264／FAX(03)3512-3272
営業：電話(03)3512-3256／FAX(03)3512-3270
http://pub.maruzen.co.jp/

© Tsuneo Tsukahara, 2009

組版印刷・株式会社 日本制作センター／製本・株式会社 松岳社
ISBN 978-4-621-08203-4　C3055　　　Printed in Japan

JCOPY 〈(社)出版者著作権管理機構 委託出版物〉
本書の無断複写は著作権法上での例外を除き禁じられています。複写される場合は，そのつど事前に，(社)出版者著作権管理機構（電話 03-3513-6969, FAX03-3513-6979, e-mail：info@jcopy.or.jp）の許諾を得てください。

CMOS モデリング技術
SPICE用コンパクトモデルの理論と実践

青木 均 編著　嶌末 政憲・川原 康雄 著
A5・370頁　定価7,350円（税込）　ISBN978-4-621-07664-4

汎用回路シミュレータSPICEで用いているコンパクトモデリングをこれから学習したい、あるいはより詳しい実践的な知識を得たい、回路設計技術者、半導体プロセス・デバイスなどの研究・開発関連の技術者、および学生を対象にSPICEで使われているコンパクトモデルについて、書き下ろした国内初の書。MOSFETの既存モデルをマニュアルのように解説するだけではなく、ある部分ではモデルを開発する側、またある場合にはモデルを使用するユーザーの立場に立って検討・解説を行っている極めて有用な書。コンパクトモデリングに特化しているので、本書を読むにあたり半導体と電子回路の基礎知識の準備が必要。

アナログCMOS集積回路の設計
～基礎編／応用編／演習編～

Behzad Razavi 著　黒田 忠広 監訳

基礎編：A5・336頁　定価4,200円（税込）　ISBN978-4-621-07220-2
応用編：A5・566頁　定価8,610円（税込）　ISBN978-4-621-07221-9
演習編：A5・442頁　定価5,250円（税込）　ISBN978-4-621-08062-7

アナログ集積回路の分野では急速にCMOS技術が普及した。特にデバイス技術の発展とともに、今日では数千個のデバイスを集積した大振幅で主に離散時間信号を処理する低電圧・低電力のシステムに変わり、一昔前のアナログ回路技術が通用しない時代となっている。本書は、刊行以来世界的に使用されているアナログCMOS集積回路の解析と設計を学ぶためのテキスト。学生・現場の技術者に必要な基礎と最新実例の説明に多くのページが割かれ、概念を直観的に説明し、徐々に厳密な解析を加えた理解しやすい構成となっている。主として「基礎編」は大学向けテキストとして、「応用編」は技術者向け参考書として最適。

演習編では、基礎編・応用編の章末演習問題を再録し、解答を付してまとめた待望の書。アナログ集積回路の設計には経験が重要であるが、教科書で学んだ知識を演習問題で繰り返し使うことで理解が深められ、経験を十分に補うことができる。大学生や若い技術者のために書かれ、好評を博した上記書のポイントを章ごとにまとめ、問題とその解答・解説を全問について掲載。本書のみで単独に利用することもできるが、基礎編・応用編との併用で、理解をより深めることができる。